应用型本科院校"十三五"规划教材/石油工程类

主　编　龙安厚
副主编　赵景原　李　萌

钻井液技术基础与应用

（第2版）

Basis and Application of Drilling Fluids Technology

哈爾濱工業大學出版社

内 容 简 介

本书主要讲述钻井液工艺理论与技术措施；钻井液基本胶体化学原理；钻井液性能与钻井的关系；各种处理剂的原理；与钻井液相关的井下事故和复杂情况的预防和处理。全书共10章，主要内容包括：黏土胶体化学基础、钻井液的流变性、钻井液的滤失和润滑性、钻井液的性能及测量、钻井液处理剂、水基钻井液、油基钻井液、钻井液固相控制、钻井液相关典型事故和处理。

本书体系完整，层次清楚，深度、广度适宜，可作为应用型本科院校石油工程专业的教学用书，也可供钻井技术员、司钻等钻井工程技术人员参考。

图书在版编目(CIP)数据

钻井液技术基础与应用/龙安厚主编. —2版. —哈尔滨：哈尔滨工业大学出版社，2018.1

应用型本科院校"十三五"规划教材

ISBN 978-7-5603-7159-7

Ⅰ.钻… Ⅱ.①龙… Ⅲ.①钻井液-技术-高等学校-教材 Ⅳ.①TE254

中国版本图书馆 CIP 数据核字(2017)第303218号

策划编辑 杜 燕 赵文斌
责任编辑 刘 瑶
封面设计 高永利
出版发行 哈尔滨工业大学出版社
社 址 哈尔滨市南岗区复华四道街10号 邮编150006
传 真 0451-86414749
网 址 http://hitpress.hit.edu.cn
印 刷 哈尔滨市工大节能印刷厂
开 本 787mm×1092mm 1/16 印张12 字数273千字
版 次 2014年2月第1版 2018年1月第2版
2018年1月第1次印刷
书 号 ISBN 978-7-5603-7159-7
定 价 27.80元

序

哈尔滨工业大学出版社策划的《应用型本科院校“十三五”规划教材》即将付梓,诚可贺也。

该系列教材卷帙浩繁,凡百余种,涉及众多学科门类,定位准确,内容新颖,体系完整,实用性强,突出实践能力培养。不仅便于教师教学和学生学习,而且满足就业市场对应用型人才的迫切需求。

应用型本科院校的人才培养目标是面对现代社会生产、建设、管理、服务等一线岗位,培养能直接从事实际工作、解决具体问题、维持工作有效运行的高等应用型人才。应用型本科与研究型本科和高职高专院校在人才培养上有着明显的区别,其培养的人才特征是:①就业导向与社会需求高度吻合;②扎实的理论基础和过硬的实践能力紧密结合;③具备良好的人文素质和科学技术素质;④富于面对职业应用的创新精神。因此,应用型本科院校只有着力培养“进入角色快、业务水平高、动手能力强、综合素质好”的人才,才能在激烈的就业市场竞争中站稳脚跟。

目前国内应用型本科院校所采用的教材往往只是对理论性较强的本科院校教材的简单删减,针对性、应用性不够突出,因材施教的目的难以达到。因此亟须既有一定的理论深度又注重实践能力培养的系列教材,以满足应用型本科院校教学目标、培养方向和办学特色的需要。

哈尔滨工业大学出版社出版的《应用型本科院校“十三五”规划教材》,在选题设计思路上认真贯彻教育部关于培养适应地方、区域经济和社会发展需要的“本科应用型高级专门人才”精神,根据前黑龙江省委书记吉炳轩同志提出的关于加强应用型本科院校建设的意见,在应用型本科试点院校成功经验总结的基础上,特邀请黑龙江省9所知名的应用型本科院校的专家、学者联合编写。

本系列教材突出与办学定位、教学目标的一致性和适应性,既严格遵照学科体系的知识构成和教材编写的一般规律,又针对应用型本科人才培养目标及与之相适应的教学特点，精心设计写作体例，科学安排知识内容，围绕应用讲授理论，做到“基础知识够用、实践技能实用、专业理论管用”。同时注意适当融入新理论、新技术、新工艺、新成果，并且制作了与本书配套的 PPT 多媒体教学课件，形成立体化教材，供教师参考使用。

《应用型本科院校“十三五”规划教材》的编辑出版，是适应“科教兴国”战略对复合型、应用型人才的需求，是推动相对滞后的应用型本科院校教材建设的一种有益尝试，在应用型创新人才培养方面是一件具有开创意义的工作，为应用型人才的培养提供了及时、可靠、坚实的保证。

希望本系列教材在使用过程中，通过编者、作者和读者的共同努力，厚积薄发、推陈出新、细上加细、精益求精，不断丰富、不断完善、不断创新，力争成为同类教材中的精品。

第 2 版前言

《钻井液技术基础与应用》是哈尔滨石油学院石油工程系针对石油工程专业学生设置的一门必修专业课程。当前,无论从国家政策层面还是应用型高校层面,培养应用型人才已经获得普遍的认可。教材是知识的载体,是人才培养过程中传授知识、训练技能和发展智力的重要工具之一。应用型本科院校在人才培养上有着本科教育的共性,应该区别于高职高专的教育,又有别于研究型本科院校。本书在内容方面强调基础理论和基本的实验方法,避免复杂的理论分析和公式推导,重视钻井液知识在现场钻井工程实际中的应用。只有扎实掌握基础理论和基本方法,毕业后学生才能更顺利地进入工作角色,进而有所创新和突破。

一直以来,钻井液被称为“钻井的血液”,钻井液性能的优劣在钻井工程施工中有着举足轻重的作用,甚至直接关系钻井施工的成败。随着石油钻井工艺技术的不断发展,出现了大位移井钻井、欠平衡钻井、多分支井钻井、连续管钻井和膨胀管钻井等一系列钻井新技术,这些钻井技术的问世也极大地推动了钻井液技术的快速发展。掌握好钻井液技术对于安全、优、快钻井至关重要。

本书的主要内容包括钻井液的组成和分类,钻井液技术的发展历程;黏土矿物的晶体构造与性质,黏土-水分散体系的电学性质,黏土的水化和分散;流体流动的基本流型,钻井液流变性与钻井作业的关系;钻井液的滤失和润滑性;钻井液的性能及测量;钻井液处理剂的作用原理;常用水、油基钻井液体系;钻井液固相控制设备和方法;与钻井液相关典型事故的处理。

本书由龙安厚担任主编,赵景原、李萌担任副主编。其中:第 1、2 章由龙安厚编写;第 3、4 章由李萌编写;第 5 章由龙安厚、赵景原编写;第 6、7、8 章由赵景原、李萌编写;第 9 章由李萌编写;第 10 章由赵景原编写。

哈尔滨石油学院院长王玉文对本书的出版给予了极大的关心和帮助,在此深表谢意。

由于编者水平有限,难免存在错误、疏漏之处,敬请读者批评指正。

编　者

2017 年 10 月

目　　录

第 1 章

绪　　论

钻井液是指在油气钻井过程中，以其多种功能满足钻井工作需要的各种循环流体的总称。钻井液俗称钻井泥浆或泥浆。钻井液工艺技术是油气钻井工程的重要组成部分，是实现健康、安全、快速、高效钻井及保护油气层、提高油气产量的重要保证。

1.1　钻井液的循环过程和基本功用

1.1.1　钻井液的循环过程

钻井液的循环是通过钻井泵（俗称泥浆泵）来维持的。从钻井泵排出的高压钻井液经过地面高压管汇、立管、水龙带、水龙头、方钻杆、钻杆、钻铤到钻头，从钻头喷嘴喷出，然后再沿钻柱与井壁（或套管）形成的环形空间向上流动，返回地面后经排出管线、震动筛流入泥浆池，再经各种固控设备进行处理后返回上水池，进入再次循环，这就是钻井液的循环过程和循环系统。

1.1.2　钻井液的功用

1. 携带和悬浮岩屑

钻井液最基本的功用就是通过循环，将井底被钻头破碎的岩屑携带到地面，保持井眼清洁，保证钻头在井底始终接触和破碎新地层，不造成重复切削，保持安全、快速钻进。在接单根、起下钻或因故停止循环时，钻井液又能将留存在井内的钻屑悬浮在环空中，使钻屑不会很快下沉，防止沉砂卡钻等情况的发生。

2. 稳定井壁

井壁稳定、井眼规则是实现安全、优质、快速钻井的基本条件。性能良好的钻井液应能借助于液相的滤失作用，在井壁上形成一层薄而韧的泥饼，稳固已钻开的地层，并阻止液相侵入地层，减弱泥页岩水化膨胀和分散的程度。

3. 平衡地层压力和岩石侧压力

在钻井工程设计和钻进过程中需要通过不断调节钻井液密度，使液柱压力能够平衡地层压力和地层侧压力，从而防止井喷和井塌等井下复杂情况的发生。

4. 冷却和润滑作用

钻进时,钻头一直在高温下旋转破碎岩层,产生大量热量;钻具也不断与井壁摩擦而产生热量。通过钻井液的循环,将这些热量及时带走,从而起到冷却钻头、钻具,延长其使用寿命的作用。由于钻井液的存在,使钻头和钻具均在液体内旋转,因此在很大程度上降低了摩擦阻力,起到了很好的润滑作用。

5. 传递水动力

钻井液在钻头喷嘴处以极高的流速喷出,所形成的高速射流对井底产生强大的冲击力,从而提高了钻井速度和破岩效率。高压喷射钻井就是利用这个原理,显著地提高了机械钻速。在使用涡轮钻具钻进时,钻井液由钻杆内以较高流速流经涡轮叶片,使涡轮旋转并带动钻头破碎岩石。

6. 获取地下信息

通过岩屑和钻井液性能的变化获得井下各种信息,为钻井施工提供制定技术措施的依据。

7. 保护油气层

钻井液是最先接触油气层的工作液,为了防止和尽可能减少对油气层的损害,现代钻井技术还要求钻井液必须与所钻遇的油气层相配伍,满足保护油气层的要求;为了满足地质上的要求,所使用的钻井液必须有利于地层测试,不影响对地层的评价。

此外,钻井液还应对钻井人员及环境不发生伤害和污染,对井下工具及地面装备不腐蚀或尽可能减轻腐蚀。

一般情况下,钻井液的成本只占钻井总成本的7% ~10%,然而先进的钻井液技术往往可以成倍地节约钻时,从而大幅度地降低钻井成本,带来十分可观的经济效益。

1.2　钻井液的组成和分类

1.2.1　钻井液的组成

钻井液是由分散介质(连续相)、分散相和化学处理剂组成的分散体。例如,以水为连续相的水基钻井液是由水(淡水或盐水)、膨润土、各种处理剂、加重材料以及钻屑所组成的多相分散体系。以油为连续相的油包水钻井液是由油(柴油或矿物油)、水滴(淡水或盐水)、乳化剂、润湿剂、亲油固体等处理剂所形成的乳状液分散体系。

1.2.2　分散体系的分类

分散体系是指一种或多种物质分散在另一种物质中所形成的体系。被分散的物质称为分散相(不连续相),另一种物质称为分散介质(连续相)。热力学上把体系中物理性质和化学性质完全相同的均匀部分称为相。相与相之间有明显的相界面。例如,膨润土颗粒分散在水中,膨润土颗粒为分散相,水为分散介质,黏土颗粒和水之间有明显的分界面;水滴分散在油中,水是分散相,油是分散介质,水滴和油之间有明显的分界面。

分散体系按分散相颗粒的大小分为以下几类:

(1)分子分散体系。

分子分散体系是指溶质以小分子、原子或离子状态分散在溶剂中形成的体系,没有界面,是均匀的单相,其粒子直径在1 nm以下。通常把这种体系称为真溶液。

(2)胶体分散体系。

胶体分散体系是指分散相颗粒的直径小于100 nm的分散体系。其目测是均匀的,但实际是相不均匀体系(也有将分散相颗粒的直径为1~1 000 nm的颗粒归入胶体范畴),如AgI溶胶等。

(3)粗分散体系。

粗分散体系是指当分散相颗粒的直径大于100 nm时,目测是混浊不均匀体系,放置后会沉淀或分层,如浑浊的河水等。

钻井液中的分散相颗粒一般介于胶体分散体系与粗分散体系之间,其稳定性规律可以通过研究胶体体系稳定性规律来获得。

1.2.3 钻井液的分类

钻井液按密度可分为非加重钻井液和加重钻井液;按其与黏土水化作用可分为非抑制性钻井液和抑制性钻井液;按其固相含量来分,将固相含量较低的称为低固相钻井液,基本不含固相的称为无固相钻井液;根据分散(流体)介质不同,分为水基钻井液、油基钻井液、气体型钻井流体和合成基钻井液4种类型。更具体一些可分为如图1.1所示的7种类型。水基钻井液是应用最广泛的钻井液,合成基钻井液是近期出现的一类新型环保钻井液。

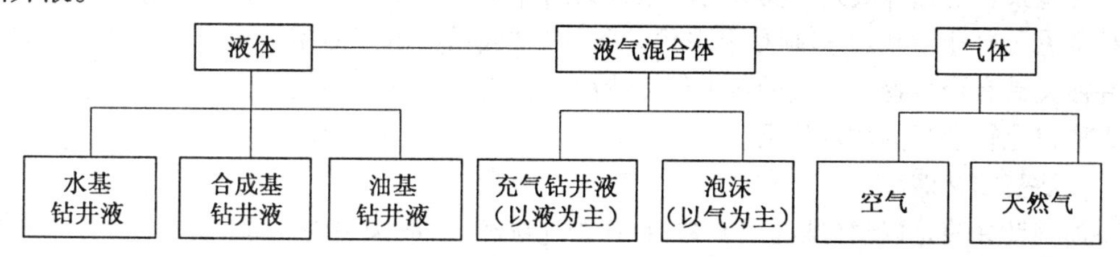

图1.1 钻井液的分类

随着钻井液工艺技术的不断发展,钻井液的种类也越来越多,参考国外钻井液分类标准,在国内得到认可的主要有以下几种钻井液类型。

1.分散钻井液

分散钻井液是指用淡水、膨润土和各种对黏土与钻屑起分散作用的处理剂(简称分散剂)配制而成的水基钻井液。分散钻井液是出现最早、使用时间最长的一类钻井液。以其配制方法较简单、配制成本较低的优点沿用至今。

分散钻井液的主要特点:①可容纳较多的固相,较适用于配制高密度钻井液。②容易在井壁上形成较致密的泥饼,故其滤失量一般较低。③某些分散钻井液,如以磺化栲胶、磺化褐煤和磺化酚醛树脂作为主处理剂的三磺钻井液具有较强的抗温能力,适用于在深井和超深井中使用。但与后出现的钻井液类型相比,因其固相含量高,抑制性、抗污染能力较差,对提高钻速和保护油气层不利。

2. 钙处理钻井液

钙处理钻井液的组成特点是体系中同时含有一定浓度的 Ca^{2+} 和分散剂。Ca^{2+} 通过与水化作用很强的钠膨润土发生离子交换,使一部分钠膨润土转变为钙膨润土,从而减弱水化的程度。分散剂的作用是防止 Ca^{2+} 引起体系中的黏土颗粒絮凝过度,使其保持在适度絮凝的状态,以保证钻井液具有良好、稳定的性能。这类钻井液的特点是:抗盐、钙污染的能力较强,并且对所钻地层中的黏土有抑制其水化分散的作用,因此可在一定程度上控制页岩坍塌和井径扩大,同时能减轻对油气层的损害。

3. 盐水钻井液和饱和盐水钻井液

盐水钻井液是用盐水(或海水)配制而成的。盐的质量分数从 1%(Cl^- 的质量浓度为 6 000 mg/L)直至饱和(Cl^- 的质量浓度为 189 000 mg/L)之间均属于此种类型。盐水钻井液也是一类对黏土水化有较强抑制作用的钻井液。

饱和盐水钻井液是指钻井液中 NaCl 含量达到饱和时的盐水钻井液体系。它可以用饱和盐水配成,也可先配成钻井液再加盐至饱和。饱和盐水钻井液主要用于钻其他水基钻井液难以对付的大段岩盐层和复杂的盐膏层,也可以作为完井液和修井液使用。

4. 聚合物钻井液

聚合物钻井液是以某些具有絮凝和包被作用的高分子聚合物作为主处理剂的水基钻井液。由于这些聚合物的存在,体系所包含的各种固相颗粒可保持在较粗的粒度范围内,同时,所钻出的岩屑也因及时受到包被保护而不易分散成微细颗粒。

5. 钾基聚合物钻井液

钾基聚合物钻井液是一类以各种聚合物的钾盐和 KCl 为主处理剂的防塌钻井液。在各种常见无机盐中,KCl 抑制黏土水化分散的效果最好;由于使用了聚合物处理剂,这类钻井液又具有聚合物钻井液的各种优良特性。因此,在钻遇泥页岩地层时,用这种钻井液可以取得比较理想的防塌效果。

6. 油基钻井液

油基钻井液是以油(柴油或矿物油)作为连续相,水或亲油的固体(如有机土、氧化沥青等)作为分散相,并添加适量处理剂、石灰和加重材料等所形成的分散体系。水的体积分数在 5% 以下的普通油基钻井液已较少使用,主要使用的是油水体积比在(50 ~ 80):(50 ~ 20)范围内的油包水乳化钻井液。与水基钻井液相比,油基钻井液的主要特点是能抗高温,有很强的抑制性和抗盐、钙污染的能力,润滑性好,并可有效地减轻对油气层的损害等。因此,这类钻井液已成为钻深井、超深井、大位移井、水平井和各种复杂地层的重要技术手段之一。但是,由于其配制成本较高,以及使用时会对环境造成一定污染,使其应用受到一定的限制。

7. 气体型钻井流体

气体型钻井流体是以空气或天然气为流动介质或分散有气体的钻井流体。气体型钻井流体主要适用于钻低压油气层、易漏失地层以及某些稠油油层。其特点是密度低,钻速快,可有效保护油气层,并能有效防止井漏等复杂情况的发生。通常又将气体型钻井流体分为以下 4 种类型:

(1)空气或天然气钻井流体。

空气或天然气钻井流体即钻井中使用干燥的空气或天然气作为循环流体。其技术关键在于必须有足够大的注入压力,以保证有能将全部钻屑从井底携至地面的环空流速。

(2)雾状钻井流体。

雾状钻井流体即少量液体分散在空气介质中所形成的雾状流体,是空气与泡沫钻井流体之间的一种过渡形式。

(3)泡沫钻井流体。

钻井中使用的泡沫是一种将气体介质(一般为空气)分散在液体中,并添加适量发泡剂和稳定剂而形成的分散体系。

(4)充气钻井液。

有时为了降低钻井液的密度,将气体(一般为空气)均匀地分散在钻井液中,便形成充气钻井液。混入的气体越多,钻井液的密度越低。

8. 合成基钻井液

合成基钻井液是以人工合成的有机化合物作为连续相,盐水作为分散相,并含有乳化剂、降滤失剂、流型改进剂的一类新型钻井液。由于使用无毒并且能够生物降解的非水溶性有机物取代了油基钻井液中通常使用的柴油,因此这类钻井液既保持了油基钻井液的各种优良特性,同时又能大大减轻钻井液排放时对环境造成的不良影响,尤其适用于海上钻井。

9. 保护油气层的钻井液(完井液)

保护油气层的钻井液是在储层中钻进时使用的一类钻井液。当一口井钻达目的层时,所设计的钻井液不仅要满足钻井工程和地质的要求,而且还应满足保护油气层的需要。例如,钻井液的密度和流变参数应调控至合理范围,滤失量尽可能低,所选用的处理剂应与油气层相配伍,以及选用适合的暂堵剂等。

10. 不侵入地层钻井液

不侵入地层钻井液是20世纪90年代发展起来的一种新型钻井液,也可作为完井液或修井液使用。其特点是通过使用加入到水基或油基钻井液中的专用聚合物型添加剂,使聚合物胶束在井筒周围一定深度的地层形成一个具有一定强度的封堵层。

1.3 钻井液技术的发展

钻井液技术是油气钻井工程的重要组成部分,它在确保安全、优质、快速钻井中起着关键性的作用。国内外钻井实践表明,钻井液工艺技术的发展,促进了钻井工艺技术的发展,钻井工艺技术的发展反过来对钻井液工艺技术提出了更高的要求。

1.3.1 水基钻井液的发展概况

1. 自然造浆阶段(1914~1916年)

在打井的最初阶段,钻井是用清水作为钻(洗)井液的。钻屑里的黏土分散在水中,清水逐渐变成浑水而成为泥浆,也就是所谓的自然造浆。这种最原始的泥浆主要解决携带岩屑、净化井底和平衡地层压力等问题。因为没有使用化学处理剂,存在着滤失量高、性能不稳定和易引起井塌、卡钻等一系列问题。

2. 细分散泥浆阶段(20 世纪 20 年代至 50 年代末)

人们发现使用人工预先配制的泥浆比使用清水具有更好的功能,此时钻井液才逐渐成为一项工艺技术。主要解决的问题是泥浆性能的稳定性和井壁稳定问题,典型技术是研制出简单的泥浆性能测定仪器,使用了专门黏土配浆和分散性化学处理剂,于是形成了以细分散泥浆为主的淡水泥浆。

3. 粗分散泥装阶段(20 世纪 60 年代初至 60 年代末)

随着世界石油工业的迅速发展,钻井的数量、速度和深度均显著增长,所钻穿的地层也更加复杂多样,裸眼井段也越来越长,对钻井液性能提出了更高的要求。各种配制泥浆的原材料和处理剂的研究与使用,其性能与钻井工作关系的研究,研制出各种泥浆测试仪器和设备,使泥浆工艺技术也得到不断发展。

主要解决的问题是减少石膏、盐的污染,解决温度的影响等问题。典型技术包括各种盐水泥浆、钙处理泥浆以及形成了多达 16 大类的各种处理剂。其显著标志是出现了新的一类钻井液处理剂——无机絮凝剂,主要是含钙离子的电解质,如石灰、石膏、氯化钙等。同时,一些抗盐、抗钙能力强的处理剂发展起来,如铁铬木质素磺酸盐、钠羧甲基纤维素等。

4. 聚合物不分散钻井液阶段(20 世纪 70 年代至今)

随着井深的逐渐增加,更多的钻遇高温高压及各种复杂地层,配合钻井工艺技术的钻井液技术也有了更快的发展。主要解决的问题是快速钻井和保护油气层问题,包括影响钻速和井壁稳定各种因素等。典型技术是钻井液类型不断增多,包括不分散低固相钻井液、气体钻井、保护油气层的钻井液和完井液,特别是不分散低固相聚合物钻井液的出现,使高压喷射钻井等新工艺措施得以实现,是钻井液技术发展进程中所取得的重要突破。

实践证明,聚合物钻井液在提高机械钻速、稳定井壁、携带岩屑和保护油气层等方面均明显好于其他类型的水基钻井液。

1.3.2 油基钻井液的发展概况

油基钻井液由于其配制成本比水基钻井液高得多,一般只用于高温深井、海洋钻井,以及钻大段泥页岩地层、大段盐膏层和各种易塌、易卡的复杂地层。

最早在 20 世纪 20 年代就用原油作为洗井介质,但其流变性和滤失量均不易控制;到了 50 年代,形成了以柴油为连续介质的油基钻井液和油包水乳化钻井液;为了克服油基钻井液钻速较低的缺点,70 年代又发展了低胶质油包水乳化钻井液,为了进一步增强其防塌效果,还研制出了活度平衡的油包水乳化钻井液;到了 80 年代,为加强环境保护,特别是为了避免钻屑排放对海洋生态环境的影响,又出现了以矿物油作为连续相的低毒油包水乳化钻井液。

1.3.3 气体型钻井流体

气体型钻井流体是第三大类钻井流体体系,这类流体主要应用于钻低压易漏地层、强水敏性地层和严重缺水地区。从20世纪30年代起，气体型钻井流体就开始应用于石油钻井中。由于受到诸多因素限制，应用并不十分广泛。近年来，随着欠平衡钻井技术和保护油气层技术的发展，气体型钻井流体，特别是泡沫和充气钻井流体的研究和应用受到了广泛重视。

1.3.4 现代钻井液技术

近年来，钻井领域出现了大位移井钻井、欠平衡钻井、多分支井钻井、连续管钻井等一系列钻井新技术，推动了钻井液和完井液技术的发展。现代钻井液新技术研究主要是在符合环保要求、防止地层损害、稳定井壁、适应高温高压恶劣环境、防漏堵漏、钻井液管理等方面取得了突破性进展。例如，聚合醇类钻井液、硅酸盐钻井液、甲酸盐钻井液、合成基钻井液、正电胶钻井液、甲基葡萄糖甙钻井液、新型暂堵型钻井完井液、新型无固相钻井完井液等，满足了环保、油气层保护、稳定井壁和应付恶劣钻井环境的要求；适应各种特殊工艺井钻井液技术得到了快速发展；在保护油气层、井壁稳定的基础研究和钻井液用原材料和处理剂研制等方面都有新进展，钻井液的技术进步，也推动了钻井技术的发展。

1.3.5 我国钻井液应用技术发展回顾

我国钻井液工艺技术的发展历程与国际上该项技术的发展基本相似，也是经历了最初的自然造浆和细分散钻井液等阶段，代表性标志为钙处理钻井液阶段、三磺钻井液阶段、聚合物钻井液阶段和钻井液新技术阶段。

我国从1952年开始用石灰处理泥浆并逐渐成熟，钙处理钻井液是20世纪60年代到70年代初主要使用的钻井液类型。

三磺钻井液是20世纪70年代后期大多数井，特别是深井所使用的钻井液类型。该体系能有效地降低钻井液高温高压失水，提高井壁稳定性。我国最深的几口井都是用此类钻井液钻成的，有人称这是我国钻井液技术的第一大进步。

“聚合物钻井液”最早被称为“不分散低固相钻井液”，是在20世纪70年代后期，配合“喷射钻井技术”和“优选参数钻井技术”，利用丙烯酰胺聚合物形成的一种钻井液体系。为了使聚合物钻井液能很好地适应深井钻井条件，又在三磺水基钻井液基础上引入阴离子型丙烯酰胺类聚合物，出现了聚磺钻井液，被称为我国钻井液技术的第二大进步。80年代末，在聚合物分子结构上引入阳离子基团或两性离子基团，出现了阳离子聚合物钻井液和两性离子聚合物钻井液，很好地解决了地层抑制性问题，被称为我国钻井液技术的第三大进步。

我国钻井液新技术的研究与应用，保持与世界先进技术同步，在某些方面已经达到国际先进水平。

1.3.6 钻井液应用技术的发展方向

钻井液应用技术的发展不仅是和钻井工艺技术的发展紧密联系在一起的，而且是和钻井液化学应用技术直接相关的。当前钻井液工艺技术的关键大致包括以下几个方面：

(1)适用于深井、抗高温、抗盐、抗钙或抗镁的增黏剂、降滤失剂、降黏剂和流型改进剂的研制，以及复杂条件下深井抗高温、高密度钻井液技术。

(2)复杂易坍塌地层的泥页岩稳定剂、井壁封固剂和堵漏剂研制及井壁失稳机理研究与防塌钻井液技术。

(3)大斜度井、大位移井、水平井、多底井和小井眼等特殊工艺井用润滑剂、井壁稳定剂、流型改进剂和低伤害处理剂的研制及钻井液技术。

(4)欠平衡钻井液技术。

(5)保护储层，尤其是保护低渗透油气层的各种处理剂研制及钻井液、完井液技术。

(6)环境友好、低成本的天然材料改性产品，满足环境保护要求的合成聚合物处理剂研制及环境可接受钻井液体系的研究及应用技术。

(7)钻井液无害化处理技术。

(8)计算机信息技术在钻井液中的应用和现场钻井液管理技术。

复习思考题

1. 简述钻井液在钻井过程中的主要作用。

2. 钻井液是如何分类的？各有何特点？

3. 简述国内外钻井液应用技术的发展概况及关键技术发展方向。

第2章

黏土胶体化学基础

黏土是钻井液的主要成分,其矿物组成和性质对钻井液的性能影响很大,钻井过程中所遇到的地层黏土的特性与井眼稳定、油气层保护密切相关。

2.1 黏土矿物的晶体构造与性质

黏土主要由黏土矿物(含水的铝硅酸盐)组成。某些黏土还含有不定量的非黏土矿物,如石英、长石等。许多黏土还含有非晶质的胶体矿物,如蛋白石、氢氧化铁、氢氧化铝等。

大多数黏土颗粒的粒径小于2 μm,它们在水中有分散性、带电性、离子交换性及水化性,这些性能直接影响钻井液的配制、性能及其维护和调整。

2.1.1 黏土矿物的分类和化学组成

1. 黏土矿物的分类

黏土矿物的分类方法很多,按单元晶层构造特征分类见表2.1。

表2.1 黏土矿物按单元晶层构造特征分类

单元晶层构造特征	黏土矿物族	黏土矿物
1∶1	高岭石族	高岭石、地开石、珍珠陶土等
	埃洛族	埃洛石等
2∶1	蒙脱石族	蒙脱石、拜来石、囊脱石、皂石、蛭石等
	水云母族	伊利石、海绿石等
2∶2	绿泥石族	各种绿泥石等
	海泡石族	海泡石、凹凸棒石、坡缕缟石等

2. 黏土矿物的化学组成

黏土中常见的黏土矿物有3种:高岭石、蒙脱石(也称微晶高岭石、胶岭石等)、伊利石(也称水云母)。其化学组成见表2.2。

表 2.2　几种常见的黏土矿物的化学组成

黏土矿物名称	化学组成	$n(SiO_2)/n(Al_2O_3)$
高岭石	$2Al_2O_3 \cdot 4SiO_2 \cdot 4H_2O$	2∶1
蒙脱石	$(Al_2Mg_3)(Si_4O_{10})(OH)_2 \cdot nH_2O$	4∶1
伊利石	$(K,Na,Ca)_m(Al,Fe,Mg)_4(Si,Al)_8O_{20}(OH)_4 \cdot nH_2O$	1∶1

不同类型黏土矿物的化学成分是不同的,如高岭石中氧化铝含量较高,氧化硅含量较低;蒙脱石中氧化铝含量较低,氧化硅含量较高;伊利石含有较多的氧化钾。

上述各类黏土矿物化学成分的特点,是用化学分析方法鉴别黏土矿物类型的依据。

2.1.2　黏土矿物的晶体构造

1. 黏土矿物的基本构造单元

组成各种黏土矿物的基本构造单元是硅氧四面体和铝氧八面体。

(1)硅氧四面体与硅氧四面体晶片。

硅氧四面体中有 1 个硅原子与 4 个氧原子,硅原子在四面体的中心,氧原子在四面体的顶点,硅原子与各氧原子之间的距离相等,如图 2.1(a)所示;在大多数黏土矿物中,硅氧四面体的排列为六角形的硅氧四面体网格结构,如图 2.1(b)所示,该结构中的氧六角环内切圆直径约为 0.288 nm。硅氧四面体网格的重复连接形成硅氧四面体晶片,它是由硅氧四面体构成的立体网络结构,如图 2.1(c)所示。

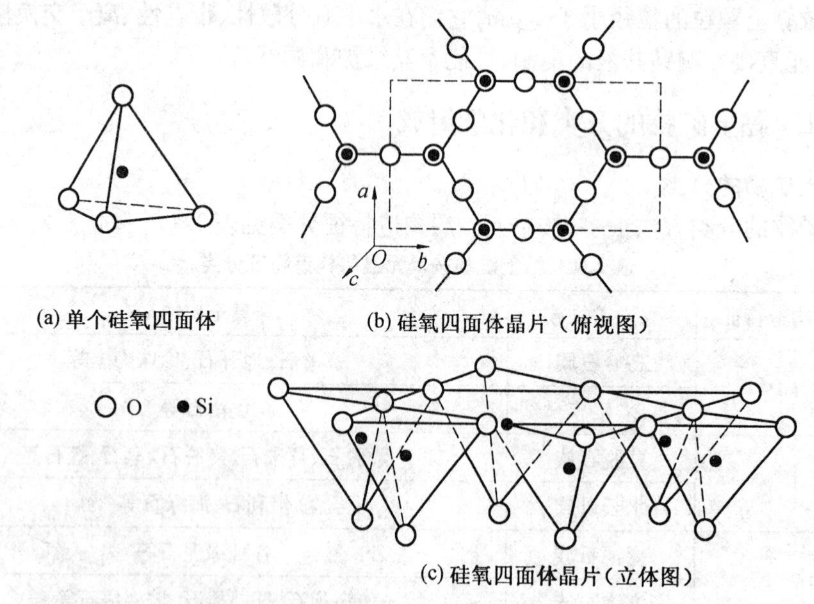

图 2.1　硅氧四面体及四面体晶片示意图

(2)铝氧八面体与铝氧八面体晶片。

铝氧八面体的 6 个顶点为氢氧原子团,铝(铁或镁)原子居于八面体中央,如图 2.2(a)所示。从图 2.2(b)可以看出,在八面体晶片内有 1/3 的空位(用¤标记)。图 2.2(c)

是八面体晶片立体图。

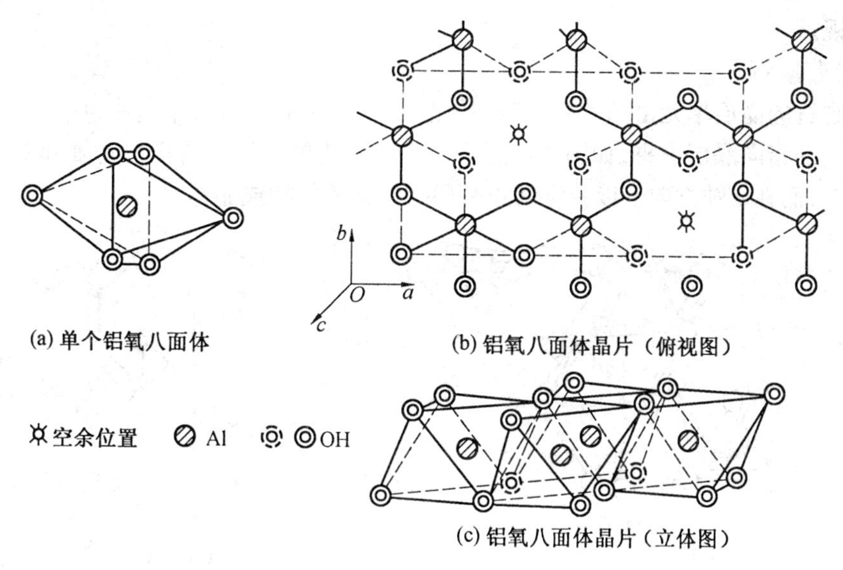

图 2.2　铝氧八面体及铝氧八面体晶片构造示意图

(3)晶片的结合。

硅氧四面体片与铝氧八面体片通过共用的氧原子，以共价键连接在一起构成单元晶层，单元晶层面-面堆叠形成晶体。

2. 几种常见黏土矿物

(1)高岭石。

高岭石的单元晶层由一片硅氧四面体晶片和一片铝氧八面体晶片组成，称为 1∶1 型黏土矿物。单元晶层到相邻的单元晶层的垂直距离称为晶层间距，如图 2.3 所示。此种构造单元晶层在 a 轴和 b 轴方向上连续延伸，在 c 轴方向上以一定间距一层一层地重叠构成晶体。

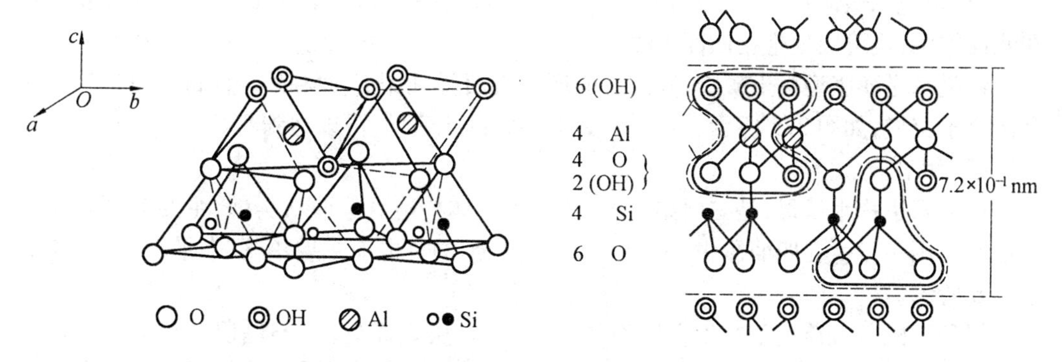

图 2.3　高岭石晶体构造示意图

在高岭石单元晶层上，硅氧四面体的顶尖指向铝氧八面体，单元晶层一面为 OH 层，另一面为 O 层，层与层之间容易形成氢键，故晶层之间连接紧密；高岭石几乎无晶格取代现象，阳离子交换容量小，水分子不易进入晶层中间。高岭石为非膨胀型黏土矿物，其水化性能差,造浆性能不好。在钻井过程中,含高岭石的泥页岩地层易发生剥蚀掉块,必须予以重视。

(2)蒙脱石。

蒙脱石的晶层单元由两片硅氧四面体晶片夹一片铝氧八面体晶片组成,每个四面体顶点的氧都指向晶层中央,如图2.4所示。此种构造单元晶层同样在 a 轴和 b 轴方向上连续延伸,而在 c 轴方向上以一定间距一层一层地重叠构成晶体。

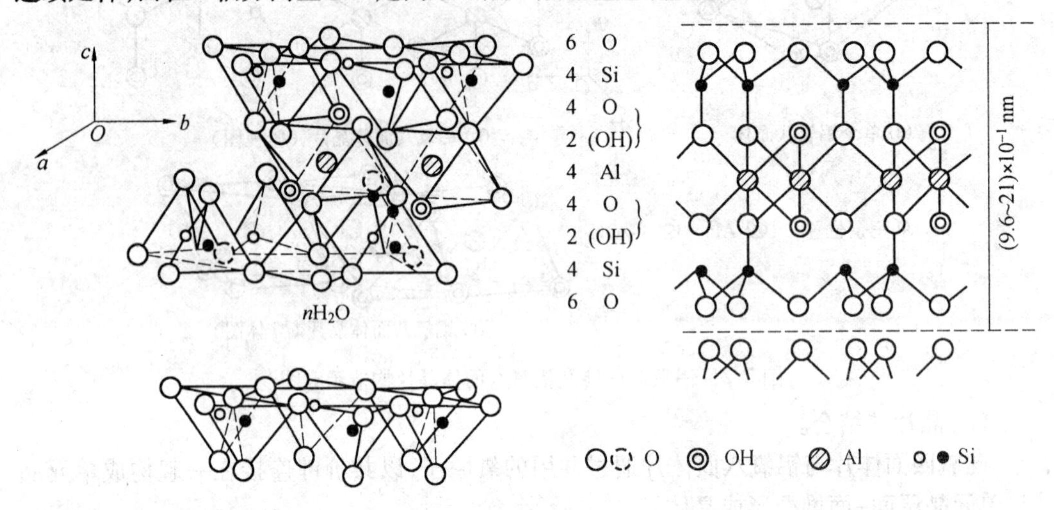

图2.4 蒙脱石晶体构造示意图

蒙脱石晶层上、下两面皆为氧原子,各晶层之间以分子间力连接,连接力弱,水分子易进入晶层之间引起晶格膨胀;更重要的是由于晶格取代作用,蒙脱石带有较多的负电荷,能吸附等电量的阳离子,水化的阳离子进入晶层之间,致使 c 轴方向上的间距增加。所谓晶格取代作用是指在晶体结构中某些原子或离子被其他化合价不同的原子或离子取代而晶体骨架保持不变的作用。例如,蒙脱石晶体中一个 Al^{3+} 被一个 Mg^{2+} 取代,会产生一个负电荷(该负电荷吸附周围溶液中的阳离子来达到电荷平衡)。晶格取代作用既可以发生在八面体中,也可以发生在四面体中。

蒙脱石是膨胀型黏土矿物,其晶层的所有表面,包括内表面和外表面都可以进行水化及阳离子交换,如图2.5所示。蒙脱石具有很大的比表面,可以达到800 m^2/g。

(3)伊利石。

伊利石也称水云母,是三层型黏土矿物,其晶体构造和蒙脱石类似,主要区别在于晶格取代作用多发生在四面体中,Al^{3+} 取代 Si^{4+},产生的负电荷主要由 K^+ 来平衡,其结构如图2.6所示。

伊利石的负电荷主要产生在四面体晶片,离晶层表面近,K^+ 与晶层的负电荷之间的静电引力比氢键强;K^+(直径0.266 nm)的大小刚好嵌入相邻晶层间的氧原子网格形成的六角环空穴中,是不能交换的,K^+ 连接通常非常牢固。因此,伊利石不易水化膨胀。

然而,在每个黏土颗粒外表面的 K^+ 中却能发生离子交换。因此,其水化作用仅限于外表面,水化膨胀时,它的体积增加的程度比蒙脱石小得多。

伊利石是最丰富的黏土矿物,存在于所有的沉积年代中,而在古生代沉积物中占优

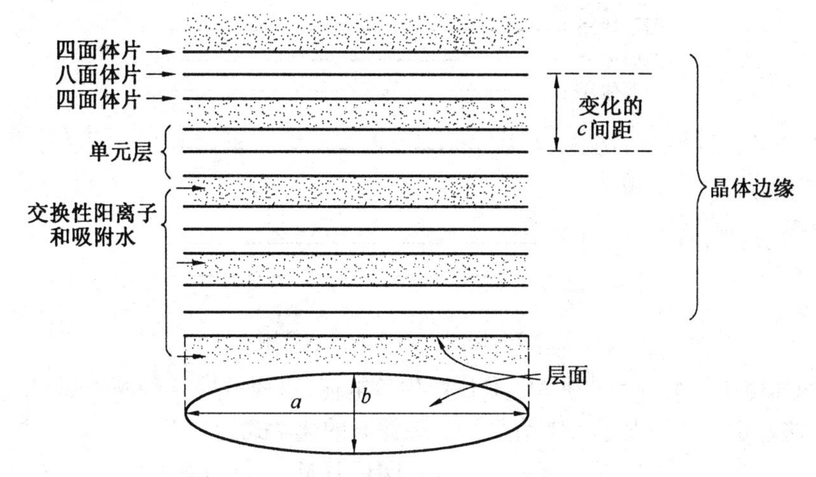

图2.5　三层型膨胀型黏土晶格示意图

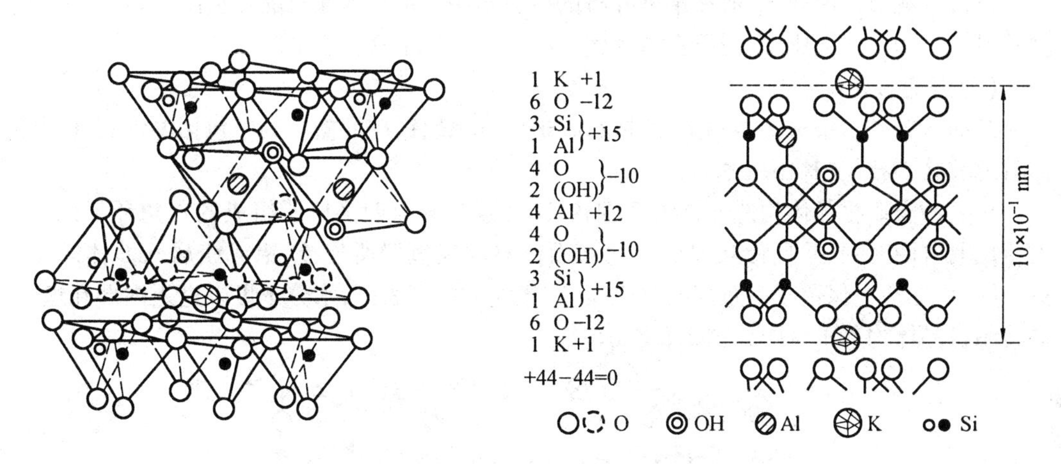

图2.6　伊利石晶体构造示意图

势。钻井遇到含伊利石为主的泥页岩地层时，常常会发生剥落掉块现象。

黏土矿物的晶体构造，特别是其表面构造和钻井液关系最密切，因为黏土和水以及和处理剂的作用主要是在表面上进行的。

上述3种黏土矿物的特点见表2.3。

表2.3　3种黏土矿物的特点

矿物名称	晶型	晶层间距/10^{-1} nm	层间引力	阳离子交换容量/(mmol·(100 g)$^{-1}$)
高岭石	1∶1	7.2	氢键力，引力强	3~5
蒙脱石	2∶1	9.6~40.0	分子间力，引力弱	70~130
伊利石	2∶1	10.0	引力较强	20~40

(4)绿泥石。

绿泥石晶层是由如叶蜡石似的三层型晶片与一层水镁石晶片交替组成，如图2.7所示。

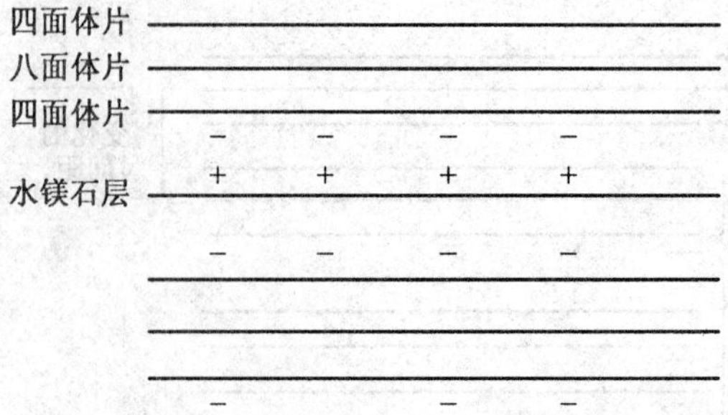

四面体片
八面体片
四面体片
水镁石层

图 2.7　绿泥石晶体构造示意图

硅氧四面体中的部分 Si^{4+} 被 Al^{3+} 取代产生负电荷；水镁石层有些 Mg^{2+} 被 Al^{3+} 取代，产生正电荷，这些正电荷与上述负电荷平衡。绿泥石的化学式为

$$2[(Si,Al)_4(Mg,Fe)_3O_{10}(OH)](Mg,Al)_6(OH)_{12}$$

通常绿泥石无层间水，而在某种降解的绿泥石中一部分水镁石晶片被除去，在某种程度的层间水和晶格膨胀，绿泥石在古生代沉积物中含量丰富。

(5)海泡石族。

海泡石族矿物俗称抗盐黏土，属链状构造的含水铝镁硅酸盐。其中包括海泡石、凹凸棒石及坡缕缟石(又称山软木)。

这类黏土矿物晶体构造通常为纤维状，其特点是硅氧四面体所组成的六角环都以上下相反的方向对列，并且相互间被其他八面体氧和氢氧群所连接，铝或镁居八面体的中央。同时，构造中保留了一系列的晶道，具有极大的内部表面，水分子可以进入内部孔道。坡缕缟石晶体构造示意图如图 2.8 所示。

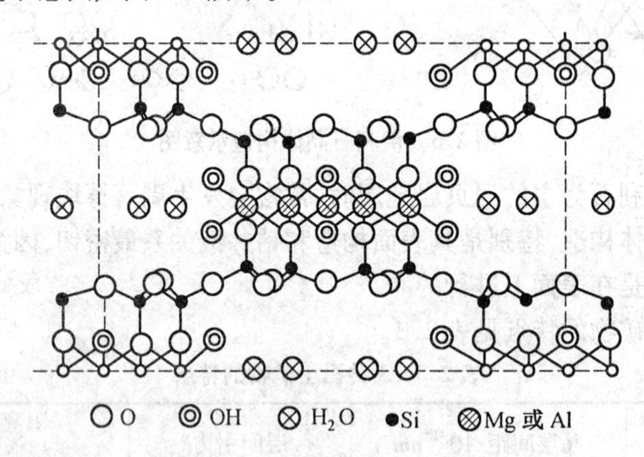

图 2.8　坡缕缟石晶体构造示意图

海泡石族矿物的独特晶体构造，与所配制的悬浮体经搅拌后，其纤维互相交叉，形成"乱稻草堆"似的网架结构，这是保持悬浮体稳定的决定性因素。因此，海泡石族黏土悬浮体的流变特性取决于纤维结构的机械参数，而不取决于颗粒的静电引力。

海泡石族矿物的物理化学性质也和其他黏土矿物有显著的不同，含有较多的吸附水(表 2.4)，具有好的热稳定性，适用于配制深井钻井液。其在淡水中与在饱和盐水中造浆情况几乎一样，因而具有良好的抗盐稳定性，用它配制的钻井液用于海洋钻井和钻高压盐水层或岩盐层具有很好的悬浮性能。

表2.4　几种黏土矿物的吸附水含量

矿物名称	吸附水的质量分数/%
坡缕缟石(山软木)	24.3
蒙脱石	20.2
水云母	5.4
高岭石	2.0

(6)混合晶层黏土矿物。

有些地方发现,多种不同类型的黏土矿物晶层堆叠在同一黏土晶体中,这类混层结构的矿物称为混合晶层黏土矿物。最常见的混层结构有伊利石和蒙脱石混合层(简称伊蒙混层)、绿泥石和蛭石的混合层结构。通常,混合晶层黏土矿物晶体在水中比单一黏土矿物晶体更容易分散、膨胀,钻井过程中遇到混合晶层黏土矿物时,更容易引起井壁稳定性问题。

2.2　吸附作用

吸附作用是指在一定条件下,一种物质的分子、原子或离子能自动地附着在某固体表面的现象,也是一种重要的表面现象。比如,用活性炭吸附硝基苯,就可以清洁被污染的水源;用硅胶吸附气体中的水蒸气使之干燥。通常把具有吸附作用的物质称为吸附剂,被吸附的物质称为吸附质。吸附作用可以发生在各种不同的相界面上。

固体表面层的质点所处力场是不均匀的,同样具有过剩的能量,吸附作用可以在一定程度上改变表面层质点受力不均状态,降低固体表面的表面能。因此,吸附过程也是使体系能量降低的过程。

按吸附作用力性质不同,可将吸附分为物理吸附和化学吸附。

1. 物理吸附

产生物理吸附的作用力是分子间的引力。由于分子间的引力普遍存在于吸附剂和吸附质之间,所以物理吸附一般没有选择性;分子间的作用力有一定的范围,物理吸附可以形成多分子层吸附;分子间的作用力比较弱,被吸附的物质容易脱附(解吸附);物理吸附速度快,易于达到吸附平衡状态。

2. 化学吸附

产生化学吸附的作用力是化学键力。在化学吸附过程中,可以发生电子的转移、原子的重排、化学键的破坏与形成等。因此,化学吸附具有明显的选择性,只能是单分子层吸附,化学吸附作用力强而不易解吸附,化学吸附和解吸附的速度都比较慢,温度升高可加快化学吸附的速度。

物理吸附和化学吸附在一定条件下可以同时发生,也可以相互转化。对于某些体系,低温时主要进行物理吸附,高温时主要进行化学吸附;在适当的温度范围内,温度升高,将由物理吸附逐渐过渡到化学吸附。

3. 离子交换吸附

对于带电晶体颗粒，遵循电中性原则，将等量地吸附带相反电荷的离子。一般来说，被吸附的离子可以和溶液中同电荷的离子发生交换作用，这种作用称为离子交换吸附。

$$\boxed{\text{黏土颗粒}}^{Na^+}_{Na^+} + Ca^{2+} \rightleftharpoons \boxed{\text{黏土颗粒}}\ Ca^{2+} + 2Na^+$$

离子交换吸附的特点是同电性离子进行交换，例如，带负电的黏土颗粒表面吸附的 Na^+ 可以和溶液中的 Ca^{2+} 进行交换。离子交换是等电量交换，例如，一个 Ca^{2+} 和两个 Na^+ 进行交换，离子交换吸附是可逆的。

不同离子的交换吸附强弱不同，受离子价数、离子半径和离子含量影响。

溶液中离子含量相差不大时，离子价数越高，交换能力越强；当价数相同的离子含量接近时，离子半径大的交换能力强；高含量的低价离子可以交换低含量的高价离子。

不考虑离子含量影响，常见阳离子交换强弱顺序如下：

$$Li^+ < Na^+ < K^+ < NH_4^+ < Mg^{2+} < Ca^{2+} < Ba^{2+} < Al^{3+} < Fe^{3+} < H^+$$

其中，H^+ 是个例外，它与带负电的黏土颗粒吸附能力特别强，这是因为 H^+ 均以 H_3O^+ 的形式存在，离子半径大，水化半径小，易于和黏土颗粒接近，吸附能力强，这也是钻井液性能研究中格外重视 pH 的重要原因之一；另一个特殊离子是 K^+，因为黏土晶层上的氧六角环正好可以容纳一个 K^+，它吸附在某类黏土颗粒上，不容易交换下来，形成嵌入吸附；NH_4^+ 大小（0.286 nm）和 K^+ 相当，同时又是多原子离子，离子半径大，比其他同价离子交换能力强。

离子交换吸附和钻井液工艺技术关系密切，是钻井液性能维护和钻井液体系研究的依据之一。

2.3 黏土-水分散体系的电学性质

通过黏土-水分散体系的电泳和电渗实验可以证明黏土颗粒带负电荷，黏土的电荷影响黏土的特性。钻井液中处理剂的作用，钻井液胶体的分散、絮凝等性质，都受黏土电荷的影响。

2.3.1 黏土颗粒的带电原因和规律

1. 黏土颗粒的带电原因

黏土在自然界形成时发生晶格取代作用，使黏土颗粒带负电荷，这种负电荷的数量取决于晶格取代作用的多少，而不受 pH 值的影响，被称为永久负电荷。不同的黏土矿物晶格取代情况是不相同的，蒙脱石的永久负电荷主要来源于铝氧八面体中的一部分铝离子被镁、铁等二价离子所取代，伊利石的永久负电荷主要来源于硅氧四面体晶片中的硅被铝取代，高岭石几乎没有晶格取代。

黏土所带电荷的数量随介质的 pH 值改变而改变，这种电荷叫作可变负电荷。比如，黏土晶体端面上 Al—OH 在碱性环境中解离 H^+，使黏土带负电荷；黏土晶体的端面上吸附 OH^-、SiO_3^{2-} 等无机阴离子，使黏土带负电荷；黏土晶体吸附有机阴离子聚电解质，使黏土带负电荷等。

黏土晶体端面上 Al—OH 在酸性环境中解离，可以使黏土带正电荷；片状的黏土在外力作用下，在 *a*、*b* 平面上的结合键断裂，形成细小颗粒，在黏土颗粒断键边缘处一端带正电荷（另一端带负电荷）。所以，晶格取代主要使钻井液中黏土颗粒层表面带负电荷；Al—OH 键电离，使钻井液中黏土颗粒层表面和端表面带负电荷；钻井液中黏土通过氢键吸附体系中的 OH^-，使黏土颗粒表面带负电荷，吸附各种电解质处理剂也使黏土颗粒带负电荷；断键使黏土颗粒表面一端带正电荷，另一端带负电荷。

2. 黏土颗粒的带电规律

综上所述，黏土种类不同，带电原因不同，所带电荷数也不同，如蒙脱石带电多，高岭石带电少；黏土颗粒不同部位所带电荷数量不同，层表面带电多，端表面带电少，层表面带负电荷，端表面所带电荷有正有负；黏土所带正电荷与负电荷的代数和即为黏土晶体的净电荷数，由于黏土所带负电荷一般多于正电荷，黏土颗粒一般都带负电荷。

2.3.2　黏土的交换性阳离子

根据电中性原则，带电的黏土颗粒必然从分散介质中吸附等电量的阳离子。这些被黏土吸附的阳离子，可以被分散介质中的其他阳离子所交换，称为黏土的交换性阳离子。

黏土的阳离子交换容量是指在分散介质的 pH 为 7 的条件下，黏土所能交换下来的阳离子总量，包括交换性盐基和交换性氢。阳离子交换容量（Cation Exchange Capacity，CEC），以 100 g 黏土所能交换下来的阳离子的物质的量来表示（单位符号为 mmol/100 g）。黏土矿物种类不同，其阳离子交换容量有很大差别，各种黏土矿物的阳离子交换容量见表 2.5。

表 2.5　各种黏土矿物阳离子交换容量

矿物名称	CEC/(mmol·(100 g)$^{-1}$)
蒙脱石	70 ~ 150
伊利石	20 ~ 40
高岭石	3 ~ 5
绿泥石	10 ~ 40
凹凸棒石，海泡石	10 ~ 35
钠膨润土（夏子街）	82.30
钙膨润土（高阳）	103.7

黏土矿物的化学组成和晶体构造不同，黏土的带电数不同，阳离子交换容量会有很大差异。当黏土矿物化学组成相同时，其阳离子交换容量随分散度的增加而变大，特别是高岭石，其阳离子交换主要是由于 Al—OH 在碱性环境中解离出 H^+ 产生电荷所引起的，因而颗粒越小，露在外面的—OH 越多，交换容量显著增加；蒙脱石的阳离子交换主要是由

于晶格取代所产生的电荷,由于裸露的氢氧根中氢的解离所产生的负电荷所占比例很小,因而受分散度的影响较小。在黏土矿物化学组成和分散度相同的情况下,在碱性环境中,阳离子交换容量变大。

黏土的阳离子交换容量及吸附的阳离子种类对黏土的胶体活性影响很大,如蒙脱石的阳离子交换容量大,膨胀性也大,在含量低时就形成稠的悬浮体,特别是钠蒙脱石,水化膨胀性更大;而高岭石的阳离子交换容量很低,惰性较强。

2.3.3 黏土颗粒的带电状态

1. 黏土颗粒扩散双电层

带电黏土颗粒周围分布着电荷数相等、溶剂化的反离子,受黏土表面负电荷的吸引靠近黏土颗粒表面。同时,由于反离子的热运动,又有扩散到液相内的能力。固体表面上紧密地连接着部分反离子,构成吸附层,其余反离子带着其溶剂化壳,扩散地分布到液相中,构成扩散层(图2.9)。当胶粒运动时,界面上的吸附层随着胶粒一起运动,与外层错开,吸附层与外层错开的界面称为滑动面。从吸附层界面(滑动面)到均匀液相内的电位,称为电动电位(或ζ电位);从固体表面到均匀液相内部的电位,称为热力学电位。热力学电位取决于固体表面所带的总电荷,而ζ电位则取决于固体表面电荷与吸附层内反离子电荷之差。

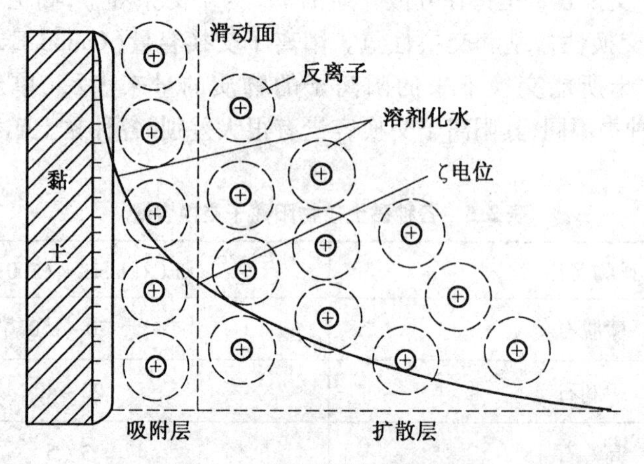

图2.9 黏土颗粒扩散双电层

2. 黏土分散体系双电层的特点

由于黏土矿物晶体层面与端面结构不同,带电性质不同,所以可以形成两种不同的双电层,这与其他胶体明显不同。晶格取代,黏土颗粒表面上的氢在碱性介质中解离导致黏土晶格表面带负电荷,使其吸附等电量的阳离子(如 Na^+、Ca^{2+}、Mg^{2+}等),若将这些黏土放到水里,吸附的阳离子便解离,向外扩散,形成使黏土颗粒带负电的扩散双电层;端面所带电荷有正有负,故可以形成使黏土颗粒带正电形式的双电层。另外,在黏土硅氧四面体的端面,通常由于 H^+的解离面带负电,但黏土悬浮体中常常有少量 Al^{3+}存在,它将被吸附在硅氧四面体的断键处,从而使之带正电,形成使黏土颗粒带正电形式的双电层。

因为端面所带的正电荷与黏土层面上带的负电荷数量相比很少,就整个黏土颗粒而言，它所带的净电荷是负的，故在电泳实验中黏土颗粒向正极运移。

3. 双电层厚度和电动电位（ζ电位）

双电层厚度和电动电位是扩散双电层的重要特征参数，黏土-水分散体系的聚结稳定性与双电层厚度、ζ电位大小密切相关。双电层越厚，ζ电位越大，体系越稳定。双电层的厚度主要取决于溶液中电解质的反离子价数与电解质的含量。随着加入的电解质含量的增加，特别是离子价数的升高，扩散双电层厚度下降，电动电位降低。

在胶体溶液中加入电解质后，将有更多的反离子进入吸附层，使扩散层的离子数下降，这就导致双电层厚度下降，电动电位随之下降（电解质压缩双电层作用）。当所加电解质把双电层压缩到吸附层的厚度时，胶体颗粒不带电，此时电动电位降至零，这种状态称为等电态。在等电态，体系不稳定。

黏土-水分散体系的组成和性能比一般胶体复杂，特别是钻井液更为复杂。钻井液是由黏土、水及各种处理剂组成的混合体系，故其电动电位受多种因素的影响。除了上述加入电解质对ζ电位的影响外，还受pH值、交换性阳离子与吸附的阴离子等因素的影响。

2.4　黏土的水化和分散

2.4.1　黏土的水化作用

黏土的水化作用是指黏土颗粒吸附水分子形成水化膜，使晶格层面间的距离增大而发生膨胀的作用。黏土的水化作用是影响钻井液性能和井壁稳定的重要因素。

1. 黏土水化膨胀作用的机理

黏土矿物的水分按其存在的状态可以分为结晶水、吸附水及自由水3种类型。结晶水是黏土矿物晶体构造的一部分，只有温度高于300 ℃以上时，结晶受到破坏，这部分水才能释放出来；吸附水是具有极性的水分子被吸附到带电的黏土颗粒表面上，在黏土颗粒周围形成一层水化膜，这部分水随黏土颗粒一起运动，所以也称为束缚水；自由水存在于黏土颗粒的孔穴或孔道中，不受黏土的束缚，可以自由地运动。

黏土水化膨胀受表面水化力、渗透水化力和毛细管作用制约。

（1）表面水化。

表面水化是由黏土晶体表面（膨胀性黏土表面包括外表面和内表面）吸附水分子或交换性阳离子而引起的。水分子与黏土表面的六角形网格的氧原子形成氢键而保持在表面上，水分子也通过氢键结合为六角环；水分子还可以通过氢键与第一层连接，所以表面水化是多分子层的。氢键的强度随离开表面的距离增加而降低。

许多被吸附的阳离子本身可以吸附水分子，带有水分子的外壳，也促进黏土颗粒水化。

（2）渗透水化。

由于晶层之间的阳离子含量大于溶液内部的含量，因此会引起水发生含量差扩散，进入层间，增加晶层间距。

当黏土表面吸附的阳离子含量高于介质中的含量时，便产生渗透压，从而引起水向黏土晶层间扩散，水的这种扩散程度受电解质的含量差影响，这就是渗透水化膨胀的机理。早在1931年，这一理论就应用于钻井液，使用可溶性盐以降低钻井液和坍塌页岩中液体之间的渗透压，后来进一步发展了饱和盐水钻井液、氯化钙钻井液等。

2. 影响黏土水化的因素

(1)黏土晶体不同部位对水化的影响。

黏土晶体表面的水化膜厚度是不均匀的，黏土的表面水化膜主要是阳离子水化造成的，黏土晶体所带的负电荷大部分集中在层面上，层面吸附的阳离子较多，水化膜厚；黏土晶体端面上带电量较少，水化膜薄。

(2)黏土矿物种类对水化的影响。

黏土矿物不同，带电量不同，水化作用的强弱也不同。蒙脱石的带电量多，阳离子交换容量高，水化性最好，分散度也最高；而高岭石带电量少，阳离子交换容量低，水化差，分散度也低，颗粒粗，是非膨胀性矿物；伊利石由于晶层间 K^+ 的特殊封闭作用，以及黏土单元晶层对层间阳离子产生的静电引力作用，使其水化差，分散度也低，也是非膨胀性矿物。

(3)可交换阳离子对水化的影响。

黏土吸附的交换性阳离子不同，其水化程度有很大差别。例如，钙蒙脱石水化后晶层间距最大仅为 17×10^{-1} nm，而钠蒙脱石水化后其晶层间距可达 $(17\sim40)\times10^{-1}$ nm，如图2.10所示。现场为了提高膨润土的水化性能，一般加入 Na_2CO_3 将其预水化，使钙膨润土变为钠膨润土，钠膨润土是配制钻井液的理想材料。

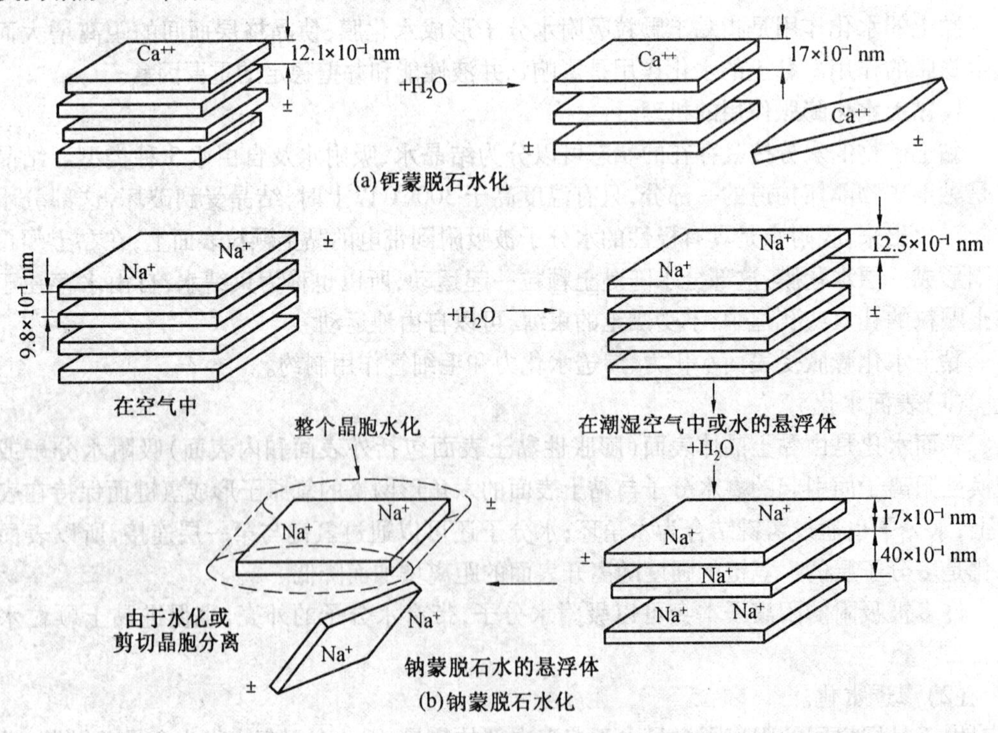

图2.10 蒙脱石水化示意图

(4)钻井液中可溶性盐及处理剂的影响。

钻井液中可溶性盐类增加,会使黏土颗粒的电动电位降低,吸附水分子的能力降低;钻井液中可溶性盐类增加,还会使进入黏土颗粒吸附层的阳离子数增加,阳离子本身水化膜变薄,黏土的水化作用减弱。

处理剂是为了改善钻井液性能而添加的各种化学剂,有多种类型。有机处理剂一般有较多的亲水基团,被黏土颗粒吸附后可以产生较厚的水化膜。

黏土是配制钻井液的主要原材料,黏土也普遍存在于油气层中,其水化膨胀性对石油钻井和油气开采具有特别的重要性。

2.4.2　黏土-水分散体系的稳定性

黏土-水分散体系是高度分散的多相分散体系,其分散相颗粒介于胶体和悬浮体范围,具有很大的比表面和表面能,属于热力学不稳定体系。在钻井液工艺技术中,可以用各种方法调整钻井液性能,如加入各种处理剂,其本质是调整体系的稳定性。

1. 分散体系稳定性的概念

分散体系的稳定性包括两个方面,即动力(沉降)稳定性和聚结稳定性。

(1)动力稳定性。

动力稳定性是指在重力作用下分散相颗粒是否容易下沉的性质。一般用分散相下沉速度的快慢来衡量动力稳定性的好坏。例如,在一个玻璃容器中注满钻井液,静止 24 h后,分别测定上部与下部的钻井液密度。其差值越小,动力稳定性越强,说明颗粒沉降速度很慢。

(2)聚结稳定性。

聚结稳定性是指分散相颗粒是否容易自动地聚结变大的性质。不管分散相颗粒的沉降速度如何,只要它们不自动降低分散度,聚结变大,该胶体就是聚结稳定性好的体系。

动力稳定性与聚结稳定性是两个不同的概念,但是它们之间又有联系。如果分散相颗粒自动聚结变大,所受重力增大,必然引起下沉。因此,失去聚结稳定性,最终必然失去动力稳定性。由此可见,在上述两种稳定性中,聚结稳定性是最根本的。

2. 影响动力稳定性的因素

(1)重力的影响。

重力是影响动力稳定性的决定因素。分散相质点在体系中所受的净重力,主要取决于固体颗粒半径的大小和分散相与分散介质的密度差。因此,为了保证加重剂能很好地悬浮,钻井液中用的加重材料必须磨得很细。

(2)布朗运动的影响。

布朗运动对于胶体的动力稳定性起着重要作用,颗粒半径越小,布朗运动越剧烈,动力稳定性越好。当颗粒直径大于 5 μm 时,就不存在布朗运动了。

(3)介质黏度对动力稳定性的影响。

在液体介质中,固体颗粒下沉的速度与介质黏度成反比,提高介质黏度可以提高动力稳定性。钻井液要求有适当的黏度,这是其重要原因之一。

3. 影响聚结稳定性的因素

(1)胶体颗粒间的作用力。

对于胶体分散体系来说,胶体颗粒聚结与否,取决于颗粒之间的引力与斥力,颗粒在布朗运动中相互碰撞时,吸力大于斥力,就聚结;反之,则保持其分散状态。

胶体颗粒间的吸力,本质上是范德瓦耳斯(van der Waals)引力,但它和单个分子间的范德华引力不同。胶体颗粒是许多分子的聚结体,其引力是胶体颗粒中所有分子引力的总和。一般分子间的引力与分子间的距离的6次方成反比,而胶体颗粒间的吸引力,与距离的3次方成反比,作用范围大。

胶体颗粒间的排斥力来源于两方面:一方面是静电斥力,另一方面是溶剂化膜(水化膜)的机械阻力。胶体颗粒间的静电斥力是由扩散双电层引起的,布朗运动会造成胶体颗粒沿着滑动面错开,使胶体颗粒带电,于是胶体颗粒间产生静电斥力,静电斥力的大小取决于电动电位的大小。胶体颗粒周围的水化膜中的水分子是定向排列的。当胶体颗粒相互接近时,水化膜被挤压变形,而引起定向排列的引力将力图使水分子恢复原来的排列状态,使水化膜表现出弹性,成为胶粒接近的机械阻力。另外,水化膜中的水和体系中的自由水相比,有较高的黏度,从而增加了胶体颗粒间的机械阻力。

(2)电解质的影响。

一般说来,外界因素很难改变吸引力的大小,改变分散介质中电解质的含量与价态则可显著影响胶粒之间的斥力。随着电解质含量的升高,胶体颗粒的电动电位降低,斥力降低。

通常用聚沉值和聚沉率两个指标定量地表示电解质对胶体聚结稳定性的影响。能使胶体聚沉的电解质最低含量称为聚沉值,各种电解质有不同的聚沉值。该值是个相对值,它与胶体的性质、含量、介质的性质以及温度等因素有关。聚沉值越低,说明电解质的聚沉能力越强。聚沉率是聚沉值的倒数,聚沉率越高,电解质的聚沉能力越强。

电解质中起聚沉作用的主要是与胶粒带相反电荷的反离子,反离子价数越高,聚沉值越低,聚沉率越高。舒采-哈迪(Schulze-Hardy)从大量实验资料统计出,电解质的聚沉值与反离子价数的6次方成反比,这个规则称为舒采-哈迪规则。

同价离子的聚沉率虽然相近,但仍有差别,特别是一价离子的差别比较明显。若将各离子按其聚沉能力的顺序排列,则一价阳离子的排序为

$$H^+>Cs^+>Rb^+>NH_4^+>K^+>Na^+>Li^+$$

一价阴离子的排序为

$$F^->IO_3^->H_2PO_4^->BrO_3^->Cl^->ClO_3^->Br^->I^->CNS^-$$

同价离子聚沉能力的次序称为感胶离子序,与水化离子半径从小到大的次序大致相同,水化离子半径越小,越容易靠近胶体颗粒,聚沉能力越强。对于高价离子,价数是影响其聚沉能力的主要因素,离子大小对其的影响相对减小。

与胶粒所带电荷相同的离子称为同号离子。一般说来,它们对胶体有一定的稳定作用,可以降低反离子的聚沉能力;若将两种带相反电荷的胶体相互混合,则发生聚沉,这种现象叫作相互聚沉。

在胶体或悬浮体内加入少量的可溶性高分子化合物,可导致迅速沉淀,沉淀物呈疏松

的棉絮状,这种作用称为絮凝作用。能产生絮凝作用的高分子化合物称为絮凝剂。

4. 黏土颗粒的分散与聚结

由于多数钻井液都是黏土-水分散体系,上述原理对钻井液优化设计和现场应用具有重要的指导意义。

(1)黏土颗粒间的作用力。

黏土颗粒的分散与聚结同样是颗粒间的吸引力和相斥力综合作用的结果。由于在黏土颗粒上不同部位带电数不同,水化膜厚度不同,和胶体颗粒相比,有其特殊性。

黏土颗粒间的吸引力包括多分子间的引力和棱角边缘的静电引力。黏土颗粒间的相斥力包括颗粒间的静电斥力和水化膜产生的机械阻力。

(2)黏土颗粒的连接方式。

黏土颗粒呈片状,其连接方式有端-端连接、端-面连接和面-面连接3种方式,如图2.11所示。

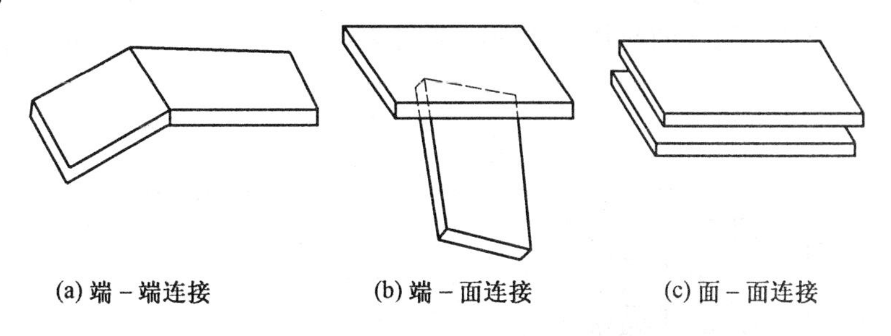

(a) 端-端连接　(b) 端-面连接　(c) 面-面连接

图2.11　黏土颗粒的连接方式

(3)黏土颗粒的分散与聚结。

当钻井液中的黏土颗粒具有很强的电动电位时,水化能力强,水化膜厚,颗粒间的静电斥力和机械阻力使黏土颗粒不能靠近,保持高度分散状态,如图2.12所示。

当钻井液中黏土颗粒的电动电位不太大时,黏土水化也不太好,黏土颗粒棱角边缘处水化很差,这时黏土颗粒能以端-端和端-面方式连接,形成空间网架结构,黏土颗粒呈絮凝状态。

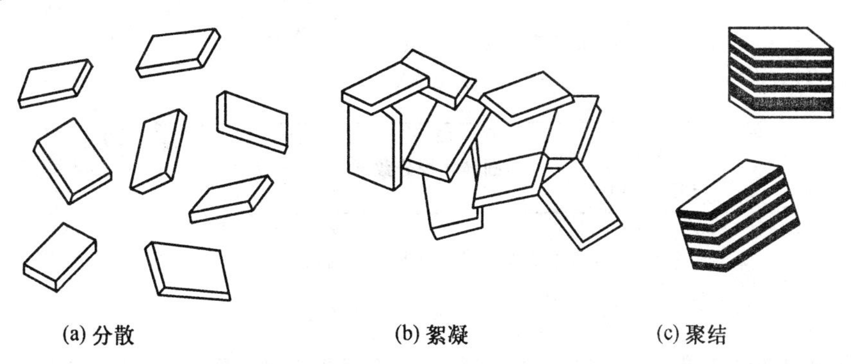

(a) 分散　(b) 絮凝　(c) 聚结

图2.12　黏土颗粒的分散、絮凝与聚结

如果黏土颗粒的电动电位进一步降低到很小的数值,甚至为零,黏土颗粒水化非常差,黏土颗粒会以面-面方式结合,颗粒变粗,形成聚结。在这种状态下,钻井液稳定性很差,性能变坏,不能满足钻井要求。

2.4.3 配制钻井液用黏土

黏土是配制钻井液的主要原料,是获得、调节和维护钻井液性能的基础,有专门的商品黏土供钻井使用。钻井常用黏土有膨润土、抗盐黏土(包括凹凸棒石黏土、海泡石黏土等)及有机膨润土。

1. 膨润土

膨润土是水基钻井液的重要配浆材料,其蒙脱石的质量分数不少于85%。一般要求1 t膨润土至少能够配制出黏度为15 mPa·s的钻井液16 m^3。每吨黏土配制黏度为15 mPa·s钻井液的体积称为黏土的造浆率。我国将配制钻井液所用的膨润土分为3个等级:一级为符合API(American Petroleum Institute,美国石油学会)标准的钠膨润土;二级为改性土,经过改性,符合OCMA(Oil Company Materials Association,欧洲石油材料商协会)标准要求;三级为较次的配浆土,仅用于性能要求不高的钻井液。典型黏土的造浆率如图2.13所示。

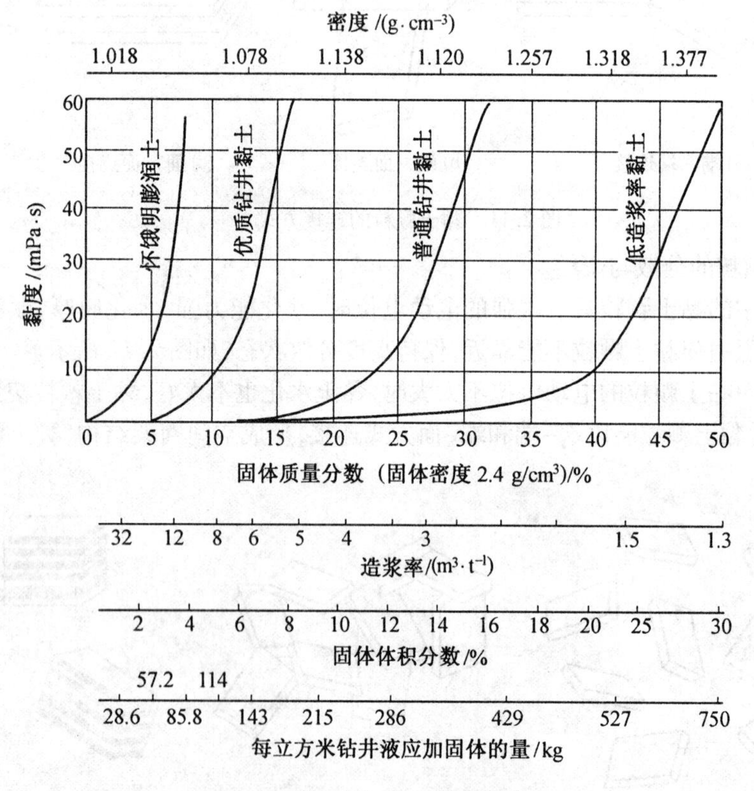

图2.13 黏土的造浆率

由于无机盐对膨润土的水化分散具有一定的抑制作用,膨润土在盐水中的造浆率比在淡水中的造浆率要低。将膨润土先在淡水中预水化,然后再加入盐水中,可以提高其在盐水中的造浆率。

膨润土在钻井液中的主要作用是增加黏度和切力、提高井眼的净化能力;形成低渗透率的致密泥饼,降低滤失量;对于胶结不良的地层,可以改善井眼的稳定性;防止井漏等。

膨润土适用于淡水和矿化度小于 2×10^4 mg/L 盐水,也可作为钻井液降滤失剂、增黏剂和堵漏剂。

2. 抗盐黏土

海泡石、凹凸棒石和坡缕缟石是较典型的抗盐、耐高温的黏土矿物,主要用于配制盐水钻井液和饱和盐水钻井液。

用抗盐黏土配制的钻井液所形成的泥饼质量通常不好,滤失量较大。因此,必须配合使用降滤失剂。海泡石有很强的造浆能力,用它配制的钻井液具有较高的热稳定性。此外,海泡石还具有一定的酸溶性(在酸中可溶解 60% 左右),因此,在保护油气层的钻井液中,还可用作酸溶性暂堵剂。

抗盐黏土在盐水钻井液中的作用与膨润土在淡水钻井液中的作用相同。

3. 有机膨润土

有机膨润土(也称亲油膨润土)是用季铵盐类阳离子表面活性剂与膨润土进行离子交换反应制得的,反应式为

$$\boxed{\text{膨润土}}^{-}Na^{+}+[\,C_{12}H_{25}-\underset{\displaystyle CH_3}{\overset{\displaystyle CH_3}{\underset{|}{\overset{|}{N}}}}-CH_3\,]^{+}Br^{-}\rightleftharpoons\boxed{\text{膨润土}}^{-}[\,C_{12}H_{25}-\underset{\displaystyle CH_3}{\overset{\displaystyle CH_3}{\underset{|}{\overset{|}{N}}}}-CH_3\,]^{+}+NaBr$$

从反应式可以看出,带负电的膨润土与十二烷基三甲基溴化铵阳离子形成静电吸附,带有较长烃链的活性剂分子被牢固地吸附在黏土表面,使黏土表面带有一层亲油层,由原来的亲水变为亲油(润湿反转),可以在油中分散,其作用与水基钻井液中的膨润土类似。

4. 膨润土的评价鉴定

为了保证膨润土的质量,使用前应先进行评价鉴定。室内评价标准是将膨润土和蒸馏水配制成膨润土质量分数为 6% 的钻井液,用 1 200 r/min 的速度强烈搅拌 15 min,不加任何处理剂,测定性能应达到以下要求:

(1)塑性黏度应大于 15 mPa·s;

(2)有效黏度应大于 18 mPa·s;

(3)动切力应大于 1.9 Pa;

(4)静切力为 0~15 Pa;

(5)滤失量小于 15 mL(0.7 MPa,30 min);

(6)砂的体积分数小于 0.5%;

(7)pH 为 7 左右;

(8)细度要求通过 200 目筛;

(9)黏土密度小于 2.70 g/cm^3。

若现场无上述实验设备,可将膨润土与清水配成密度为 1.05 g/cm^3 的钻井液,再加入 Na_2CO_3,加量为钻井液质量的 0.5% 左右。测量漏斗黏度应大于 20 s,滤失量小于 10 mL。

复习思考题

1. 试分析高岭石、蒙脱石、伊利石和绿泥石黏土矿物的特点。常用配制钻井液的黏土有哪些？

2. 分析黏土的带电原因、带电规律和状态，分析和综述黏土水化机理和影响因素、黏土-水分散体系的稳定性及其影响因素。

3. 吸附作用都有哪些？各有什么特点？

第3章 钻井液的流变性

钻井液的流变性是研究钻井液在外力作用下发生流动和变形的特性，钻井液的塑性黏度(Plastic Viscosity)、动切力(Yield Point)、静切力(Gel Strength)、表观黏度(Apparent Viscosity)、触变性(Thixotropy)等都是钻井液流变性常用的主要参数。钻井液流变性对钻速、泵压、排量、岩屑的携带与悬浮、固井质量、井壁稳定等有影响，直接关系到钻井的速度、质量和成本。了解钻井液流变性知识，是维护钻井液性能的基础。

3.1 流体流动的基本流型

3.1.1 流体流动的基本概念

1. 剪切速率和剪切应力

观察江河表面水流的流速分布，靠近河岸的流速小，靠近河中心的流速大。水在河面的流速分布如图3.1所示。管道中水的流速分布也是中心处流速最大，越向周围流速越小，流速剖面形状为抛物线状。其立体形状像一个套筒望远镜或拉杆天线，如图3.2所示。

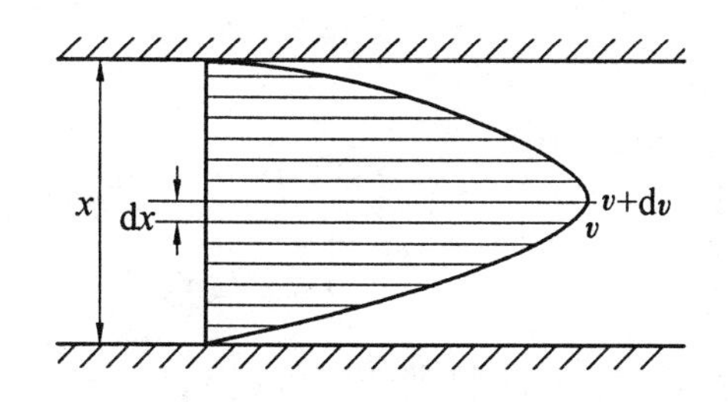

图3.1 水在河面的流速分布

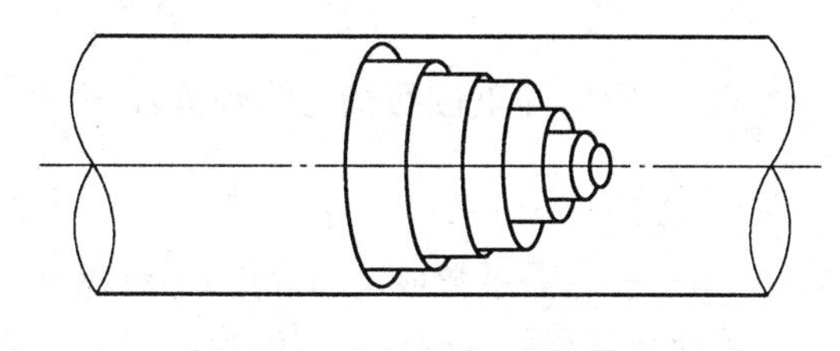

图3.2 水在圆管路的流速分布

(1)剪切速率(γ)。

流体中垂直于流速方向上各点的流速都不同，如果在垂直于流速方向上取一段无限小的距离 dx，流速由 v 变化到 $v+dv$，则比值 dv/dx 表示在垂直于流速方向上单位距离流速的增量，即剪切速率(或称流速梯度)。液流中各层流速有不同的现象，用剪切速率 γ 来表示。

若剪切速率大，则表示液流中各层之间流速的变化大；反之，流速的变化小。流速的单位为 m/s，距离的单位为 m，所以剪切速率的单位为 s^{-1}。

钻井液在循环过程中，由于在各处的流速不同，因此剪切速率也不相同。流速越大，剪切速率越高，反之则越低。一般情况下，沉砂池处剪切速率最低，为 10～20 s^{-1}；环形空间为 50～250 s^{-1}；钻杆内为 100～1 000 s^{-1}；钻头喷嘴处最高，为 10 000～100 000 s^{-1}。

(2)剪切应力(τ)。

液流中各层的流速不同，故层与层之间必然存在着相互作用力，在流速不同的各液层之间会发生内摩擦作用，即出现成对的内摩擦力(剪切力)，阻碍液层剪切变形。通常将液体流动时所具有的抵抗剪切变形的物理性质称为液体的黏滞性。

如图 3.3 所示，两块水平放置的平板中间充满液体，上平板在 F 作用下匀速(v)向右移动，下平板静止不动。附着于下平板的液层运动速度为零。如果板速和板距 x 均较小，则板间液体的流速呈直线分布。因为上平板做匀速运动，拖动上平板的作用力 F 必然等于剪切力(或内摩擦力)。

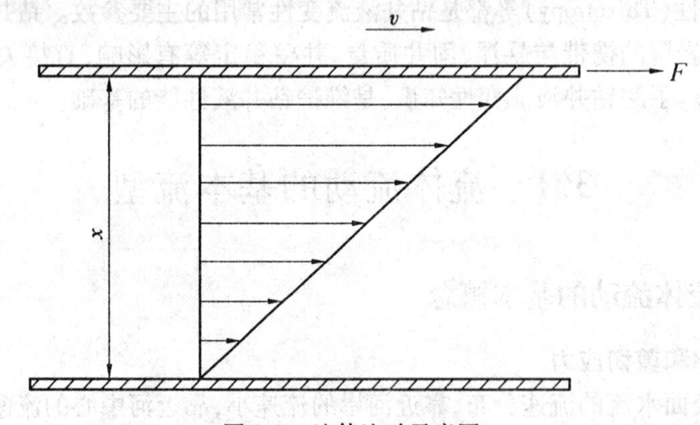

图 3.3　流体流动示意图

实验证明：作用力 F(相当于内摩擦力)与上平板的前进速度(v)和平板的面积(相当于内摩擦力分布的面积)S 成正比，而与两板间的距离(x)成反比，即

$$F \propto S\frac{v}{x} \text{或} F=\mu S\frac{v}{x}$$

令 $\tau=F/S$，即单位面积上的剪切力，称为剪切应力，则

$$\tau=\mu\frac{v}{x} \tag{3.1}$$

式中　μ——黏滞系数或动力黏度，简称黏度，Pa·s。

若两流层相隔 dx 是极近的，这两层液体的速度差为 dv，则剪切应力 τ 为

$$\tau=\mu\frac{dv}{dx}=\mu\gamma \tag{3.2}$$

式中　τ——剪切应力，Pa；

γ——流速梯度(剪切速率)，s^{-1}。

在实际应用中一般用 mPa·s 表示液体的黏度，1 Pa·s = 1 000 mPa·s，例如 20 ℃时，水的黏度是 1.0 087 mPa·s。

式(3.2)是牛顿内摩擦定律的数学表达式,遵循牛顿内摩擦定律的流体,称为牛顿流体;不遵循牛顿内摩擦定律的流体称为非牛顿流体。大多数钻井液都属于非牛顿流体。

2. 流变模式和流变曲线

剪切应力和剪切速率是流变学中的两个基本概念,钻井液流变性的核心问题就是研究钻井液的剪切应力与剪切速率之间的关系。剪切应力和剪切速率的数学关系式称为流变方程,又称流变模式;剪切应力-剪切速率关系曲线称为流变曲线。

牛顿流体的流变曲线,如图3.4中曲线1所示,为通过原点的直线。直线的斜率($\tan\alpha$)代表其黏度,α越大,μ越大。

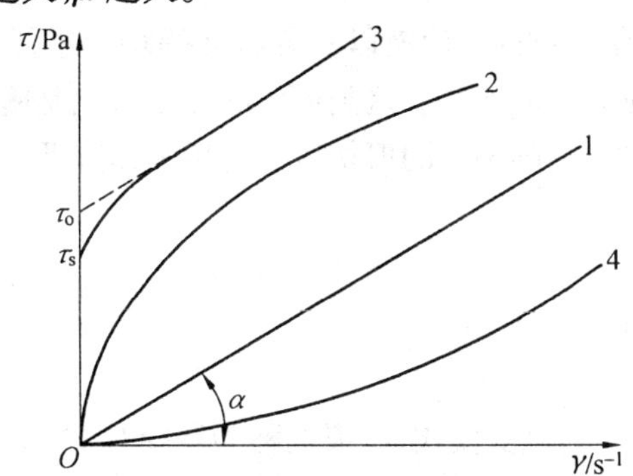

图3.4　4种基本流体的流变曲线

1—牛顿流体;2—假塑性流体;3—塑性流体;4—膨胀流体

3.1.2　非牛顿流体的基本流型

按照流体流动时剪切速率与剪切应力之间的关系,流体可以分为不同的类型,即所谓流型。除牛顿流型外,根据所测出的流变曲线形状的不同,又可将非牛顿流体的流型归纳为塑性流型、假塑性流型和膨胀流型。它们的流变曲线如图3.4所示。

假塑性流体和膨胀流体的流变曲线也通过原点,即施加很小的剪切应力,流体就能发生流动。

1. 塑性流体

一般的钻井液属于塑性流体。从图3.4可以看出,塑性流体当$\gamma=0$时,$\tau\neq0$。也就是说,施加的力超过一定值的时候才开始流动,这种使流体开始流动的最低剪切应力(τ_s)称为静切应力(又称静切力、切力或凝胶强度)。当剪切应力超过τ_s时,在初始阶段剪切应力和剪切速率的关系不是一条直线,表明此时塑性流体还不能均匀地被剪切,黏度随剪切速率增大而降低(图3.4中的曲线段)。继续增加剪切应力,当其数值大到一定程度之后,黏度不再随剪切速率增大而发生变化,此时流变曲线变成直线。此直线段的斜率称为塑性黏度μ_p(或PV)。延长直线段与剪切应力轴相交于一点τ_o,通常将τ_o(也可表示为YP)称为动切应力(常简称动切力或屈服值)。

塑性黏度和动切力是钻井液的两个重要流变参数。

引入动切力之后,塑性流体流变曲线的直线段即可用直线方程描述为

$$\tau=\tau_o+\mu_p\gamma \tag{3.3}$$

式中　τ_o——动切力(屈服值),Pa;

　　μ_p——塑性黏度,Pa·s(或 mPa·s)。

式(3.3)是塑性流体的流变模式,称为宾汉公式,塑性流体也称为宾汉塑性流体。

塑性流体的上述流动特性与它的内部结构有关。一般情况下,钻井液中的黏土颗粒在不同程度上处在一定的絮凝状态,因此,要使钻井液开始流动,就必须施加一定的剪切应力,破坏絮凝时形成的这种连续网架结构。这个力即静切应力,由于它反映了所形成结构的强弱,因此又将静切应力称为凝胶强度。

2. 假塑性流体

某些钻井液、高分子化合物的水溶液以及乳状液等均属于假塑性流体。其流变曲线是通过原点并凸向剪切应力轴的曲线。这类流体的流动特点是施加极小的剪切应力就能产生流动,不存在静切应力,它的黏度随剪切应力的增大而降低。

假塑性流体服从幂律公式,即

$$\tau = K\gamma^n \quad (n<1) \tag{3.4}$$

式中　K——稠度系数,Pa·s^n(MPa·s^n);

　　n——流性指数。

式(3.4)为假塑性流体的流变模式,习惯上称为幂律公式,n 和 K 是假塑性流体的两个重要流变参数。

从图 3.5 可以看出,在中等和较高的剪切速率范围内,幂律公式和宾汉公式均能较好地表示实际钻井液的流动特性,然而在较低剪切速率范围内,幂律公式比宾汉公式更接近实际钻井液的流动特性,采用幂律公式能够比宾汉公式更好地表示钻井液在环空的流变性,并能更准确地预测环空压降和进行有关的水力参数计算。在钻井液设计和现场实际应用中,这两种流变模式往往同时使用。

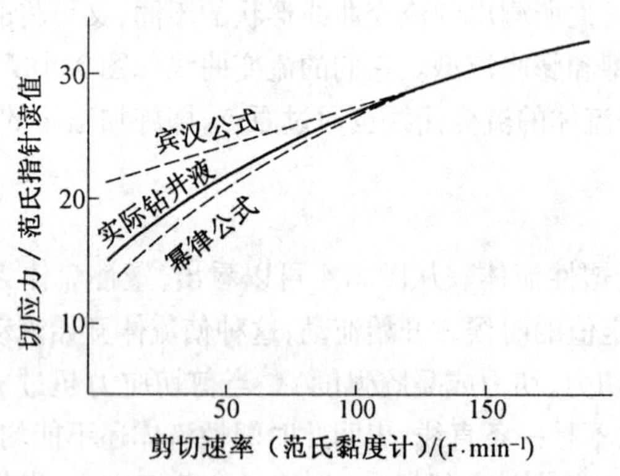

图 3.5　幂律公式和宾汉公式的比较

3. 卡森模式

卡森模式不但在低剪切区和中剪切区有较好的精确度,还可以利用低、中剪切区的测定结果预测高剪切速率下的流变特性。

卡森模式是一个经验式,一般表达式为

$$\tau^{\frac{1}{2}} = \tau_c^{\frac{1}{2}} + \eta_\infty^{\frac{1}{2}} \gamma^{\frac{1}{2}} \tag{3.5}$$

式中　τ_c——卡森动切力(或称卡森屈服值),Pa;

η_∞——极限高剪切黏度,Pa·s(或 mPa·s)。

将式(3.5)中每项分别除以 $\gamma^{\frac{1}{2}}$,可得卡森模式的另一表达式,即

$$\eta^{\frac{1}{2}}=\eta_\infty^{\frac{1}{2}}+\tau_c^{\frac{1}{2}}\div\gamma^{\frac{1}{2}} \tag{3.6}$$

如果用平方根坐标系作图,卡森流变曲线是一条直线。其斜率 tan α 分别为 $\eta_\infty^{\frac{1}{2}}$ 和 $\tau_c^{\frac{1}{2}}$,截距分别为 $\tau_c^{\frac{1}{2}}$ 和 $\eta_\infty^{\frac{1}{2}}$,如图3.6所示。

室内和现场试验均表明,卡森模式适用于各种类型的钻井液。该模式的主要特点是能够近似地描述钻井液在高剪切速率下的流动性。

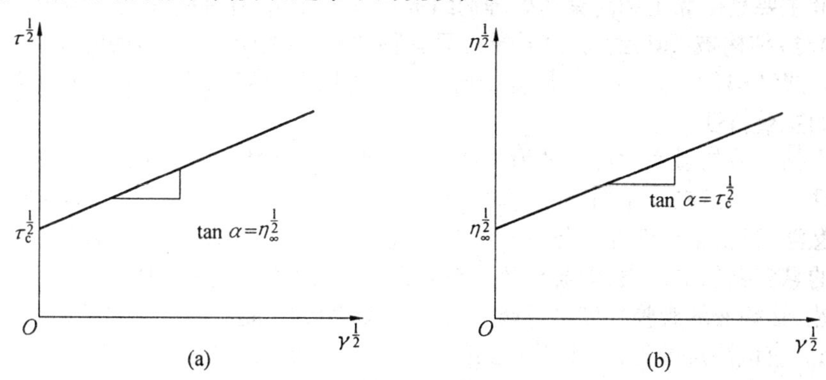

图3.6　卡森流变曲线的两种形式

4.赫谢尔-巴尔克莱三参数流变模式

赫谢尔-巴尔克莱三参数流变模式简称赫-巴模式,又称带动切力(或屈服值)的幂律模式,或修正的幂律模式。其数学表达式为

$$\tau=\tau_y+K\gamma^n \tag{3.7}$$

式中　τ_y——表示该模式的动切力;

n,K——其意义与幂律模式相同,是在幂律模式基础上增加了 τ_y 的三参数流变模式。

该模式的引入,在较宽剪切速率范围内比传统模式更为准确地描述钻井液的流变特性。但是由于该模式比传统模式多了一个参数,不如传统模式应用方便,因此限制了它在现场的广泛应用,但随着计算机技术在钻井液工艺技术中的应用越来越广泛,该模式将会得到更多的应用。

3.1.3　流变参数及调控

1.钻井液的切力和触变性

(1)静切力(τ_s)。

钻井液的静切应力又称凝胶强度。凝胶结构的强度和黏土矿物的类型有关,主要取决于单位体积中结构链环的数目(结构密度)和单个链环的强度。其物理意义是钻井液静止时破坏其内部单位面积上的网架结构所需要的剪切力,单位是Pa。

钻井液中的结构链环数取决于黏土颗粒的含量,黏土颗粒的含量与黏土含量及黏土

颗粒的分散度有关。单个链环的强度则取决于黏土颗粒之间的吸力,与黏土颗粒的 ξ 电位及吸附水化膜等因素有关。

(2)动切力(τ_0 或 YP)。

钻井液的动切力又称屈服值,是钻井液在层流流动时形成结构的能力,其大小是塑性流体流变曲线中的直线段在 τ 轴上的截距。

(3)触变性。

钻井液的触变性是指搅拌后钻井液变稀(切力下降),静止后钻井液变稠(切力上升)的特性。测量钻井液触变性是将充分搅动后的钻井液静置 1 min(或 10 s)和静置 10 min,分别测量其初切值和终切值,并用初切、终切的差值表示钻井液触变性的大小。

钻井液主要是由黏土和高聚物处理剂组成的分散体系,存在空间网架结构,在剪切作用下(搅动时)结构被破坏后(切力下降),只有颗粒的某些部位相互接触时才能彼此重新黏结起来形成结构(切力上升)。恢复结构所需的时间和最终的胶凝强度(切力)的大小,是触变性的主要特征。

膨润土钻井液的触变性可归纳为 4 种典型的情况,如图 3.7 所示。钻井液应具有良好的触变性。钻井液在停止循环时,切力应迅速增大到某个适当的数值,既有利于钻屑和重晶石的悬浮,又不至于恢复循环时开泵泵压过高。图 3.7 中曲线 1 代表较快的强凝胶,具有很强的悬浮钻屑的能力,但会导致重新开泵困难;曲线 3 代表较快的弱凝胶是比较理想的。当然,钻井液的凝胶强度也不能太弱。一般情况下,能够有效悬浮重晶石的静切力为 1.44 Pa。应该注意的是,图 3.7 中曲线 2 和曲线 3 所代表的两种钻井液,10 min 切力值(终切)相差不多,但最终切力值相差很大。这说明用初切与终切表示钻井液触变性的方法具有一定的局限性,在现场分析问题时必须注意这一点,尤其超深井钻井液更应注意。

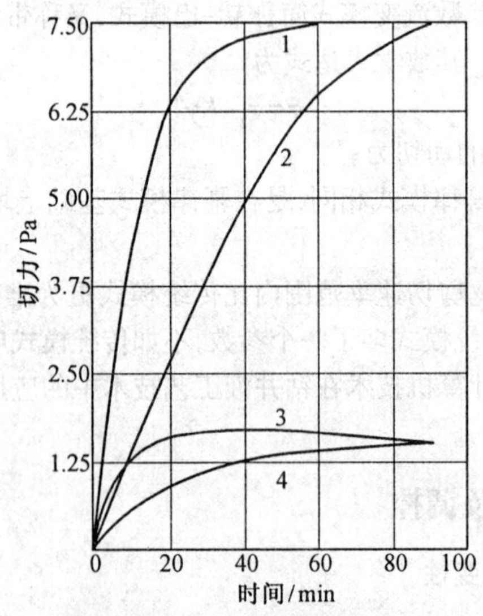

图 3.7　4 种典型的触变性

1—代表恢复结构所需的时间较短,最终切力(基本上不再随静置时间的延长而增大的切力)相当高的情况,称为较快的强凝胶;2—较慢的强凝胶;3—较快的弱凝胶;4—较慢的弱凝胶

聚合物在黏土颗粒上吸附而形成的网架结构，一般形成速度快，强度又不是很大，类似于较快的弱凝胶。因此，低固相不分散聚合物钻井液的切力和触变性比较容易满足钻井工艺的要求。

2. 钻井液的黏度和剪切稀释特性

(1)钻井液的黏度。

现场常用漏斗黏度、塑性黏度、稠度系数、表观黏度来衡量钻井液的流动性。

①漏斗黏度是用一定体积的钻井液(500 mL)从漏斗下端流出所经历的时间来表示钻井液的黏度，单位是 s。该测定方法简单，可直观地反映钻井液黏度的大小。

②塑性黏度(μ_p 或 PV)是塑性流体的性质，它不随剪切速率而变化，反映了在层流情况下，钻井液中网架结构的破坏与恢复处于动平衡时，悬浮的固相颗粒之间、固相颗粒与液相之间以及连续液相内部的内摩擦作用的强弱。

③稠度系数(K)是假塑性流体的性质，其实质也是运动质点之间的内摩擦力。塑性黏度和稠度系数用旋转黏度计来测量。

④表观黏度(μ_a 或 AV)又称有效黏度或视黏度，是指在某一剪切速率下，剪切应力与剪切速率的比值。以塑性流体为例，由宾汉公式可以推出

$$\mu_a=\frac{\tau_o}{\gamma}+\mu_p \tag{3.8}$$

由于 τ_o/γ 具有和黏度相同的单位，并且和钻井液层流流动时形成网架结构的能力有关，习惯上称为结构黏度。所以，塑性流体的表观黏度由塑性黏度和结构黏度两部分组成，是流体在流动过程中所表现出的总黏度。

(2)钻井液的剪切稀释特性。

由式(3.8)可以看出，对于塑性流体，虽然塑性黏度和动切力不随速度梯度变化，但表观黏度随速度梯度的增大而降低。塑性流体和假塑性流体的表观黏度随着剪切速率的增加而降低的特性称为剪切稀释性。卡森模式用剪切稀释指数 I_m(比黏度)来描述剪切稀释性，比黏度是剪切速率为 1 时的黏度与最小黏度 η_∞ 的比值，即

$$I_m=\left[1+\left(\frac{100\tau_c}{\eta_\infty}\right)^{\frac{1}{2}}\right]^2 \tag{3.9}$$

3. 塑性黏度和动切力的调控

影响塑性黏度的因素主要有钻井液中固相含量、钻井液中黏土的分散程度，及高分子处理剂的使用等。可以通过降低钻井液的固相含量、加水稀释或化学絮凝等方法降低塑性黏度；可以加入黏土、重晶石或混入原油或适当提高 pH 值来提高塑性黏度；也可以通过增加聚合物处理剂的含量提高塑性黏度，同时可起到提高动切力的作用。

影响动切力的因素主要有黏土矿物的类型和含量、电解质的含量、降黏剂的含量等。降低动切力最有效的方法是加入适量的降黏剂，也可加入清水或稀浆来降低动切力，如果引起动切力增大是因为 Ca^{2+}、Mg^{2+}污染所致，则应除去这些离子；提高动切力可加入预水化膨润土浆或加入聚合物，对于钙处理钻井液或盐水钻井液，可通过适当增加 Ca^{2+}、Na^+的含量来提高动切力。一般来说，非加重钻井液的塑性黏度应控制在 5 ~ 12 mPa · s，动切力应控制在 1.4 ~ 14.4 Pa。

为了获得良好的剪切稀释性,应将 τ_o/μ_p 控制在0.36~0.48 Pa/(mPa·s)范围,可以选用XC生物聚合物、HEC和PHP等聚合物作为主处理剂,并保持其足够的含量;通过有效地使用固控设备,除去钻井液中的无用固相,降低固体颗粒含量,以达到降低 μ_p、提高 τ_o/μ_p 的目的。在保证钻井液性能稳定的情况下,通过适量加入石灰、石膏、氯化钙和食盐等电解质,来增强体系中固体颗粒形成网架结构的能力,达到提高 τ_o/μ_p 的目的。

4. 流性指数和稠度系数的调控

钻井液的流性指数反映构成黏度的方式,反映液体非牛顿性的强弱,降低 n 值有利于携带岩屑、清洁井眼,通常要求 n 值控制在0.4~0.7的范围内。最常用的方法是加入XC生物聚合物等流性改进剂,或在盐水钻井液中添加预水化膨润土;适当增加无机盐的含量也可起到降低 n 值的效果,但这样往往会对钻井液的稳定性造成一定的影响。通过增加膨润土含量和矿化度来降低 n 值,一般来讲并不是最好的方法,而应优先考虑选用适合于所用体系的聚合物处理剂来达到降低 n 值的目的。

调控稠度系数的方法和钻井液黏度的调控类似。

3.2 钻井液流变性与钻井作业的关系

3.2.1 钻井液流变性与井眼净化

钻井液的主要功用之一就是清洗井底并将岩屑携带到地面上来。钻井液清洗井眼的能力除了取决于循环系统的水力参数外,还与钻井液的性能,特别是流变性有关。根据喷射钻井理论,岩屑清除分为两个过程:一是岩屑被冲离井底;二是岩屑从环形空间被携带到地面。岩屑被冲离井底的问题涉及钻头选型和井底流场的研究,属于钻井工程范畴;而钻井液携带岩屑则是钻井液工艺问题。

1. 层流携带岩屑的原理

钻井液层流流动时,被钻井液携带着的岩屑颗粒随钻井液向上运动的同时,由于重力作用而向下滑落,岩屑颗粒净上升速度取决于流体的上返速度与颗粒自身滑落速度之差,通常将岩屑净上升速度与钻井液上返速度比称作携带比,用来表示井筒的净化效率,即

$$\frac{v_p}{v_f}=1-\frac{v_s}{v_f} \tag{3.10}$$

式中 v_p、v_f、v_s——岩屑净上升速度、钻井液上返速度、岩屑滑落速度,m/s。

可见,通过提高钻井液在环空的上返速度和降低岩屑的滑落速度来提高携带比,综合考虑钻井过程中的各种因素,上返速度不能大幅度提高。因此,如何尽量降低岩屑的滑落速度对井眼净化至关重要。岩屑的滑落速度除了与岩屑尺寸、岩屑密度、钻井液密度和流态等因素有关外,还与钻井液的有效黏度成反比。

研究表明,钻井液处于不同流态时,岩屑上升的机理是不相同的。从图3.8可以看出,层流时钻井液的流速剖面为一抛物线,中心线处流速最大,两侧流速逐渐降低,而靠近井壁或钻杆壁处的速度为零。片状岩屑在上升过程中各点受力是不均匀的,中心处流速高,作用力大;靠近两侧流速低,作用力小。岩屑受一个力矩作用,使其翻转侧立,向环空

间两侧运移。有的岩屑贴在井壁上形成厚的“假泥饼”,有的沿侧壁向下滑落。受两侧向上液流阻力作用,岩屑下滑一定距离后又会进入流速较高的中心部位而向上运移,如图3.9(a)所示。

岩屑翻转现象对携带岩屑是不利的,不仅延长了岩屑从井底返至地面的时间,而且容易使一些岩屑返不出地面,造成起钻遇卡、下钻遇阻、下钻下不到井底等复杂情况。实验表明,岩屑翻转现象与岩屑的形状有关,当岩屑厚度与其直径之比小于0.3或大于0.8时才会出现,此范围之外的岩屑将会比较顺利地被携带出来。

钻柱转动对层流携带岩屑是有利的,因为钻柱旋转改变了层流时液流的速度分布状况,使靠近钻柱表面的液流速度加大,岩屑以螺旋形上升,如图3.9(b)所示。此时,岩屑的翻转现象仅出现在靠近井壁的那一侧。

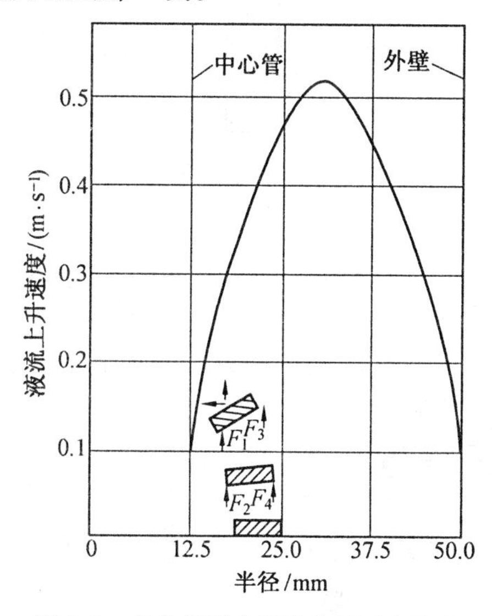

图3.8 片状岩屑在层流室的受力情况

2. 紊流携带岩屑的原理

如图3.9(c)所示,钻井液在紊流流动时,岩屑不存在翻转和滑落现象,几乎全部都能携带到地面上来,环形空间里的岩屑比较少。

但是,紊流携带岩屑也有缺点,钻井液的上返速度高,泵的排量大,受到泵压和泵功率的限制,特别是当井眼尺寸较大、井较深以及钻井液黏度、切力较高时,更加难以实现;由于沿程压降与流速的平方成正比,功率损失与流速的立方成正比,所以用紊流携岩还会使钻头的水功率(水马力)降低,不利于喷射钻井;紊流时的高流速对井壁冲蚀严重,不能很好地形成泥饼,容易引起易塌地层井壁垮塌。

3. 平板型层流

提高岩屑携带效率的关键在于如何消除上述岩屑翻转现象。解决问题的途径是设法改变这种尖峰型流速分布。研究表明,通过调节钻井液的流变性能,增大τ_o/μ_p,或减小n值,便可使钻井液的流速剖面的尖峰转为平缓,如图3.10所示。

相对于尖峰型层流和紊流来说,平板型层流可实现环空较低返速而有效地携带岩屑,现场经验表明,在多数情况下,即便是使用低固相钻井液,将环空返速保持在0.5~0.6

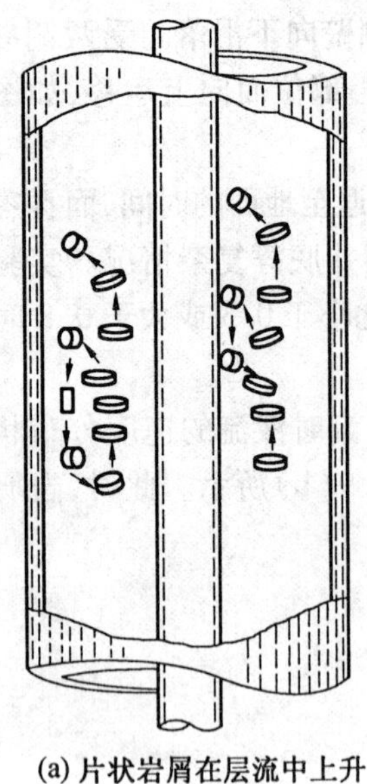

(a) 片状岩屑在层流中上升

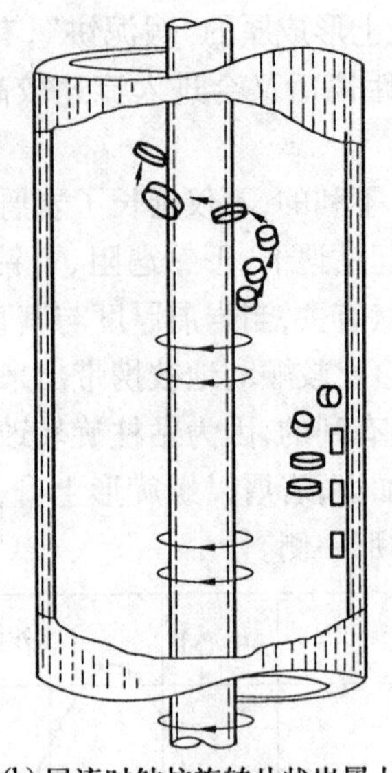

(b) 层流时钻柱旋转片状岩屑上升

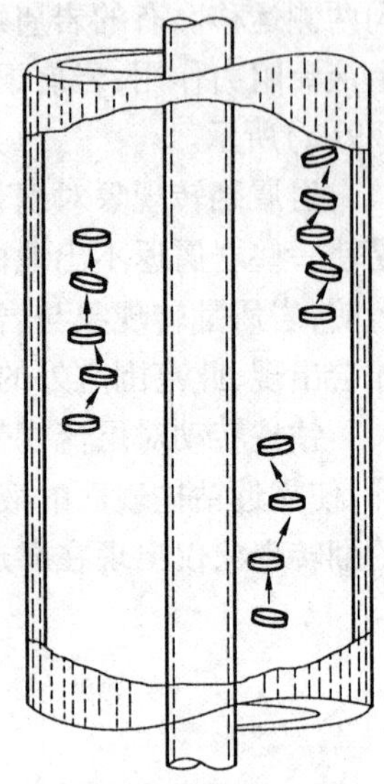

(c) 片状岩屑在紊流时上升

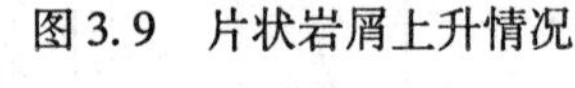

图 3.9　片状岩屑上升情况

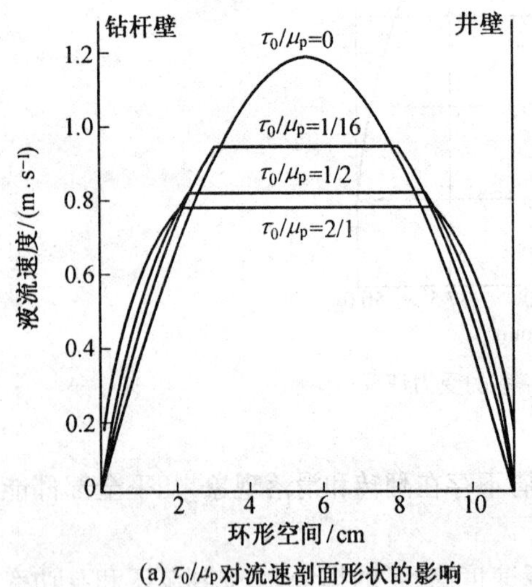

(a) τ_0/μ_p对流速剖面形状的影响

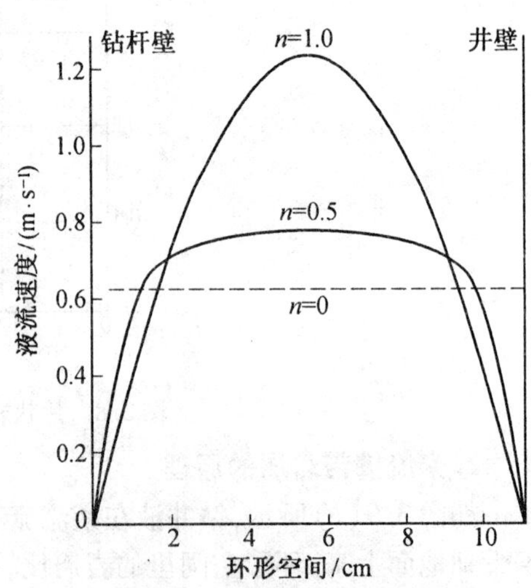

(b) n值对流速剖面形状的影响

图 3.10　平板型层流的实现

m/s 就可满足携带岩屑的要求，既能使泵压保持在合理范围，又能够降低钻井液在钻柱内和环空的压力损失，使水力功率得到充分、合理地利用。解决了低黏度钻井液有效携带岩屑的问题，尽管黏度较低，但只要保证 τ_o/μ_p 较高，使环空液流处于平板型层流状态，一般情况都能实现高效携带岩屑，保持井眼清洁，避免钻井液处于紊流状态对井壁的冲蚀，有利于保持井眼稳定。

一般认为，就有效携带岩屑而言，将钻井液的 τ_o/μ_p 保持在 0.36 ~ 0.48 Pa/(mPa·s)或 n 值保持在 0.4 ~ 0.7 是比较适宜的。如果 τ_o/μ_p 过小，则会导致尖峰型层流；如果 τ_o/μ_p 过大，则往往会因 τ_o 值的增大引起泵压显著升高。从图 3.10 还可以看出，当 τ_o/μ_p 超过1之后，变化十分有限了。n 值变化的影响也是如此。当然，为了减小岩屑的滑落速度，钻井液的有效黏度也不能太低，对于低固相聚合物钻井液，将 μ_p 保持在 6～12 mPa·s，是较为适宜的。

3.2.2　钻井液流变性与井壁稳定

紊流对井壁有较强的冲蚀作用，容易引起易塌地层垮塌，不利于井壁稳定。其原因是紊流流动时液流质点的运动方向是紊乱和无规则的，而且流速高，具有较大的动能。因此钻井液循环时，一般应保持在层流状态，尽量避免出现紊流。

要做到这一点，钻井工程上需要比较准确地计算钻井液在环空的临界返速。临界返速在很大程度上受钻井液的密度、塑性黏度和动切力的影响。表3.1计算了3种不同密度钻井液的临界返速。可见，随着钻井液密度、塑性黏度和动切力的减小，临界返速明显降低，更容易形成紊流。

表3.1　钻井液密度和流变参数对临界返速的影响

D/cm	d/cm	ρ/(g·cm^{-3})	μ_p/(mPa·s)	τ_o/Pa	v_c/(m·s^{-1})
21.59	12.7	1.20	23	60	3.76
21.59	12.7	1.09	9.4	26	2.55
21.59	12.7	1.06	6	20	2.25

因此，在调整钻井液流变参数和确定环空返速时，既要考虑携岩问题，同时又要考虑到钻井液的流态，使井壁保持稳定。

3.2.3　钻井液流变性与岩屑和加重剂悬浮

在钻进过程中，接单根、设备出现故障或其他原因，钻井液会多次停止循环。此时，要求钻井液体系内岩屑和加重剂悬浮起来，或以很慢的速度下沉，不至于出现沉砂卡钻。钻井液的悬浮能力取决于静切力和触变性。静切力高，钻井液形成空间网架结构的能力强，悬浮能力强，触变性好，循环停止时，钻井液能够很快地达到一定的切力值，有利于悬浮岩屑和加重剂。

3.2.4　钻井液流变性与井内液柱波动压力

所谓井内液柱波动压力（也称压力激动）是指在起下钻和钻进过程中，由于钻柱上下运动、钻井泵开动等原因，使井内液柱压力发生突然变化（升高或降低），产生一个附加压力（正值或负值）的现象。

1.起下钻时波动压力

钻柱具有一定的体积，钻柱入井或起出时，钻井液向上或向下流动，会产生一个附加压力。下钻时的波动压力为正值，对井内产生挤压作用，易引起井漏等复杂情况；起钻时则为负值，对井内产生抽吸作用，易引起井壁坍塌和井喷等事故。井深1 500 m时波动压力值可达到2～3 MPa，井深5 000 m时可达到7～8 MPa，因而对此不可忽视。

2.开泵波动压力

由于钻井液具有触变性，停止循环后，井内钻井液处于静止状态，其中黏土颗粒所形成的空间网架结构强度增大,切力升高,开泵时泵压将超过正常循环时所需要的压力,造成激动压力。开泵时使用的排量越大,激动压力的值会越高。当钻井液开始流动后,结构逐渐被破坏,泵压逐渐下降,随着排量增大,结构的破坏与恢复达到平衡,泵压趋于平稳。

影响波动压力的因素是多方面的,除了起下钻速度、钻头与钻柱的泥包程度、环形空间的间隙、井深以外,与钻井液的黏度、切力密切相关。当其他条件相同时,随着钻井液黏度、切力增大,波动压力会更加严重。因此,一定要控制好钻井液的流变性,起下钻和开泵操作不宜过快过猛,开泵之前最好先活动钻具,特别是钻遇高压地层、易漏失地层或易坍塌地层,以防止因波动压力而引起的各种井下复杂情况。

3.2.5 钻井液流变性与提高钻速

钻井液的流变性是影响机械钻速的一个重要因素。由于钻井液具有剪切稀释作用,在钻头喷嘴处的流速极高,一般在 150 m/s 以上,剪切速率高达 10 000 s^{-1} 以上。在如此高的剪切速率下,紊流流动阻力变得很小,因而液流对井底击力增强,更加容易渗入钻头冲击井底岩石时所形成的微裂缝中,可减小岩屑的压持效应和井底岩石的可钻性,有利于提高钻速。需要指出的是,各种钻井液的剪切稀释性存在着很大差别。试验表明,层流时表观黏度相同的钻井液,在喷嘴处的紊流流动阻力竟可相差 10 倍。如果钻井液塑性黏度高,动塑比小,一般情况下喷嘴处的紊流流动阻力会比较大,就必然降低和减缓钻头对井底的冲击和切削作用,使钻速降低。

如前所述,卡森模式参数 η_∞ 可用来近似表示钻井液在喷嘴处的紊流流动阻力,通过使用剪切稀释性强的优质钻井液,如低固相不分散聚合物钻井液,尽可能降低钻头喷嘴处的紊流流动阻力,是提高机械钻速的一条有效途径。当钻井液的 η_∞ 接近于清水黏度时,可获得最大的机械钻速。

复习思考题

1. 试阐述宾汉模式和幂律模式中各流变参数的物理意义、影响因素及调控方法。
2. 何谓钻井液触变性?写出触变性的 4 种情况。
3. 何谓剪切稀释?钻井液良好的剪切稀释是如何实现的?
4. 何谓井内液柱波动压力?井内波动压力对钻井过程有何危害?
5. 试述层流携带岩屑、紊流携带岩屑和平板型层流岩屑的优缺点。
6. 如何调整塑性黏度(μ_p)和动切力(τ_o),流性指数(n)和稠度系数(K)?
7. 简述钻井液流变性与钻井作业的关系。

第4章 钻井液的滤失和润滑性

钻井液的滤失是指在压力差作用下,钻井液中的自由水向井壁岩石的裂隙或空隙中渗透的过程,常用滤失量(或失水量)来表示滤失性的强弱;在钻井液滤失的同时,钻井液中的固相颗粒附着在井壁上形成泥饼的过程称为钻井液的造壁性,泥饼质量是衡量造壁性好坏的指标。钻井液的润滑性能包括钻井液自身的润滑性能和它所形成的泥饼的润滑性能。

4.1 钻井液的滤失与造壁性

4.1.1 钻井液的滤失过程

在钻井过程的不同阶段,钻井液滤失情况各不相同,可以分为瞬时滤失、动滤失和静滤失3种情况。

1. 瞬时滤失

从钻头破碎井底岩石形成新井眼的瞬间开始,钻井液中的自由水便向岩石孔隙中渗透,直到钻井液中的固相颗粒及高聚物在井壁上附着开始出现泥饼之前,这段时间的滤失称为瞬时滤失。瞬时滤失时井底岩石表面尚无泥饼形成,所以滤失速率(单位时间内滤失液体的体积)很高,但持续时间短。

2. 动滤失

经过瞬时滤失后,随着滤失的进行,泥饼不断增厚,同时,循环的钻井液对出现的泥饼产生冲刷作用,泥饼的增厚速度与泥饼被冲刷的速度相等时,泥饼厚度不再变化,即达到动态平衡,此过程称为动滤失。动滤失的特点是压差较大,它等于静液柱压力加上环空压力降与地层压力之差,泥饼比较薄,滤失速率逐渐减小,直至稳定在某一值。

3. 静滤失

当起下钻或其他原因停止钻进时,钻井液停止循环,液流对泥饼的冲刷作用消失,随着滤失的进行,泥饼逐渐增厚,滤失速率逐渐减小。在此阶段,因压差较小(等于静液柱压力与地层压力之差),泥饼较厚,故通常滤失速率比动滤失量小。

再次钻进时,钻井液重新循环,滤失过程由静滤失转为动滤失。由于经历一段静滤失，循环的钻井液对静滤失过程形成的泥饼进行冲刷，随着滤失又有泥饼形成，当冲刷泥饼的速度与形成泥饼的速度相等时，再次达到新的动态平衡，这一阶段的动滤失量比前一次要小一些。井内的滤失就是这样交替进行的。井内钻井液滤失的全过程如图 4.1 所示。由图可以看出，瞬时滤失时间很短，但滤失速率最大；动滤失时间最长，滤失速率中等；静滤失时间较长，滤失速率最小。

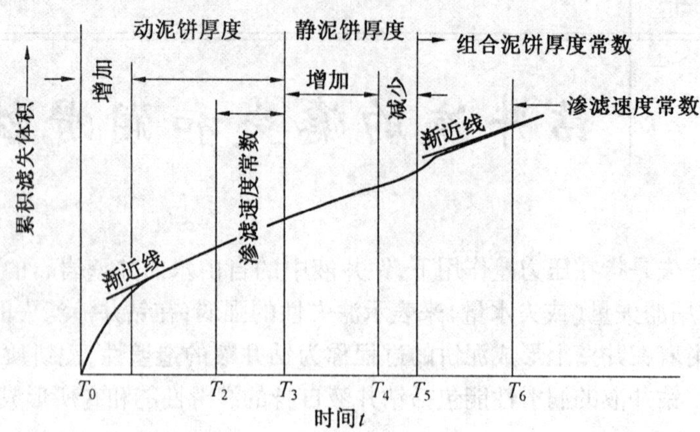

图 4.1　井内钻进液滤失的过程

4.1.2　影响钻井液滤失的因素

1. 影响静滤失的因素

钻井液的滤失是一个渗透过程，泥饼作为渗滤介质，其厚度是一个变量，它随静滤失时间的延长而增加。

假设泥饼的厚度与井眼直径相比是很小的；泥饼是平面型的，厚度为定值；泥饼是不可压缩的，其渗透率不变。在此假设条件下，可以用静滤失方程计算通过泥饼滤失的滤液体积，即

$$V_f = A\sqrt{2K\Delta p\left(\frac{f_{sc}}{f_{sm}}-1\right)}\frac{\sqrt{t}}{\sqrt{\mu}} \tag{4.1}$$

式中　V_f——滤液体积（滤失量），cm^3（或 mL）；

A——渗滤面积，m^2；

K——泥饼渗透率，μm^2；

Δp——渗滤压差，10^5 Pa；

f_{sc}——泥饼中固相的体积分数；

f_{sm}——钻井液中固相的体积分数；

μ——滤液黏度，0.1 mPa · s；

t——渗滤时间，s。

从式（4.1）可以看出，单位渗滤面积的滤失量（V_f/A）与泥饼的渗透率（K）、固相含量因素（$f_{sc}/f_{sm}-1$）、渗滤压差（Δp）、渗滤时间（t）的平方根成正比，与滤液黏度（μ）的平方根成反比。实际上钻井液的滤失过程与假设条件有一定的出入。

（1）滤失时间对滤失量的影响。

滤失量 V_f 与渗滤时间的平方根成正比。测量时，通常用 7.5 min 滤失量乘以 2 作为 API 的滤失量。如果不考虑瞬时滤失，绘制出滤失量与渗滤时间平方根的关系是通过原点的直线，但钻井液实验结果表明，绘出的直线并不通过原点，而相交于纵轴上某一点，形成一定的截距，如图 4.2 所示。在泥饼形成之前，存在一瞬时滤失量 V_{sp}。如果瞬时滤失量大到可以测量，或瞬时滤失量占总滤失量比例较大，就应根据式（4.2）确定 API 标准滤失量 V_{30}（常温及 0.689 MPa 状态下，30 min 内通过 4 580 mm^2 滤失面积的滤失量）。

$$V_{30}=2(V_{7.5}-V_{sp})+V_{sp} \tag{4.2}$$

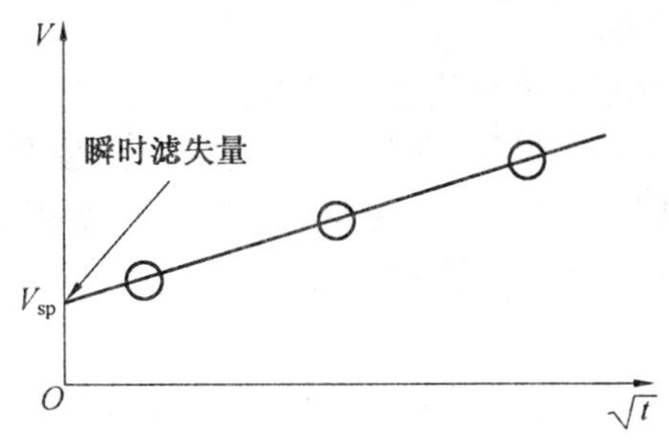

图 4.2　滤失量与时间的关系

也可以按图 4.2 所示，作滤失量与滤失时间平方根的关系曲线，用线上的两个点外推确定瞬时滤失量，或测量两个时间点的滤失量，利用两点式直线方程求解瞬时滤失量 V_{sp}。如果 7.5 min 的滤失量小于 8 mL 时，$2V_{7.5}$ 与 V_{30} 相差较大，一般对于滤失量较小的钻井液，测量时间应取 30 min。

（2）压差和滤液黏度对滤失量的影响。

在假设条件下，滤失量 V_f 与 Δp 的平方根成正比，实际钻井液滤失量不一定与压差成平方根关系。因为钻井液组成不同，滤失时所形成泥饼的压缩性也不相同。随着压差的增大，渗透率减小的程度也有差异，因而滤失量与压差的关系也不同。对于不同的造浆黏土、不同的处理剂，滤失量随压差的变化规律如图 4.3、4.4 所示。

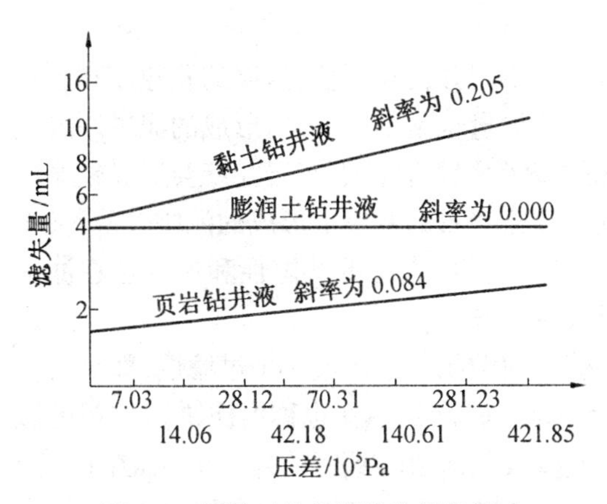

图 4.3　压差对钻井液滤失量的影响

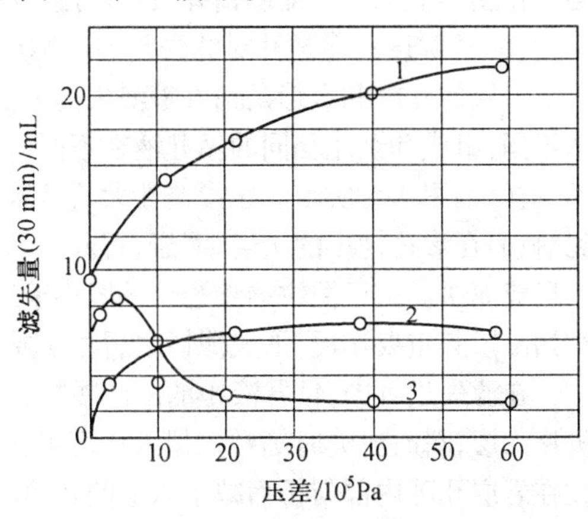

图 4.4　压差对钻井液（不同处理剂）滤失量的影响

1—原浆；2—煤碱液处理；3—亚硫酸酒精废液处理

从图中可以看出，在低压差时，不同钻井液所测得的滤失量虽然相近，但在高压差下却可能有较大的差别。在深井和对滤失量要求严格的井段钻进前，要进行高压差滤失实验，以便正确选择配浆黏土和处理剂。

滤液黏度越小，钻井液的滤失量越大。滤液的黏度与有机处理剂的加量有关，有机处理剂如 CMC、PHP 等加量越大，滤液的黏度越大。因此，可以通过提高滤液黏度达到降低滤失量的目的。

油基钻井液滤失液（一般为柴油）的黏度随压力的增加而增加，滤失量随压力增加而减小。

（3）温度对滤失量的影响。

温度升高，滤液黏度降低，滤失量增大。随着温度的升高，水分子热运动加剧，黏土颗粒对水分子和处理剂分子的吸附减弱，解吸附的趋势加强，使黏土颗粒聚结和去水化，从而影响泥饼的渗透性，造成滤失量上升。在高温的作用下，钻井液中的某些处理剂会发生不同程度的降解，并且会随着温度升高而加剧，最后失效。温度升高，水的黏度降低，也导致钻井液滤失量增大。

因此，不能用常温下的滤失量来预测较高温度下的滤失量。API 规定了两个滤失量测量标准，API 滤失量是测定钻井液在常温及（0.689±0.035）MPa 压力下，30 min 时间内通过滤失面积为（4 580±60）mm^2 的标准滤失量；深井要测量 API 高温高压滤失量（HTHP），即井底实际温度、压差为 3.5 MPa 条件下，30 min 时间的标准滤失量。

（4）固相含量对滤失量的影响。

泥饼的质量与钻井液中固相颗粒含量和分散度关系密切。若钻井液中细黏土颗粒多，粗颗粒少，形成的泥饼薄而致密，则钻井液的滤失量小；反之形成的泥饼厚而疏松，则钻井液的滤失量大。根据静滤失方程，钻井液滤失量与固相含量因素的平方根成正比，钻井液中的固相含量越高，泥饼中的固相含量越小，钻井液的滤失量越小。然而，钻井液中的固相含量增大，机械钻速要显著降低，通过增大 f_{am} 值来降低滤失量是不可取的，通常的方法是减小 f_{ac} 的值。降低泥饼中固相含量的方法是采用分散性好、固相颗粒细、水化好、溶剂化膜厚的优质土配制钻井液和使用有机处理剂。

（5）孔隙度和渗透性对滤失量的影响。

岩层的孔隙和裂缝是钻井液滤失的天然通道，不同井位和层位，岩层的孔隙度和渗透率不同，组成和性能相同的钻井液在不同岩层的滤失量也是不同的，所形成的泥饼厚度也不一样，如图 4.5 所示。在渗透性大的砂岩、砾岩及裂缝发育的石灰岩井壁会形成较厚的泥饼；而在渗透性小的页岩、泥岩、石灰岩和其他致密岩石的井壁上形成的泥饼较薄，甚至不形成泥饼。由于泥饼的渗透性一般小于岩层的渗透性，岩层的孔隙性和渗透性在滤失初始阶段起重要作用，形成泥饼之后泥饼质量起主要作用。

在滤失过程中，钻井液中的固体颗粒在井壁上的堆积一般形成 3 个过滤层，即瞬时滤失渗入层，瞬时滤失时细颗粒侵入深度可达 25～30 mm；架桥层（也称内泥饼），较粗的颗粒在岩层孔隙内部架桥而减小岩层的孔隙度；井壁表面形成较致密的外泥饼，如图 4.6 所示。

影响滤失量的决定因素是泥饼的孔隙度和渗透性。泥饼的渗透性取决于泥饼中固相

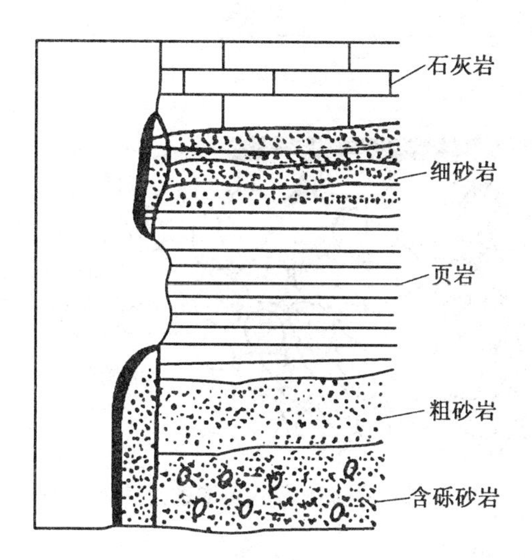

图4.5 泥饼与岩石性质关系

的种类，固相颗粒的大小、形状和级配，处理剂的种类和含量，以及过滤压差等。通常泥饼厚滤失量大，泥饼薄滤失量小。颗粒尺寸均匀变化时，孔隙度最小，因为较小的颗粒可以充填在较大颗粒的孔隙之间。较大范围颗粒尺寸分布的混合物，其孔隙度比小范围颗粒尺寸分布的混合物要小。小颗粒多要比大颗粒多形成的泥饼孔隙度小。处理剂的种类和加量多少决定着颗粒是分散还是絮凝，以及颗粒四周可压缩性水化膜的厚度，从而影响泥饼的渗透率。

现场实验表明，钻井液中固相颗粒大小与所钻岩层孔隙所需架桥颗粒大小不匹配时，API 滤失实验可能会给出错误的结果，即室内实验结果可能与井下渗透性地层差异较大。

泥饼渗透率还受胶体种类、数量及颗粒尺寸的影响。例如，在淡水里膨润土悬浮液的泥饼具有极低的渗透率，因为黏土颗粒呈扁平片状，这些小薄片能在流动的垂直方向上将孔隙封死。在钻井液中加入沥青，只有当沥青是胶体状态时，才具有控制滤失的效果。如果混入的芳烃含量太高（苯胺点大约低于 32 ℃），就没有控制滤失的能力，因为此时沥青变成了真溶液。对于油基钻井液，通过使用乳化剂来形成油包水乳状液，体系中细小且稳定的水滴就像可变形的固相，产生低渗透率泥饼，从而有效地控制滤失量。

钻井液的絮凝使得颗粒间形成网架结构，从而使渗透率增大。在钻井液中添加稀释剂，其反絮凝作用就会使泥饼的渗透率降低。此外，大多数的稀释剂是钠盐，钠离子可以交换黏土晶片上的多价阳离子，使聚结状态转变为分散状态，从而可降低泥饼的渗透率。

2. 影响动滤失的因素

影响动滤失的因素与静滤失相似，不同的是剪切速率和钻井液流态对泥饼和处理剂作用有影响，从而影响动滤失量。

在动滤失条件下，泥饼厚度的增长受到钻井液冲蚀作用的限制。当岩层的表面最初暴露时，滤失速率较高，泥饼增长较快，但随着时间的推移，泥饼的增长速率减小，直到二者相等。此后泥饼厚度将不再发生变化，此时的滤失量可由动滤失方程求得，即

$$V_f = \frac{KA\Delta pt}{\mu h_{mc}} \tag{4.3}$$

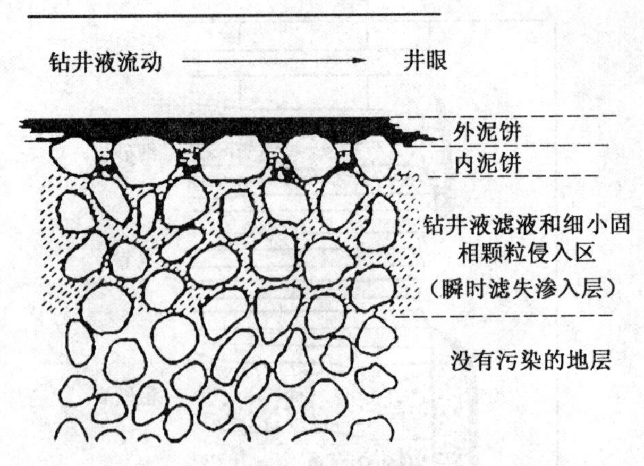

图 4.6　钻井液固相侵入可渗透性底层示意图

式中　h_{mc}——泥饼厚度，cm。

从式(4.3)以可看出，动滤失量与泥饼渗透率 K 成正比，与其厚度 h_{mc} 成反比，与滤失时间 t 成正比。

静滤失泥饼表面有一松软层，当钻井液黏度较大、环空返速较低时，一些在井内翻转的钻屑会黏附在泥饼表面层上，使泥饼增厚。这种表面松软层的剪切强度很低，在钻井液的冲刷作用下，表面层就会被冲蚀掉。实验研究表明，钻井液动滤失时的泥饼厚度是剪切速率、流态以及泥饼剪切强度的函数。紊流对泥饼有很强的冲蚀作用，与层流时相比，紊流状态下形成的泥饼较薄，滤失量较大。平板型层流靠近井壁处的流速梯度较尖峰型层流大，冲蚀泥饼的力量较尖峰型层流强，因此泥饼也较尖峰型层流薄。尖峰型层流时所形成的泥饼最厚。使用低返速、高黏度的钻井液时，钻柱经常遇到阻卡，这可能是其中原因之一。

钻井液处理剂的加入对静滤失和动滤失的影响是不同的。用某种处理剂使静滤失达到最小值时，动滤失并不一定达到最小；有些物质（如油类）在降低静滤失的同时，却使动滤失增加，如图 4.7 所示。从图中可以看出，有的处理剂降低静滤失量的能力不强（如曲线 4、5），但能很好地降低动滤失量；有的处理剂降低静滤失量的能力很强（如曲线 1、2），但降低动滤失量的能力却不强；淀粉能使静滤失和动滤失都有效地降低；对某种降滤失剂，动滤失量有一最小值，其加量也应有一最佳值。

处理剂对动滤失和静滤失作用效果不同，主要是液流冲刷作用的影响。如果形成的泥饼抗冲刷能力差，尽管有很好的降静滤失效果，但在钻井液液流的冲刷下，泥饼厚度变薄，降滤失的效果必然变差，甚至会增大；反之，如果形成的泥饼抗冲刷能力强，降低动滤失的效果就明显。

3. 影响瞬时滤失的因素

由于没有泥饼存在，影响瞬时滤失的主要因素是压差、岩层的渗透性、滤液的黏度及钻井液中固相颗粒的含量、尺寸和分布（形成泥饼的速度）。

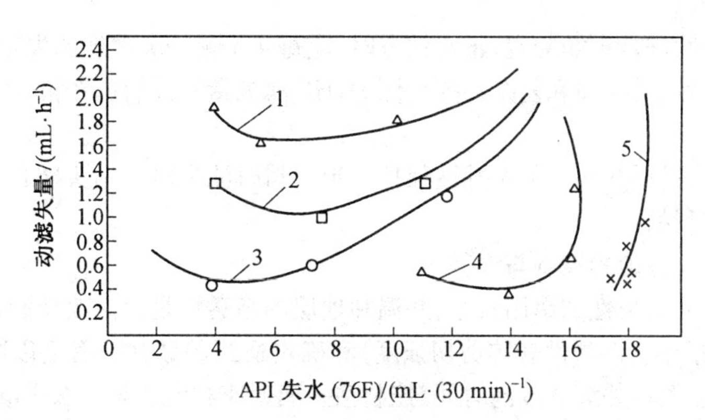

图4.7　不同处理剂对静滤失和动滤失的影响

1—聚丙烯酸钠;2—CMC;3—淀粉;4—木质素磺酸盐复合物;5—栲胶

4.1.3　钻井液滤失性与钻井工作的关系

1. 滤失量过大的危害

滤液进入地层,引起井壁泥页岩吸水膨胀,导致井眼缩径、扩径或井壁坍塌,出现井壁稳定问题;井径扩大或缩小,将会引起卡钻、钻杆折断等事故,缩短钻头、钻具的使用寿命等问题。对于裂隙发育的破碎性地层,滤液渗入岩层的裂隙面,减小了层面间的接触摩擦力,在钻杆的敲击下,碎岩块落入井内,常引起掉块卡钻等井下事故。滤液及钻井液中的细黏土颗粒进入储层(特别是低渗透率和黏土含量高的储层)会引起黏土成分吸水膨胀、形成水锁效应和土锁作用,造成油气层损害,导致储层渗透率下降,降低油气采收率。滤失量大、泥饼过厚,则会减小井的有效直径,钻具与井壁的接触面积增大,从而可能引起各种复杂问题,如起下钻遇阻、旋转扭矩增大以及高的波动压力,功率消耗增加,甚至引起井壁坍塌或造成井漏、井涌等井下复杂事故;厚的泥饼易引起压差卡钻事故,使钻井成本上升;泥饼过厚会造成测井工具、打捞工具不能顺利地下至井底;泥饼过厚,还会影响测试结果的准确性,甚至不能及时发现低压生产层。

2. 对钻井液滤失性能的要求

一般来说,要求钻井液形成的泥饼一定要薄、致密且坚韧;钻井液的滤失量则要控制适当,应根据地层岩石的特点、井深、井身结构等因素来确定,还要考虑钻井液的类型。井浅时可放宽,井深时应从严;钻裸眼时间短时可放宽,钻裸眼时间长须从严;使用不分散性处理剂时可适当放宽,使用分散性处理剂时要从严;钻井液矿化度高者可放宽,钻井液矿化度低者应从严。总之,要从钻井实际出发,以保证井下情况正常为依据,适时测定并及时调整钻井液的滤失量。

对一般地层,API 滤失量应尽量控制在 10 mL 以内,HTHP 滤失量不应超过 20 mL,但有时可适当放宽,某些油基钻井液体系正是通过适当放宽滤失量来提高钻速的。

钻遇易坍塌地层和钻开油气层时,滤失量应严格控制,API 滤失量最好不大于 5 mL,钻开油气层时模拟井底温度的 HTHP 滤失量应小于 15 mL。

尽可能形成薄、坚韧、致密及润滑性好的滤饼,以利于固壁和避免压差卡钻。我国某些油田要求钻开储层时,API 滤失量实验测得的滤饼厚度不得超过 1 mm。

定时对滤失性进行现场测定,正常钻进时,应每 4 h 测一次常规滤失量;对定向井、丛式井、水平井、深井、超深井和复杂井要增测 HTHP 滤失量和泥饼的润滑性,相应地也要提高一些。

在控制总滤失量的同时,使钻井液保持一定的瞬时滤失对于钻头破岩、提高钻井的机械钻速是非常有利的。

3. 钻井液滤失性能的控制与调整

在影响钻井液滤失性的诸因素中,井温和地层的渗透性是无法改变的,其余因素可以通过改善泥饼的质量(渗透性和抗剪切强度)和确定适当的钻井液密度以减少液柱压差、提高滤液黏度、缩短钻井液的浸泡时间、控制钻井液返速和流态等方法来减少钻井液的滤失量;形成薄而坚韧的泥饼,既包括增加泥饼的致密程度,降低其渗透性,又包括增强泥饼的抗剪切能力和润滑性。其主要调整方法是根据钻井液类型、组成以及所钻地层的情况,选用合适的降滤失剂和封堵剂。

获得致密与渗透性小的泥饼的一般方法如下:

(1)用膨润土配基浆。膨润土颗粒细,呈片状,水化膜厚,能形成致密的泥饼,而且可在固相较少的情况下满足对钻井液滤失性能和流变性能的要求。一般情况下,加入适量的膨润土可以将钻井液的滤失量控制在钻井和完井工艺要求的范围内。膨润土既是常用的配浆材料,也是控制滤失量和建立良好造壁性的基本材料。

(2)加入适量纯碱、烧碱或有机分散剂(如煤碱液等),提高黏土颗粒的 ζ 电位、水化程度和分散度。

(3)加入 CMC 或其他聚合物以保护黏土颗粒,阻止其聚结,从而有利于提高分散度。同时,CMC 和聚合物分子长链也起堵孔作用,使滤失量降低。

(4)加入一些极细的胶体颗粒(如腐殖酸钙胶状沉淀)堵塞泥饼孔隙,以使泥饼的渗透性降低,抗剪切力提高。

(5)采用高效成膜水基钻井液。该类水基钻井液在页岩等类似地层的井壁表面形成膜,阻止钻井液滤液进入地层,从而在稳定井壁方面发挥着类似于油基钻井液的作用。

需要指出的是,钻井液滤液矿化度不同,对井壁岩层稳定性的影响也是不同的。与淡水滤液、碱性强的滤液相比较,高矿化度、碱性弱的滤液和含聚合物(如聚丙烯酰胺)的滤液不易引起井壁岩层的膨胀和坍塌。实践证明,即使滤失量大些,使用这类钻井液也要安全得多。因此,对于井壁稳定来说,不仅要注意滤失量的大小,还要考虑滤液的性质及其对井壁稳定造成的影响。

4.2 钻井液的润滑性能

钻井液的润滑性能通常包括泥饼的润滑性能和钻井液本身的润滑性两方面。钻井液和泥饼的摩阻系数是评价钻井液润滑性能的两个主要技术指标。钻井液的润滑性对钻井工作影响很大。特别是钻超深井、大斜度井、水平井和丛式井时,钻柱的旋转阻力和提拉阻力会大幅度提高。钻井液的润滑性对减少卡钻等井下复杂情况,保证安全、快速钻进起着至关重要的作用。

4.2.1 钻井液的润滑性能

钻井液摩阻系数相当于物理学中的摩擦系数，用专用仪器进行测定，空气摩阻系数为0.5，清水为0.35，柴油为0.07，大部分油基钻井液的摩阻系数为0.08～0.09，各种水基钻井液的摩阻系数为0.20～0.35，如加有油品或各类润滑剂，则可降到0.10以下。

一般来说，普通井钻井液摩阻系数在0.20左右可以满足钻井要求，水平井则要求钻井液的摩阻系数应尽可能保持在0.08～0.10，以保持较好的摩阻控制。除油基钻井液外，其他类型钻井液的润滑性能很难满足水平井钻井的需要，需要改善钻井液的润滑性能。

钻井液润滑性好，可以减少钻头、钻具及其他配件的磨损，延长使用寿命，同时可以防止黏附卡钻、减少泥包钻头，易于处理井下事故等；钻井液润滑性差，会造成钻具回转阻力增大，起下钻困难，甚至发生黏附卡钻；当钻具回转阻力过大时，会导致钻具振动，从而有可能引起钻具断裂和井壁失稳。

4.2.2 钻井液润滑性的影响因素

1. 钻井作业中摩擦现象的特点

在钻井过程中，根据摩擦副表面润滑情况，摩擦可分为3种情况。

(1)边界摩擦。

两接触面间有一层极薄的润滑膜时的摩擦称为边界摩擦。在有钻井液的情况下，钻铤在井眼中的运动属于边界摩擦。

(2)干摩擦。

干摩擦又称障碍摩擦，属于无润滑摩擦，如空气钻井中钻具与岩石接触时的摩擦，或在井壁极不规则的情况下，钻具直接与部分井壁岩石接触时的摩擦。

(3)流体摩擦。

两个相对运动的接触面之间存在流体，由两接触面间流体的黏滞性引起的摩擦称为流体摩擦。在钻进过程中，钻具与井壁不直接接触，间隙中有钻井液存在时的摩擦就是流体摩擦。

在钻进过程中的摩擦是混合摩擦，即部分接触面为边界摩擦，部分为流体摩擦。在钻井作业中，摩擦系数是两个滑动或静止表面间的相互作用以及润滑剂所起作用的综合体现。

在钻井作业中的摩擦现象较为复杂，摩擦阻力的大小不仅与钻井液的润滑性能有关，还和钻柱、套管、地层、井壁泥饼表面的粗糙度，接触表面的塑性，接触表面所承受的负荷，流体黏度与润滑性，流体内固相颗粒的含量和大小，井壁表面泥饼润滑性，井斜角，钻柱质量，滤失作用等因素有关。其中钻井液的润滑性能是主要可调节因素。

2. 钻井液润滑性的主要影响因素

(1)钻井液固相。

钻井液中固相含量对其润滑性影响很大，随着钻井液固相含量增加，通常其密度、黏度、切力等也会相应增大。在这种情况下，钻井液的润滑性能也会相应变差。这时，其润滑性能主要取决于固相的类型及含量，砂岩和各种加重剂的颗粒具有特别高的研磨性能。

随着钻井液固相含量增加,除使泥饼黏附性增大外,还会使泥饼增厚、易产生压差黏附卡钻。另外,固相颗粒尺寸的影响也不可忽视。研究结果表明,钻井液在一定时间内通过不断剪切循环,其固相颗粒尺寸随剪切时间的增加而减小,其结果是双重性的;钻井液滤失有所减小,从而钻柱摩阻力也有所降低;颗粒分散得更细微,使比面积增大,从而造成摩阻力增大。可见,严格控制钻井液黏土含量,搞好固相控制和净化,尽量用低固相钻井液,是改善和提高钻井液润滑性能措施之一。

(2)滤失性和岩石性质。

致密、表面光滑、薄的泥饼具有良好的润滑性能。降滤失剂和其他改进泥饼质量的处理剂(如磺化沥青)主要是通过改善泥饼质量来改善钻井液的防磨损和润滑性能。

其他影响泥饼质量的因素对钻井液的润滑性能都会产生影响,比如许多高分子处理剂都有良好的降滤失、改善泥饼质量、减少钻柱摩阻力的作用。有机高分子处理剂在钻柱和井壁上的吸附形成吸附膜,有利于降低井壁与钻柱之间的摩阻力,如聚阴离子纤维素、磺化酚醛树脂等具有提高钻井液润滑性的作用。许多高分子化合物通过复配、共聚等处理,可成为具有良好润滑性能的润滑材料。在相同钻井液条件下,岩石性质是通过影响所形成泥饼的质量以及井壁与钻柱之间接触表面粗糙度而起作用的。

(3)润滑剂。

使用润滑剂是改善钻井液润滑性能、降低摩擦阻力的主要途径。钻井液常用润滑剂有液体和固体两类,前者如矿物油、植物油、表面活性剂等;后者如石墨、塑料小球、玻璃小球等。近年来,钻井液润滑剂品种发展最快的是惰性固体类润滑剂,液体类润滑剂中主要发展了高负荷下起作用的极压润滑剂及有利于环境保护的无毒润滑剂。

4.2.3 钻井液润滑性的调整

1. 对钻井液润滑剂的要求

钻井液润滑剂的选择应满足以下要求:

(1)润滑剂必须能润滑金属表面,并在其表面形成边界膜和次生结构。

(2)应与基浆有良好的配伍性,对钻井液的流变性和滤失性不产生不良影响。

(3)不降低岩石破碎的效率。

(4)具有良好的热稳定性和耐寒稳定性。

(5)不腐蚀金属,不损坏密封材料。

(6)不污染环境,易于生物降解,价格合理,且来源广。

(7)具有低荧光或无荧光性质。

基于上述要求,一般植物油类,既无荧光和毒性,又易于生物降解,且来源较广,较适合作润滑材料。可选用的植物油有蓖麻油、亚麻油、棉籽油等。

2. 钻井液中常用的润滑剂

(1)惰性固体类润滑剂。

该类产品主要有塑料小球、石墨、炭黑、玻璃微珠及坚果圆粒等。

塑料小球用作润滑剂,具有高的抗压强度,是一种无毒、无荧光、耐酸、耐碱、抗温、抗压的透明球体,在钻井液中呈惰性,不溶于水和油,密度为 1.03 ~ 1.05 g/cm^3,可耐温

205 ℃以上。它可与水基和油基的各种类型钻井液匹配，是一种较好的润滑剂，但成本较高。玻璃小球也可达到类似的效果，成本低于塑料小球。塑料小球和玻璃小球这类固体润滑剂由于受固体尺寸的限制，在钻井过程中很容易被固控设备清除，而且在钻杆的挤压或拍打下，有破坏、变形的可能，因此在使用上受到了一定的限制。

石墨粉作为润滑剂具有抗高温、无荧光、降摩阻效果好、用量小、对钻井液性能无不良影响等特点。弹性石墨在高含量情况下不会阻塞钻井液马达，即使在高剪切速率下，它也不会在钻井液中发生明显的分散。此外，它不会影响钻井液的动切力和静切力，与各种纤维质和矿物混合物具有良好的配伍性。石墨粉能牢固地吸附（包括物理和化学吸附）在钻具和井壁岩石表面，从而改善摩擦状态，起到降低摩阻的作用。同时，石墨粉吸附在井壁上，可以封闭井壁的微孔隙，因此兼有降低滤失和保护油层的作用。

固体润滑剂能够在接触面之间产生物理分离，其作用是在摩擦表面上形成一种隔离润滑薄膜，多数固体类润滑剂类似于细小滚珠，可以存在于钻柱与井壁之间，将滑动摩擦转化为滚动摩擦，从而大幅度降低扭矩和阻力。固体类润滑剂在减少带有加硬层工具接头的磨损方面尤其有效，尤其适合于下尾管、下套管和旋转套管。固体类润滑剂的热稳定性、化学稳定性和防腐蚀能力均良好，适合高温、低转速的条件下使用，但不适合在高转速条件下使用。

（2）液体类润滑剂。

液体类润滑剂产品主要有矿物油、植物油和表面活性剂，如聚合醇等。

液体类润滑剂又可分为油性剂和极压剂。油性剂主要在低负荷下起作用，通常为醋或羧酸；极压剂主要在高负荷下起作用，通常含有硫、磷、硼等活性元素。往往这些含活性元素的润滑剂兼有两种作用，既是油性剂，又是极压剂。性能良好的润滑剂必须具备两个条件：一是分子的烃链要足够长（一般碳链 R 在 C_{12} ~ C_{18}之间），不带支链，以利于形成致密的油膜；二是吸附基要牢固地吸附在黏土和金属表面上，以防止油膜脱落。

常用的作为润滑剂使用的表面活性剂有 OP-30、聚氧乙烯硬脂酸酯-6 和十二烷基苯磺酸三乙醇胺（ABSN）等。

在硬水中使用单一阴离子表面活性剂时，常常由于生成高价盐而失效或破乳。因此，一般采用以阴离子为主、非离子为辅的复合型活性剂配方。阴离子表面活性剂需要在碱性介质中才能保持稳定（但 pH 值过高时也会影响润滑效果），阳离子活性剂则相反，而非离子活性剂使用 pH 值的范围较大。

随着人们环保意识的增强，无毒可生物降解的润滑剂越来越受到关注，如以动物油和植物油为原料而制得的脂类有机物或矿物油类。这类润滑剂无毒或低毒，不污染环境，不干扰地质录井。

矿物油、植物油、聚合醇等表面活性剂主要是通过在金属、岩石和黏土表面形成吸附膜，使钻柱与井壁岩石接触（或水膜接触）产生的固-固摩擦，改变为活性剂非极性端之间或油膜之间的摩擦，或者通过表面活性剂的非极性端，再吸附一层油膜，从而使钻柱与岩石之间的摩擦阻力大大降低，减少钻具和其他金属部件的磨损。

极压（EP）润滑剂在高温高压条件下可在金属表面形成一层坚固的化学膜，以降低金属接触界面的摩擦阻力，从而起到润滑作用，故极压润滑剂更适应于水平井中高侧压力的情况下降低钻柱与井壁间的摩擦阻力。

(3)沥青类处理剂。

沥青类处理剂主要用于改善泥饼质量和提高其润滑性。沥青类物质亲水性弱、亲油性强,可有效地涂敷在井壁上,在井壁上形成一层液膜。这样,既可减轻钻具对井壁的摩擦,又可减轻钻具对井壁的冲击作用。沥青类处理剂可使井壁岩石由亲水转变为憎水,所以可阻止滤液向地层渗透。

通常用于测定钻井液润滑性的仪器有滑板式泥饼摩阻系数测定仪、钻井液极压润滑仪、泥饼针入度计、LEM 润滑性评价及钻头泥包测定分析系统等。

复习思考题

1. 什么是钻井液的滤失与造壁性?分析钻井液滤失过程及其影响因素。
2. 分析钻井液滤失性对钻井的影响。钻井对滤失性有什么要求?
3. 如何进行钻井液滤失性控制与调整?
4. 钻井液的润滑性指的是什么?钻井对钻井液润滑性有何要求?
5. 影响钻井液润滑性的因素有哪些?
6. 如何进行钻井液润滑性调整?

第5章

钻井液的性能及测量

钻井液性能是衡量钻井液质量的指标,只有性能合格的钻井液才能满足钻井工程的要求,才能实现安全、快速、优质钻井。按照API推荐的钻井液性能测试标准,需检测的钻井液常规性能包括密度、漏斗黏度、塑性黏度、动切力、静切力、API滤失量、HTHP滤失量、pH值、碱度、含砂量、固相含量、膨润土含量和滤液中各种离子的质量浓度等。

5.1 钻井液流变参数的测量与计算

钻井液的流变参数与钻井工程有着密切的关系,是钻井液重要性能之一。因此,在钻井过程中必须对其流变性进行测量和调整,以满足钻井的需要。钻井液的流变参数主要包括塑性黏度、漏斗黏度、表观黏度、动切力和静切力、流性指数、稠度系数等。

5.1.1 旋转黏度计的构造及工作原理

旋转黏度计是目前现场中广泛使用测量钻井液流变性的仪器。它由电动机、恒速装置、变速装置、测量装置和支架箱体5部分组成。恒速装置和变速装置合称旋转部分。在旋转部件上固定一个能旋转的外筒。测量装置由测量弹簧(扭簧)、刻度盘和内筒组成。内筒通过扭簧固定在机体上,扭簧上附有刻度盘,如图5.1所示。

测定时,内筒和外筒同时浸没在钻井液中,它们是同心圆筒,环隙1 mm左右。当外筒以某一恒速旋转时,它就带动环隙里的钻井液旋转。由于钻井液的黏滞性,使与扭簧连接在一起的内筒转动一个角度。根据流变方程,转动角度(剪切应力大小的反映)与钻井液的黏度成正比。于是,钻井液黏度的测量就转变为内筒转角的测量。转角的大小可从刻度盘上直接读出。通过仪器结构设计和选取合适的测量弹簧,设计成经过简单计算就可以得出现场常用流变性参数的直读式旋转黏度计。

外筒和内筒的特定几何结构决定了旋转黏度计转子的剪切速率与其转速之间的关系。按照范氏仪器公司设计的外筒、内筒组合(两者的间隙为1.17 mm),转子转速与剪切速率的关系为

$$1\ \text{r/min} = 1.703\ \text{s}^{-1} \tag{5.1}$$

旋转黏度计的刻度盘读数θ(θ为圆周上的刻度数,不考虑单位)与剪切应力τ(单位

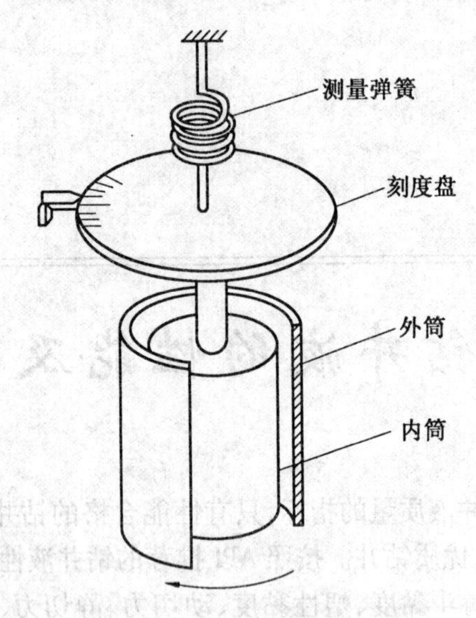

图5.1 旋转黏度计测量装置

为 Pa)成正比。当设计的扭簧系数为 3.87×10^{-5}时,两者之间的关系可表示为

$$\tau=0.511\theta \tag{5.2}$$

旋转黏度计有两速型和多速型两种。两速型旋转黏度计有 600 r/min 和 300 r/min 两个固定的转速,分别相当于 1 022 s^{-1}和 511 s^{-1}的剪切速率。其局限性是所测得的参数不能反映钻井液在环空剪切速率范围内的流变性能。因此,目前已普遍使用多速型旋转黏度计。

六速是目前最常用的黏度计。该黏度计的 6 种转速和与之相对应的剪切速率见表 5.1。

表 5.1 转速与剪切速率的对应关系

转速/($r\cdot min^{-1}$)	600	300	200	100	6	3
剪切速率/s^{-1}	1 022	511	340.7	170.3	10.22	5.11

NL Baroib 公司生产的连续变速 286 型黏度计,可以从 1 至 600 r/min 进行连续测量。对于抗高温深井钻井液,常用高温高压流变仪测定高温高压条件下的流变性能。

5.1.2 流变参数的测量与计算

1. 直读公式推导

(1)表观黏度。

根据表观黏度的定义,某一剪切速率下的表观黏度可用表示为

$$\mu_a=\frac{\tau}{\gamma}=\frac{0.511\theta_N}{1.703N}\times1\ 000\approx\frac{300\theta_N}{N} \tag{5.3}$$

式中 μ_a——表观黏度,mPa · s;

N——转速,r/min;

θ_N——转速为 N 时的刻度盘读数。

利用式(5.3)可将各剪切速率(或转子的转速)下测得的刻度盘读数换算成表观黏度常用的6种转速的换算系数,见表5.2。

表5.2　刻度盘读数与表观黏度的换算系数

转速/($r \cdot min^{-1}$)	600	300	200	100	6	3
换算系数	0.5	1.0	1.5	3.0	50.0	100.0

例如,在300 r/min时测得刻度盘读数为36,则该剪切速率下的表观黏度为36×1.0=36 mPa·s;若在6 r/min时测得刻度盘读数为4.5,则该剪切速率下的表观黏度为4.5×50.0=225 mPa·s。

在评价钻井液性能时,为了便于比较,如果没有特别注明剪切速率,一般是指测定600 r/min时的表观黏度,即

$$\mu_a = \frac{1}{2}\theta_{600} \tag{5.4}$$

使用旋转黏度计测量流变参数的步骤如下:

①将预先配好的钻井液进行充分搅拌,然后倒入量杯中,使液面与黏度计外筒的刻度线相齐。

②将黏度计转速设置在600 r/min,待刻度盘稳定后读取数据。

③再将黏度计转速分别设置在300 r/min、200 r/min、100 r/min、6 r/min和3 r/min,待刻度盘稳定后读取数据。

④用直读公式计算各流变参数。

必要时,通过将刻度盘读数换算成τ,将转速换算成γ,绘制出钻井液的流变曲线。

(2)塑性流体流变参数。

由测得的600 r/min和300 r/min的刻度盘读数,可以分别利用式(5.5)和(5.6)求得塑性黏度和动切力,即

$$\mu_p = \theta_{600} - \theta_{300} \tag{5.5}$$

$$\tau_0 = 0.511(\theta_{300} - \mu_p) \tag{5.6}$$

式中　μ_p——塑性黏度,mPa·s;

　　τ_0——动切力,Pa。

如前所述,塑性黏度是塑性流体流变曲线中直线段的斜率,600 r/min和300 r/min所对应的剪切应力应该在直线段上。因此

$$\mu_p = \frac{\tau_{600} - \tau_{300}}{\gamma_{600} - \gamma_{300}} = \frac{0.511(\theta_{600} - \theta_{300})}{1\ 022 - 511} \times 1\ 000 = \theta_{600} - \theta_{300}$$

依据宾汉模式有

$$\tau_0 = \tau_{600} - \mu_p\gamma_{600} = 0.511\theta_{600} - \frac{0.511 \times (\theta_{600} - \theta_{300}) \times 1\ 000}{(1\ 022 - 511) \times 1\ 000} \times 1\ 022 =$$

$$0.511 \times (2\theta_{300} - \theta_{600}) = 0.511 \times (\theta_{300} - \mu_p)$$

塑性流体的静切力用以下方法测得:将经充分搅拌的钻井液静置1 min(或10 s),在3 r/min的剪切速率下读取刻度盘的最大偏转值;再重新搅拌钻井液,静置10 min后重复上述步骤并读取最大偏转值。利用式(5.7)和(5.8)进行计算,得

$$\tau_{初}=0.511\theta_3 \quad (1\ \text{min 或}10\ \text{s}) \tag{5.7}$$

$$\tau_{终}=0.511\theta_3 \quad (10\ \text{min}) \tag{5.8}$$

式中　$\tau_{初}$,$\tau_{终}$——初静切力、终静切力,Pa。

(3)假塑性流体流变参数。

同样,由测得的600 r/min 和300 r/min 转速的刻度盘读数,可分别利用式(5.9)和(5.10)求得幂律模式的两个流变参数,得

$$n=3.322\ \lg\frac{\theta_{600}}{\theta_{300}} \tag{5.9}$$

$$K=\frac{0.511\theta_{300}}{511^n} \tag{5.10}$$

由幂律公式可得

$$\lg\tau=\lg K+n\lg\gamma$$

以 $\lg\tau$ 为纵坐标,以 $\lg\gamma$ 为横坐标作图可得一直线,在该直线上任意取两点,代入上式,得

$$\begin{cases}\lg\tau_1=\lg K+n\lg\gamma_1\\ \lg\tau_2=\lg K+n\lg\gamma_2\end{cases}$$

解此方程组,可得

$$n=\frac{\lg\tau_2-\lg\tau_1}{\lg\gamma_2-\lg\gamma_1}$$

若将600 r/min 和300 r/min 转速的有关数据代入上式,得

$$n=\frac{\lg\dfrac{\theta_{600}}{\theta_{300}}}{\lg\dfrac{1\,022}{511}}=3.322\ \lg\frac{\theta_{600}}{\theta_{300}}$$

由幂律公式 $\tau=K\gamma^n$,若取 $n=300$ r/min,则 $\gamma_{300}=1.703\times300=511\ \text{s}^{-1}$;又由 $\tau_{300}=0.511\theta_{300}$,如果 K 的单位取 $\text{mPa}\cdot\text{s}^n$,则

$$K=\frac{\tau}{\gamma^n}=\frac{0.511\theta_{300}}{511^n}$$

以上是用 θ_{600} 和 θ_{300} 计算的 n,K 值,其对应的剪切速率与钻井液在钻杆内的流动情况大致相当,可称为中等剪切速率条件下的 n,K 值。然而,人们更关心的是环空的 n,K 值,因为它们直接影响钻井液悬浮和携带钻屑的能力,并且是计算环空压降和判别流型的重要参数。较低剪切速率下的 n,K 值同样可以根据六速黏度计测得的数据进行计算,转速分别为200 r/min、100 r/min 和6 r/min、3 r/min,其计算式为

$$n=3.322\lg\frac{\theta_{200}}{\theta_{100}} \tag{5.11}$$

$$K=\frac{\tau}{\gamma^n}=\frac{0.511\theta_{100}}{170^n} \tag{5.12}$$

$$n=3.322\lg\frac{\theta_6}{\theta_3} \tag{5.13}$$

$$K=\frac{\tau}{\gamma^n}=\frac{0.511\theta_3}{5.11^n} \tag{5.14}$$

式中　n——流性指数；

K——稠度系数，$mPa \cdot s^n$。

(4)卡森流变参数。

卡森流变参数 τ_c 和 η_∞ 同样使用旋转黏度计测得，测量时的转速一般选用 600 r/min 和 100 r/min。经推导，其计算式为

$$\tau_c^{\frac{1}{2}}=0.493[(6\theta_{100})^{\frac{1}{2}}-\theta_{600}^{\frac{1}{2}}] \tag{5.15}$$

$$\eta_\infty^{\frac{1}{2}}=1.195(\theta_{600}^{\frac{1}{2}}-\theta_{100}^{\frac{1}{2}}) \tag{5.16}$$

$$I_m=\left[1+(\frac{\tau_c}{\eta_\infty}\times 100)^{\frac{1}{2}}\right]^2 \tag{5.17}$$

式中　τ_c——卡森动切力，Pa；

η_∞——极限高剪切黏度，$mPa \cdot s$；

I_m——比黏度。

【例 5.1】　密度为 1.22 g/cm^3 的分散钻井液，用旋转黏度计测得其 $\theta_{600}=60$，$\theta_{300}=38$，$\theta_{200}=30$，$\theta_{100}=21$，$\theta_6=5.5$，$\theta_3=4.0$，$\theta_{3(1\ min)}=6$，$\theta_{3(10\ min)}=11$，试计算该钻井液的各流变参数。

解　将已知条件代入式(5.4)~(5.17)，可分别求得以下参数。

表观黏度：　$\mu_a/(mPa \cdot s)=\frac{1}{2}\theta_{600}=\frac{1}{2}\times 60=30$

塑性流体参数：

$$\mu_p/(mPa \cdot s)=\theta_{600}-\theta_{300}=60-38=22$$

$$\tau_0/Pa=0.511\times(\theta_{300}-\mu_p)=0.511\times(38-22)\approx 8.18$$

动塑比：

$$\tau_0/\mu_p\approx 0.37$$

触变性：

$$\tau_{初}/Pa=0.511\theta_{3(1\ min)}\approx 3.07$$

$$\tau_{终}/Pa=0.511\theta_{3(10\ min)}\approx 5.62$$

假塑性流体参数：

第一组

$$n=3.322\lg\frac{\theta_{600}}{\theta_{300}}=3.322\lg\frac{60}{38}\approx 0.66$$

$$K/(mPa \cdot s^{0.66})=\frac{\tau}{\gamma^n}=\frac{0.511\theta_{300}}{511^n}=\frac{0.511\times 38}{511^{0.66}}\approx 0.23$$

第二组

$$n=3.322\lg\frac{\theta_{200}}{\theta_{100}}=3.322\lg\frac{30}{21}\approx 0.51$$

$$K/(\mathrm{mPa}\cdot\mathrm{s}^{0.51})=\frac{\tau}{\gamma^n}=\frac{0.511\theta_{100}}{170^n}=\frac{0.511\times21}{170^{0.51}}\approx0.78$$

第三组

$$n=3.322\lg\frac{\theta_6}{\theta_3}=3.322\lg\frac{5.5}{4.0}\approx0.46$$

$$K/(\mathrm{mPa}\cdot\mathrm{s}^{0.46})=\frac{\tau}{\gamma^n}=\frac{0.511\theta_3}{5.11^n}=\frac{0.511\times4.0}{5.11^{0.46}}\approx0.96$$

卡森模式参数：

$$\tau_c^{\frac{1}{2}}=0.493[(6\theta_{100})^{\frac{1}{2}}-\theta_{600}^{\frac{1}{2}}]=0.493\times[(6\times21)^{\frac{1}{2}}-60^{\frac{1}{2}}]\approx1.716$$

则

$$\tau_c/\mathrm{Pa}=2.94$$

$$\eta_\infty^{\frac{1}{2}}=1.195(\theta_{600}^{\frac{1}{2}}-\theta_{100}^{\frac{1}{2}})=1.195(60^{\frac{1}{2}}-21^{\frac{1}{2}})\approx3.780$$

则

$$\eta_\infty=14.29\ \mathrm{mPa}\cdot\mathrm{s}$$

$$I_m=\left[1+(\frac{\tau_c}{\eta_\infty}\times100)^{\frac{1}{2}}\right]^2=\left[1+(\frac{2.94}{14.29}\times100)^{\frac{1}{2}}\right]^2\approx30.65$$

在使用低固相聚合物钻井液时，为了满足快速、安全钻井的要求，卡森流变参数应分别为

$$\tau_c=0.6\sim3.0\ \mathrm{Pa},\eta_\infty=2.0\sim6.0\ \mathrm{mPa}\cdot\mathrm{s},\eta_{环}=20\sim30\ \mathrm{mPa}\cdot\mathrm{s},I_m=300\sim600$$

从以上计算结果可知，随着剪切速率减小，钻井液的 n 值趋于减小，K 值趋于增大。为了更准确地测定钻井液在环空的 n,K 值，可首先用 286 型无级变速流变仪，在 1 ~ 1 022 s^{-1} 剪切速率范围内测出 10 个以上的点，然后用计算的方法确定环空的 n,K 值。例如，先取剪切速率为 80 ~ 120 s^{-1} 两点，或通过计算确定其 n,K 值。再用式(5.18)求出钻井液在环空的剪切速率，即

$$\gamma_{环}=\frac{2n+1}{3n}\times\frac{12v}{D_2-D_1}\tag{5.18}$$

式中 $\gamma_{环}$——环空剪切速率，s^{-1}；

v——环空返速，cm/s；

D_2——钻杆外径，cm；

D_1——井眼直径，cm。

如果求出的 $\gamma_{环}$ 正好在所取的 80 ~ 120 s^{-1} 剪切速率范围内，则表明所确定的 n,K 值是比较准确的。若 $\gamma_{环}$ 未在此范围内，则另取一段按同样方式试算，直至 $\gamma_{环}$ 在所取的剪切速率范围内为止。

2. 漏斗黏度

漏斗黏度(FV)是指一定体积的钻井液流过规定尺寸小孔所用的时间，其单位为 s。它是用定量钻井液从漏斗中流出的时间来表示钻井液黏度。由于测量方法简单，使用方便，可直观地反映钻井液黏度的大小，在钻进过程中，钻井液的漏斗黏度是经常测定的重要参数。

常用的漏斗黏度计有范氏漏斗黏度计和马氏漏斗黏度计。

(1)范氏漏斗黏度计。

范氏漏斗黏度计由漏斗、筛网、钻井液量杯和出口管组成，筛网孔为16目，其外观规格如图5.2所示。

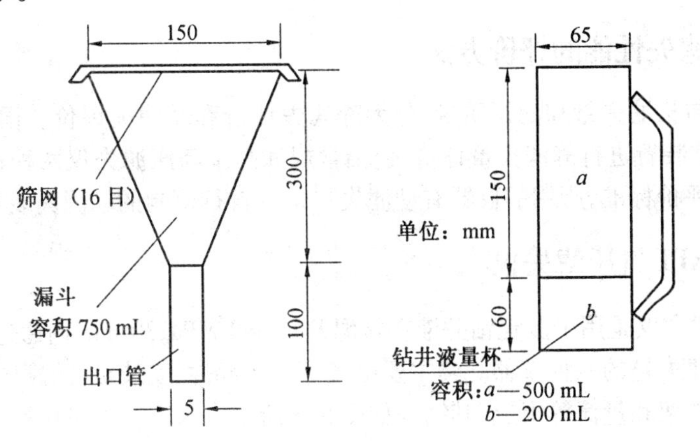

图5.2　范式漏斗黏度计

漏斗黏度测定步骤如下：

①检查并校验。测量钻井液前要检查漏斗、出口管以及钻井液杯是否完好，出口内有无堵塞；用清水进行校验，在常温下，清水的漏斗黏度为(15±0.2)s。

②用钻井液量杯的上端(500 mL)与下端(200 mL)准确量取700 mL钻井液。将左手食指堵住漏斗口，使钻井液通过筛网后流入漏斗中。

③将钻井液量杯500 mL一端置于漏斗出口的下方，在松开左手食指的同时右手按动秒表。注意在钻井液流出过程中，始终使漏斗保持直立。

④待钻井液量杯500 mL的一端流满时，按动秒表记录所需时间。所记录的时间即为漏斗黏度。

⑤测量并记录钻井液温度，单位以℃表示。

⑥将仪器清洗干净。如管口堵塞时不能用硬物去通，可用嘴吹、水冲或用软木条处理。

(2)马氏漏斗黏度计。

马氏漏斗黏度是指946 mL(1夸脱)钻井液从漏斗流出所用的时间，单位为s。

马氏漏斗黏度计由漏斗、12目筛网、946 mL标准量筒和2 000 mL钻井液杯组成。漏斗筛网以下容积为1 500 mL。其标准度为当向漏斗注入1 500 mL标准蒸馏水时，流出946 mL标准蒸馏水的时间为(26±0.5)s，以此作为校验漏斗黏度计的标准。其测量步骤与范氏漏斗黏度计相同。

钻井液从漏斗口流出时，随着漏斗中液面逐渐降低，流速不断减小。因此，漏斗黏度计不能在某一固定剪切速率下测定黏度，无法与其他流变参数进行换算。漏斗黏度只能用来判断在钻井期间各个阶段黏度变化的趋向，它不能说明钻井液黏度变化的原因，也不能作为对钻井液进行处理的依据。漏斗黏度常用来与其他流变参数一起共同表征钻井液的流变性。

5.2 钻井液的滤失与造壁性测量

5.2.1 滤失性能的评价方法

滤失性能包括滤失量和滤饼质量,分为静滤失评价和动滤失评价。国内外通常采用API滤失量测试装置进行静滤失量评价,包括常规和高温高压滤失仪两种;动滤失量评价目前尚未建立评价标准,所用的仪器有动滤失仪以及自行研制的动滤失装置。

5.2.2 API气压滤失仪

API气压滤失仪是用于测定钻井液在常温及0.689 MPa,30 min内通过4 580 mm^2滤失面积的标准滤失量的一种仪器。其主要由气源总体部件、安装板、减压阀、压力表、放空阀、钻井液杯、挂架和量筒等组成,其结构如图5.3所示。为了获得可比性结果,需要使用直径为90 mm的符合标准的滤纸。

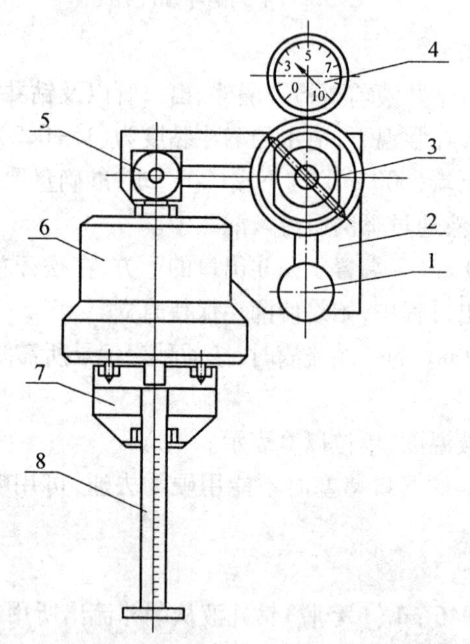

图5.3 API气压滤失仪结构示意图
1—气源总体部件;2—安装板;3—减压阀;4—压力表;
5—放空阀;6—钻井液杯;7—挂架;8—量筒

1.用API气压滤失仪测定滤失量的步骤

(1)从箱中取出仪器,把气源总成悬挂在仪器箱的箱沿上,然后关闭减压阀和放空阀。

(2)接好气瓶管线,并使其与气源总成连接,顺时针旋转减压阀手柄,使压力表指示的压力低于0.689 MPa。

(3)将钻井液杯口向上放置,用食指堵住钻井液杯上的小气孔,并倒入钻井液,使液面与杯内环形刻度线相平，然后将“O”形橡胶垫圈放在钻井液杯内台阶处，铺平滤纸，顺时针拧紧底盖卡牢。将钻井液杯翻转，使气孔向上，滤液引流嘴向下，逆时针转动钻井液杯90°装入三通接头，并且卡好挂架及量筒。

(4)迅速将放空阀退回3圈，微调减压阀手柄，使压力表指示0.689 MPa，并同时按动秒表记录时间。

(5)在测量过程中应将压力保持为0.689 MPa。

(6)30 min时测试结束，切断压力源。如用气弹，则可将减压阀关闭，由放气阀将杯中的压力放掉，再按任意方向转动1/4圈，取下钻井液杯。

(7)滤失量测量结束后，应小心卸开钻井液杯，倒掉钻井液并取下滤纸，尽可能减少对滤纸的损坏；用缓慢水流冲洗滤纸上的滤饼，然后用钢板尺测量并记录滤饼厚度。

2. 测量结果处理

测量30 min，量筒中所接收的滤液体积就是所测的标准滤失量。有时为了缩短测量时间，一般测量7.5 min，其滤液体积乘以2即是所测标准滤失量，其单位为mL。

测量30 min，所得滤饼厚度即是钻井液滤饼厚度；若测7.5 min，则所得滤饼厚度也须乘以2。同时对滤饼的外观进行描述，如软、硬、韧、致密性等。

5.2.3　高温高压滤失量测定仪

对于深井钻井液，必须测量高温高压条件下的滤失量（HTHP滤失量）。API给出了测量高温高压条件下API滤失量的标准，测量压差为3.5 MPa，测量时间为30 min；由于高温高压滤失仪渗滤面积只有常规滤失仪的1/2，因此，按照API标准，应将30 min的滤失量乘以2才是HTHP滤失量，其单位为mL。当温度低于204 ℃时，使用一种特制的滤纸；当温度高于204 ℃时，则使用一种金属过滤介质或相当的多孔过滤介质盘。目前国内也生产高温高压滤失仪。

【例5.2】　使用高温高压滤失仪测得1.0 min的滤失量为6.5 mL，7.5 min的滤失量为14.2 mL。试确定这种钻井液在高温高压条件下的瞬时滤失量和HTHP滤失量。

解　瞬时滤失量可由两点式直线方程求得，即

$$V_{sp}/\mathrm{mL}=V_{f1}-\frac{V_{f7.5}-V_{f1}}{\sqrt{7.5}-\sqrt{1.0}}\times\sqrt{1.0}=6.5-\frac{14.2-6.5}{\sqrt{7.5}-\sqrt{1.0}}\times\sqrt{1.0}\approx 2.07$$

由于V_{sp}不可忽略，30 min的滤失量为

$$V_{f30}/\mathrm{mL}=2\times(V_{f7.5}-V_{sp})+V_{sp}=2\times(14.2-2.07)+2.07=26.33$$

考虑面积因素之后，可以确定在高温高压条件下测得该钻井液的瞬时滤失量为4.14 mL，HTHP滤失量为52.66 mL。

5.2.4　动态滤失量测定仪

目前，使用较多的动态滤失量测定仪有两种类型：一种是利用转动的叶片来使钻井液流动，渗滤介质为滤片；另一种用泵使钻井液循环流动，过滤介质为陶瓷滤芯。动态滤失量测定仪可用于测量模拟钻井条件下，当滤饼被冲蚀速度与沉积速度相等时的动态滤失量。国内也研制了不同型号的动态滤失量测定仪，所有动滤失装置都具有模拟高温高压的功能。

5.3 钻井液的pH值和碱度

5.3.1 钻井液的pH值

pH值表示钻井液的酸碱性。通常用pH试纸测量,要求的精度较高时,可使用pH计测量。

1. pH值对钻井液性能的影响

由于酸碱性的强弱直接与钻井液中黏土颗粒的分散程度有关,因此pH值在很大程度上会影响钻井液的黏度、切力和其他性能参数。图5.4所示为经预水化的膨润土基浆(其中膨润土含量为57.1 kg/m^3)的表观黏度随pH值的变化。

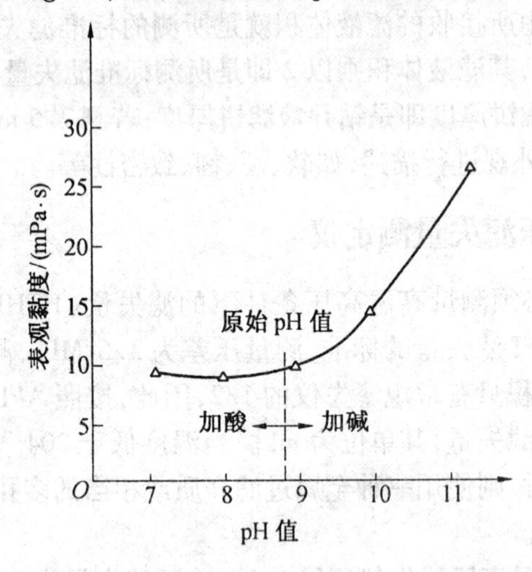

图5.4 pH值对膨润土表观黏度的影响

由图可知,当pH值大于9时,表观黏度随pH值升高而剧增。其原因是当pH值升高时,会有更多OH^-被吸附在黏土晶层的表面,进一步增强表面的负电性,从而在剪切作用下使黏土更容易水化分散。在实际应用中,大多数钻井液的pH值要求控制在8~11,即维持一个碱性环境,可以减轻对钻具的腐蚀,可以预防因氢脆而引起的钻具和套管的损坏,可以抑制钻井液中钙、镁离子的溶解;有相当多的有机处理剂需在碱性介质中才能充分发挥其效能,如单宁类、褐煤类和木质素磺酸盐类等处理剂。

对于不同类型的钻井液,所要求的pH值范围也有所不同。一般要求分散型钻井液的pH值在10以上,含有石灰的钙处理钻井液的pH值多控制在11~12,含有石膏的钙处理钻井液的pH值多控制在9.5~10.5,而在许多情况下,聚合物钻井液的pH值只须控制在7.5~8.5。

2. pH值的调节

提高pH值的方法是加入烧碱、纯碱、熟石灰等碱性物质。常温下,10%(质量分数)NaOH水溶液,pH值为12.9; 10%(质量分数)Na_2CO_3水溶液,pH值为11.1;$Ca(OH)_2$饱和的水溶液，pH 值为12.1；如果是石膏侵、盐水侵造成的 pH 值降低，可加入高碱比的煤碱液、单宁碱液等进行处理，其优点是既能提高 pH 值，又能降低黏切和滤失量，使钻井液性能变好。

降低 pH 值，现场中一般不加无机酸，而是加弱酸性的单宁粉或栲胶粉。

5.3.2　钻井液的碱度

由于使钻井液维持碱性的无机离子除 OH^- 外，还可能有 HCO_3^-、CO_3^{2-} 等离子，而 pH 值并不能完全反映钻井液中这些离子的种类和质量浓度。因此在实际应用中，除使用 pH 值外，还常使用碱度来表示钻井液的酸碱性。引入碱度参数主要有两点好处：一是由碱度测定值可以方便地测定钻井液滤液中 OH^-、HCO_3^- 和 CO_3^{2-} 三种离子的含量，从而可以判断钻井液碱性的来源；二是可以确定钻井液体系中悬浮石灰的量（储备碱度）。

1. API 测定标准

碱度是指溶液或悬浮体对酸的中和能力，为了建立统一的标准，API 选用酚酞和甲基橙两种指示剂来评价钻井液及其滤液碱性的强弱。酚酞变色点的 pH 值为8.3。在进行滴定的过程中，当 pH 值降至该值时，酚酞即由红色变为无色。因此，能够使 pH 值降至8.3 所需的酸量被称为酚酞碱度。钻井液及其滤液的酚酞碱度分别用符号 P_m 和 P_f 表示。甲基橙变色点的 pH 值为4.3。当 pH 值降至该值时，甲基橙由黄色变为橙红色。能使 pH 值降至4.3 所需的酸量，则被称为甲基橙碱度。钻井液及其滤液的甲基橙碱度分别用符号 M_m 和 M_f 表示。

按 API 推荐的试验方法，要求对 P_m、P_f 和 M_f 分别进行测定。并规定以上3 种碱度的值，均以滴定1 mL 样品（钻井液或滤液）所需的0.01 mol/L H_2SO_4 溶液的体积（单位为mL）来表示，毫升单位通常可以省略。

由测出的 P_f 和 M_f 可计算出钻井液滤液中 OH^-、HCO_3^- 和 CO_3^{2-} 的浓度。其根据在于，当 pH 值为8.3 时，以下反应已基本进行完全，即

$$CO_3^{2-}+H^+ = HCO_3^-$$

而存在于溶液中的 HCO_3^- 不参加反应，当继续用 H_2SO_4 溶液滴定至 pH 值为4.3 时，HCO_3^- 与 H^+ 的反应也已经基本进行完全，即

$$HCO_3^-+H^+ \rightleftharpoons CO_2+H_2O$$

若测得的结果为 $M_f=P_f$，则表示滤液的碱性完全由 OH^- 所引起；若测得的结果为 $P_f=0$，则表示碱性完全由 HCO_3^- 引起；如 $M_f=2P_f$，则表示滤液中只含有 CO_2^{2-}。

显然，以上情况是比较特殊的。在一般情况下，钻井液滤液中这3 种离子的质量浓度可按表5.3 进行计算。但要注意，有时钻井液滤液中存在着某些易与 H^+ 起反应的其他无机离子（如 SiO_3^{2-}、PO_4^{3-} 等）和有机处理剂，这样会使 M_f 和 P_f 的测定结果产生一定误差。

表 5.3　OH^-、CO_3^{2-}、HCO_3^- 质量浓度估计值

条件	$[OH^-]/(mg\cdot L^{-1})$	$[CO_3^{2-}]/(mg\cdot L^{-1})$	$[HCO_3^-]/(mg\cdot L^{-1})$
$P_f=0$	0	0	$1\,220M_f$
$2P_f<M_f$	0	$1\,220P_f$	$1\,220(M_f-2P_f)$
$2P_f=M_f$	0	$1\,220P_f$	0
$2P_f>M_f$	$340(2P_f-M_f)$	$1\,220(M_f-P_f)$	0
$P_f=M_f$	$340M_f$	0	0

测定碱度的另一目的是根据测得的 P_f 和 P_m 值确定钻井液中悬浮固相的储备碱度。所谓储备碱度，主要是指未溶石灰构成的碱度。当 pH 值降低时，石灰会不断溶解，这样一方面可为钙处理钻井液不断地提供 Ca^{2+}，另一方面有利于使钻井液的 pH 值保持稳定。钻井液的储备碱度(单位为 kg/m^3)通常用体系中未溶 $Ca(OH)_2$ 的含量表示，其计算式为

$$储备碱度=0.742(P_m-f_wP_f) \tag{5.19}$$

式中　f_w——钻井液中水的体积分数。

【例 5.3】　对某种钙处理钻井液的碱度测定结果为：用 0.01 mol/L H_2SO_4 溶液滴定 1.0 mL钻井液滤液，需 1.0 mL H_2SO_4 溶液达到酚酞终点，1.1 mL H_2SO_4 溶液达到甲基橙终点。再取钻井液样品，用蒸馏水稀释至 50 mL，使悬浮的石灰全部溶解。然后用 0.01 mol/L H_2SO_4 溶液进行滴定，达到酚酞终点所消耗的 H_2SO_4 溶液为 7.0 mL。已知钻井液的总固相体积分数为 10%，油的含量为 0，试计算钻井液中悬浮 $Ca(OH)_2$ 的量。

解　悬浮 $Ca(OH)_2$ 的量即钻井液的储备碱度。根据碱度测定结果可知，$P_f=1.0$，$M_f=1.1$，$P_m=7.0$，$f_w=1-0.10=0.90$。由式(5.19)可求得

$$悬浮\ Ca(OH)_2\ 的量/(kg\cdot m^{-3})=0.742\times(7.0-0.90\times1.0)=4.526$$

根据现场经验，钙处理钻井液中悬浮石灰的量一般保持在 3 ~ 6 kg/m^3 范围内较为适宜，可见，该钻井液中所保持的量满足要求。由于该例中测得的 P_f 和 M_f 值十分接近，表明滤液中 HCO_3^- 和 CO_3^{2-} 几乎不存在，滤液的碱性主要是由于 OH^- 的存在而引起的。

2. pH 值与钻井液应用的关系

在钻井液中 HCO_3^- 和 CO_3^{2-} 均为有害离子，它们会破坏钻井液的流变性和降滤失性能，用 M_f 和 P_f 的比值可表示它们的污染程度。当 $M_f/P_f=3$ 时，表明 CO_3^{2-} 浓度较高，即已出现 CO_3^{2-} 污染；当 $M_f/P_f\geq5$ 时，则为严重的 CO_3^{2-} 污染。根据其污染程度，可采取相应的处理措施。pH 值与这两种离子的关系是：当 pH>11.3 时，HCO_3^- 几乎不存在；当 pH<8.3 时，只存在 HCO_3^-。因此，在 pH=8.3 ~ 11.3 时，这两种离子可以共存。

在实际应用中，也可用碱度代替 pH 值，表示钻井液的酸碱性。具体要求是：①一般钻井液的 P_f 最好保持在 1.3 ~ 1.5 mL；②饱和盐水钻井液的 P_f 保持在 1 mL 以上即可，而海水钻井液的 P_f 应控制在 1.3 ~ 1.5 mL；深井抗高温钻井液应严格控制 CO_3^{2-} 的含量，一般应将 M_f/P_f 的值控制在 3 以内。

5.4　钻井液密度和含砂量

5.4.1　钻井液密度

钻井液密度是指单位体积钻井液的质量,常用单位符号是 g/cm^3 或 kg/m^3。钻井液密度是确保安全、快速钻井和保护油气层的一个十分重要的参数。通过钻井液密度的变化,可调节钻井液在井筒内的静液柱压力,以平衡地层孔隙压力和地层构造应力,以避免发生井喷和井塌。如果密度过高,将引起钻井液过度增稠、易漏失、钻速下降、对油气层损害加剧和钻井液成本增加等一系列问题;而密度过低则容易发生井涌甚至井喷,还会造成井塌、井径缩小和携屑能力下降。因此,在一口井的钻井工程设计中,必须准确、合理地确定不同井段钻井液的密度范围,并在钻井过程中随时进行测量和适时调整。

1. 钻井液密度测量

钻井液密度用专门设计的钻井液密度计测定,如图5.5所示。钻井液密度计主要由秤杆、主刀口、钻井液杯、杯盖、游码、校正筒、水平泡和带有主刀垫的支架等组成。钻井液杯的容积为140 mL。钻井液密度计的测量范围为0.95 ~ 2.00 g/cm^3。秤杆上的最小分度为0.01 g/cm^3,秤杆上带有水平泡,测量时用来调整到水平。

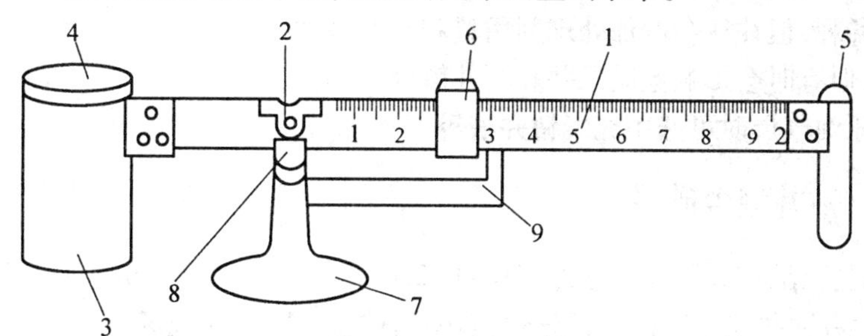

图5.5　钻井液密度计

1—秤杆;2—主刀口;3—钻井液杯;4—杯盖;

5—校正筒;6—游码;7—底座;8—主刀垫;9—挡壁

(1)密度的测量步骤。

①放好密度计的支架,使之尽可能保持水平。

②将待测钻井液注满清洁的钻井液杯。

③盖好钻井液杯盖,并缓慢拧动压紧,使多余的钻井液从杯盖的小孔中慢慢流出。

④用大拇指压住杯盖孔,清洗杯盖及秤杆上的钻井液并擦净。

⑤将密度计的主刀口置于主刀垫上,移动游码,使秤杆呈水平状态。

⑥读出并记录游码的左边边缘所示刻度,这就是所测钻井液的密度。

⑦清洗干净相关器械。

(2)密度计的校正。

测定前要先用清水标定,在钻井液杯中注满清水(理论上是4 ℃时的纯水,一般可用20 ℃以下的清洁淡水),盖上盖子并擦干,置于刀架上。当游码左侧对准密度1.00 g/cm^3

的刻度线时,秤杆呈水平状态,说明密度计是准确的,否则旋开校正筒上盖,增减其中的铅粒,直至水平泡处于两线中央,称出淡水密度为 1.00 g/cm³时为止。

(3)使用注意事项。

①保持密度计清洁干净,以保证测量结果的准确性。

②要经常用规定的清水进行校正。

③使用后,密度计的刀口不能放在支架上,要保护好刀口,不得使其腐蚀磨损,以免影响测量数据的准确性。

④注意保护好水平泡,不能碰撞,以免损坏。

2. 钻井液密度调节

(1)加入重晶石等加重材料是提高钻井液密度最常用的方法。在加入重晶石前,应调整好钻井液的各种性能,特别要严格控制低密度固相的含量。一般情况下,所需钻井液密度越高,则加入重晶石前钻井液的固相含量及黏度、切力应控制得越低。

加入可溶性无机盐也是提高密度较常用的方法。如在保护油气层的清洁盐水钻井液中,通过加入 NaCl,可将钻井液密度提高至 1.20 g/cm³左右。

(2)为实现平衡压力钻井或欠平衡压力钻井,有时需要适当降低钻井液的密度。通常降低密度的方法有以下几种:

①用机械和化学絮凝的方法清除无用固相,降低钻井液的固相含量。

②加水稀释,但往往会增加处理剂用量和钻井液费用。

③混油,但有时会影响地质录井和测井解释。

④钻低压油气层时可选用充气钻井液等。

5.4.2 钻井液含砂量

含砂量是指钻井液中不能通过 200 目(200 孔/in² 或 80 孔/cm²)筛网,即粒径大于 74 μm的砂粒占钻井液总体积的百分数,即砂的体积分数。在现场应用中,砂的体积分数越小越好,一般要求控制在 0.5% 以下。

1. 含砂量过大时对钻井的危害

(1)使钻井液密度增大,对提高钻速不利。

(2)使形成的滤饼松软,导致滤失量增大,不利于井壁稳定,并影响固井质量。

(3)滤饼中粗砂粒含量过高会使滤饼的摩擦系数增大,容易造成压差卡钻。

(4)增加对钻头、钻具和其他设备的磨损,缩短其使用寿命。

2. 含砂量测量和控制

钻井液含砂量用专门设计的含砂量测定仪进行测量。该仪器由一个刻度瓶和一个带漏斗的筛网筒组成,所用筛网为 200 目。其结构如图 5.6 所示。

(1)测量方法。

①将一定体积(一般为 50 mL 或 100 mL)的钻井液注入刻度瓶中,然后注入清水至刻度线。

②用手堵住瓶口并用力振荡,然后将容器中的流体倒入筛网筒过筛。

③筛完后把漏斗套在筛网筒上翻转,漏斗嘴插入玻璃容器,将不能通过筛网的砂粒用

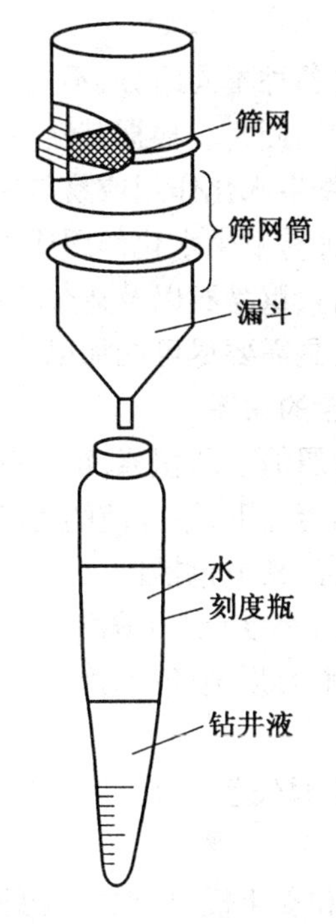

图5.6　含砂量测定仪

清水冲入玻璃容器中。

④待砂粒全部沉淀后读出体积刻度。锥体中下部的刻度线为砂的体积分数的分度线,若取50 mL钻井液,读数乘以2就是所测钻井液的含砂量。也可用式(5.20)求出钻井液含砂量N。

$$N=(V_{砂粒}/V_{钻井液})\times 100\% \tag{5.20}$$

(2)降低钻井液含砂量的方法。

①机械除砂。充分利用震动筛、除砂器、除泥器等设备,对钻井液的固相含量进行有效地控制。

②化学除砂。通过加入化学絮凝剂,将细小砂粒絮凝变大,再配合机械设备清除。常用的絮凝剂有聚丙烯酰胺或部分水解聚丙烯酰胺等。

5.5　钻井液固相含量及测量

5.5.1　钻井液固相含量

钻井液固相含量通常用钻井液中全部固相的体积占钻井液总体积的百分数,即固相的体积分数来表示。固相含量的高低以及固相颗粒的类型、尺寸和性质均对钻井时的井下安全、钻井速度及油气层损害程度等有直接的影响。因此,在钻井过程中必须对其进行监测和有效控制。

1. 钻井液中固相的类型

一般情况下,钻井液中存在着各种不同组分、不同性质和不同颗粒尺寸的固相。根据其作用不同,可分为有用固相和无用固相。根据其性质的不同,可将钻井液中的固相分为活性固相和惰性固相。凡是容易发生水化作用或易与液相中某些组分发生反应的称为活性固相,主要是指膨润土;凡是不容易发生水化作用或不易与液相中某些组分发生反应的称为惰性固相,主要包括石英、长石、重晶石以及造浆率极低的黏土等。除重晶石外,其余的惰性固相均被认为是有害固相,是需要尽可能加以清除的物质。

2. 钻井液固相含量与井下安全的关系

在钻井过程中,由于被破碎岩屑的不断积累,特别是其中的泥页岩等易水化分散岩屑的大量存在,在固控条件不具备的情况下,钻井液的固相含量会越来越高。过高的固相含量往往对井下安全造成很大的危害,其中包括:

(1)使钻井液流变性能不稳定,黏度、切力偏高,流动性和携岩效果变差。

(2)使井壁上形成厚的滤饼,而且质地疏松,摩擦系数大,从而导致起下钻遇阻,容易造成黏附卡钻。

(3)滤饼质量不好会使钻井液滤失量增大,常造成井壁泥页岩水化膨胀、井径缩小、井壁剥落或坍塌。

(4)钻井液易发生盐侵、钙侵和黏土侵,抗温性能变差,维护其性能的难度明显增大。

(5)在钻遇油气层时,由于钻井液固相含量高、滤失量大,还将导致钻井液浸入油气层的深度增加,降低近井壁地带油气层的渗透率,使油气层损害程度增大,产能下降。

3. 钻井液固相含量对钻速的影响

大量钻井实践表明,钻井液中固相含量增加是引起钻速下降的一个重要原因。此外,钻井液对钻速的影响还与固相的类型、固相颗粒尺寸和钻井液类型等因素有关。

有统计资料表明,当固相含量为零(清水钻进)时,钻速最高;随着固相含量增大,钻速显著下降,特别是在较低固相含量范围内钻速下降更快。在固相体积分数超过 10% 之后,对钻速的影响就相对较小了,如图 5.7 所示。

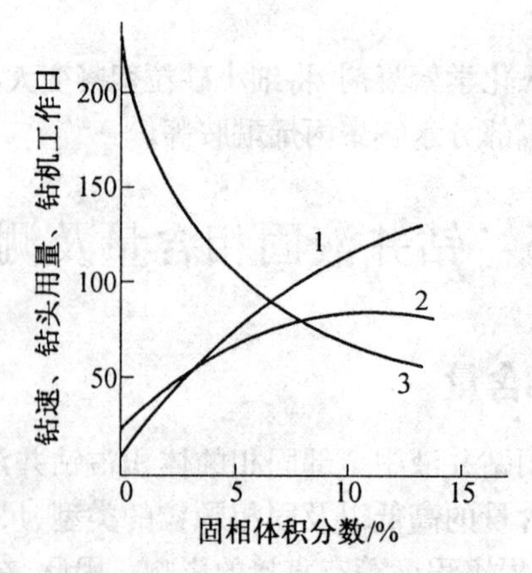

图 5.7　固相体积分数对钻速,钻头用量和钻机工作日的影响

1—钻头用量(个);2—钻机工作日(d);3—钻速(ft/d)(1 ft=0.304 8 m)

不同固相类型对钻速的影响不同，一般认为重晶石、砂粒等惰性固相对钻速的影响较小，钻屑、低造浆率劣土的影响居中，高造浆率膨润土对钻速的影响最大。钻井液中小于 1 μm 的亚微米颗粒要比大于 1 μm 的颗粒对钻速的影响大 12 倍。因此，如果钻井液中小于 1 μm 的亚微米颗粒越多，所造成钻速下降的幅度越大。在相同固相含量条件下，使用不分散聚合物钻井液时的机械钻速比分散钻井液要大得多。固相含量与钻井液密度密切相关，在满足密度要求的情况下，固相含量尽可能小一些。

4. 钻井液固相含量的测量

用钻井液固相含量测定仪测量钻井液中固相及油、水的含量，并通过计算可间接推算出钻井液中固相的平均密度等。

（1）结构组成。

固相含量测定仪是由加热棒、蒸馏器、冷凝器、量筒等部分组成，其结构如图 5.8 所示。加热棒有两根，一根用 220 V 交流电，另一根用 12 V 直流电，功率都是 100 W。蒸馏器由蒸馏器本体和带有蒸馏器引流导管的套筒组成，两者用螺纹连接起来，将蒸馏器的引流管插入冷凝器的孔中，使蒸馏器和冷凝器连接起来，冷凝器为一长方形的铝锭，有一斜孔穿过冷凝器，下端为一弯曲的引流嘴。

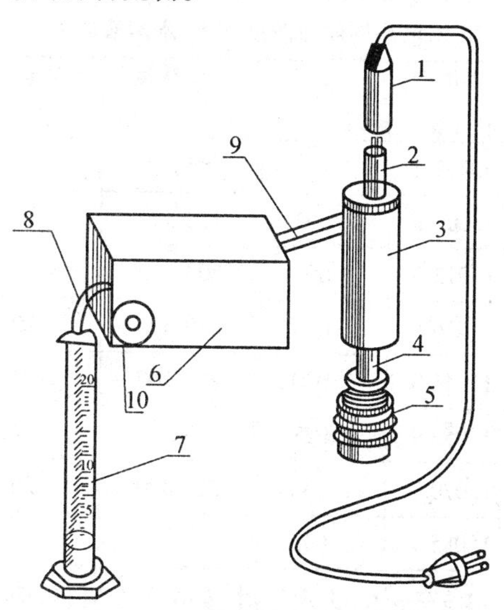

图 5.8　钻井液固相含量测定仪

1—电线接头；2—加热棒插头；3—套筒；4—加热棒；5—螺纹；
6—冷凝器；7—量筒；8—引流嘴；9—蒸馏器引流导管；10—计量盖

（2）工作原理。

工作时，由蒸馏器将钻井液中的液体（包括油和水）蒸发成气体，经引流管进入冷凝器，冷凝器把气态的油和水冷却成液体，经引流嘴进入量筒。量筒上为百分数刻度，可直接读出接收的油和水的体积分数。

（3）测量方法。

①向蒸馏器内注入 20 mL 钻井液，将插有加热棒的套筒连接到蒸馏器上。

②将蒸馏器的引流管插入冷凝器的孔中，然后将量筒放在引流嘴下方，以接收冷凝成

液体的油和水。

③接通电源，使蒸馏器开始工作，直至冷凝器引流嘴中不再有液体流出时为止。这段时间一般需 20 ~ 30 min。

④待蒸馏器和加热棒完全冷却后，将其卸开。用铲刀刮去蒸馏器内和加热棒上被烘干的固体，用天平称取固体的质量，并分别读取量筒中水、油的体积分数。

(4)测量结果的处理。

通常用固相所占有的体积分数表示钻井液的固相含量。需要注意的是，对于含盐量小于1%的淡水钻井液，很容易由实验结果求出钻井液中固相的体积分数；但对于含盐量较高的盐水钻井液，被蒸干的盐和固相会共存于蒸馏器中。此时须扣除由于盐析出引起体积增加的部分，才能确定钻井液中的实际固相含量。在这种情况下，钻井液固相含量的计算式为

$$f_s = 1 - f_w C_f - f_o \tag{5.21}$$

式中 f_s、f_w、f_o——钻井液中固相、水和油的体积分数；

C_f——考虑盐析出而引入的体积校正系数，显然它总是大于1的无量纲常数。

在不同盐度下的 C_f 值可使用表5.4查得。

表5.4 20 ℃时不同质量浓度 NaCl 水溶液的密度和 C_f 值

质量浓度/(mg·L^{-1})	质量分数/%	密度/(g·cm^{-3})	C_f	质量浓度/(mg·L^{-1})	质量分数/%	密度/(g·cm^{-3})	C_f
0	0	0.998 2	1	1541 10	14	1.100 9	1.054
10 050	1	1.005 3	1.003	178 600	16	1.116 2	1.065
20 250	2	1.012 5	1.006	203 700	18	1.131 9	1.075
41 100	4	1.026 8	1.013	229 600	20	1.147 8	1.087
62 500	6	1.041 3	1.020	256 100	22	1.164 0	1.100
84 500	8	1.055 9	1.028	279 500	24	1.180 4	1.113
107 100	10	1.070 7	1.036	311 300	26	1.1972	1.127
130 300	12	1.085 7	1.045				

【例5.4】 密度为1.44 g/cm^{3}的盐水钻井液被蒸干后，得到体积分数6%的油和体积分数74%的蒸馏水。已知钻井液中 Cl^- 的质量浓度为79 000 mg/L，试确定该钻井液的固相含量。

解 首先求出钻井液中NaCl的质量浓度为

$$[\text{NaCl}]/(\text{mg}\cdot\text{L}^{-1}) = \frac{23.0+35.5}{35.5}\times[\text{Cl}^-] = 1.65\times 79\ 000 = 130\ 350$$

由表5.4查得，NaCl的质量分数(盐度)为12%，该盐水钻井液的固相体积校正系数为1.045。因此固相体积分数为

$$f_s = 1 - f_w C_f - f_o = (1 - 0.74\times 1.045 - 0.06)\times 100\% = 16.7\%$$

5. 钻井液固相控制的方法

钻井液中的固相含量越低越好，要通过固相控制不断地清除钻屑等有害固相，使膨润

土和重晶石等有用固相的含量维持在适当范围内，一般固相体积分数应控制在5%左右，实现提高钻速、保证安全的要求。固相控制有以下几种方法：

(1)清水稀释法。向钻井液中加入大量清水，可降低钻井液的固相含量，但该方法要增加钻井液的容器或放掉部分钻井液，这不仅增大成本，并且易使钻井液性能变坏。

(2)替换部分钻井液法。用清水或低固相钻井液替换一定体积高固相含量的钻井液，可减少清水和处理剂的用量，但仍有浪费。

(3)化学絮凝法。在钻井液中加入高分子絮凝剂，使钻屑等无用固相在钻井液中不水化分散，而絮凝成较大颗粒沉淀。

(4)机械设备清除法。其主要设备有震动筛、除砂器、除泥器、离心分离机等。

5.5.2　钻井液中膨润土含量测定

膨润土作为钻井液配浆材料，在提黏切、降滤失等方面起着重要作用，但其用量又不宜过大。因此，在钻井液中必须保持适宜的膨润土含量。

膨润土含量测定，首先使用亚甲基蓝法测出钻井液的亚甲基蓝交换容量(MBT)，其值与黏土阳离子交换容量(CEC)接近相等，可以通过MBT计算确定钻井液中膨润土含量。亚甲基蓝是一种常见染料，在水溶液中电离出有机阳离子和氯离子。其中的有机阳离子很容易与膨润土发生离子交换。其分子式为$C_{16}H_{18}N_3SCl \cdot 3H_2O$。

1.仪器和试剂

(1)亚甲基蓝溶液。用标准试剂级亚甲基蓝配制，质量浓度是3.20 g/L。每次配制时，必须先测定亚甲基蓝的含水量。可将1.000 g亚甲基蓝在(93±3)℃温度下干燥至恒重，用下式对样品质量进行校正。

$$取样质量=\frac{3.20}{甲基蓝干燥恒重质量}$$

(2)3%(质量分数)过氧化氢(H_2O_2)溶液。

(3)约10 mol/L稀硫酸。

(4)2.5 mL或3 mL的注射器，250 mL的锥形瓶、10 mL的滴定管、0.5 mL的微型移液管、1 mL带刻度的移液管、30 mL的量筒、滤纸或亚甲基蓝试验纸。

2.测定步骤

(1)用注射器准确地将1 mL钻井液样品(不含有气泡)加入到装有10 mL水的锥形瓶中，加入过氧化氢溶液15 mL和硫酸0.5 mL，然后缓慢地煮沸10 min，再加入蒸馏水稀释至50 mL。

(2)以每次0.5 ml的量将亚甲基蓝溶液逐次加入到锥形瓶中，旋摇30 s，在黏土颗粒仍悬浮的情况下，用搅拌棒取一滴悬浮液滴在滤纸上，当滤纸上的固体颗粒周围显现出绿蓝色圈时，表明已达到滴定终点。

(3)再旋摇锥形瓶2 min，又取一滴悬浮液滴在滤纸上，如果蓝色环显示明显，证明终点的确已达到。如果蓝色环不再出现，则再加0.5 mL亚甲基蓝溶液继续试验，直到摇2 min后，取一滴滴在滤纸上能显示蓝色环为止。

3.计算

亚甲基蓝交换容量计算式为

$$亚甲基蓝交换容量(MBT)=\frac{亚甲基蓝溶液用量(mL)}{钻井液样品量(mL)}$$

按膨润土的阳离子交换容量为70 mmol/100 g,则可用式(5.22)计算钻井液中的等效膨润土含量。

$$f_c/(g \cdot L^{-1}) = 14.3 \times MBT \tag{5.22}$$

式中 f_c——钻井液中的等效膨润土含量,g/L。

【例5.5】 将1 mL钻井液用蒸馏水稀释至50 mL后,用0.01 mol/L亚甲基蓝标准溶液进行滴定。到达滴定终点时该溶液的用量为4.8 mL,试求钻井液中的膨润土含量。

解 因标准溶液用量在数值上等于钻井液的亚甲基蓝容量,故MBT=4.8 mmol/100 g。

由式(5.22)得

$$f_c/(g \cdot L^{-1}) = 14.3 \times MBT = 14.3 \times 4.8 = 68.64$$

5.6 钻井液润滑性能评价方法

钻井液摩阻系数和滤饼摩阻系数是评价钻井液润滑性能的技术指标。由于摩阻的大小受众多因素影响,要全面、客观地评价和测定钻井过程中钻井液摩阻系数和滤饼摩阻系数是很困难的。对钻井液润滑性能的检测尚无公认的通用仪器和方法。在目前的测试仪器和条件下,只能从某一侧面评价和优选钻井液基液和润滑剂,确定在该条件下的摩阻系数。多数润滑性能测定仪的基本原理都是通过测定滑动摩擦系数,或通过测定转动面和静止面之间的扭矩,或通过测定旋转静止表面的液层所需动力来表示润滑性能。因此,通常以摩擦系数、扭矩及转动动力作为评价钻井液润滑性能的指标。

5.6.1 滑板式泥饼摩阻系数测定仪

滑板式泥饼摩阻系数测定仪是一种简易的测量泥饼摩阻系数的仪器。在仪器台面倾斜的条件下,放在泥饼上的滑块受到向下重力的作用,当滑块的重力克服泥饼的黏滞力后开始滑动。测量开始时,将由滤失试验得到的新鲜泥饼放在仪器台面上,滑块压在泥饼中心停放5 min,然后开动仪器,使台面倾斜角度增大,直至滑块开始滑动时为止。读出台面升起的角度,此升起角度的正切值即为泥饼的摩阻系数。仪器台面的转动速度为5.5 ~ 6.5 r/min,该仪器的测量精度为0.5。

5.6.2 钻井液极压(EP)润滑仪

极压润滑仪可以测量钻井液的润滑性能和评价润滑剂降低扭矩的效果,以及预测在该条件下金属部件的磨损速率。该润滑试验仪是用一个钢环模拟钻柱,给它施以一定的载荷,使它紧压在起井壁作用的金属材料上。摩擦过程在钻井液中进行,摩擦环旋转时产生惯性力,从而使钻井液流动。在固定的转速下转动钢环,记录钢环和金属材料间的接触压力、力矩和仪表上的读数,经换算可得到评价液体的摩擦阻力值。这种仪器的缺点是不能评价温度和压力对润滑性产生的影响。

5.6.3　泥饼针入度计

泥饼针入度计(图5.9)可测量低压或高压、静态或动态滤失试验中所形成的泥饼的质量和厚度,可以手动或电动操作,用纸带记录数据。

除了单纯测定钻井液润滑性能外,目前研究和试验比较多的是用模拟手段和统计方法对钻井液的润滑性进行综合评价,提出卡钻预测。

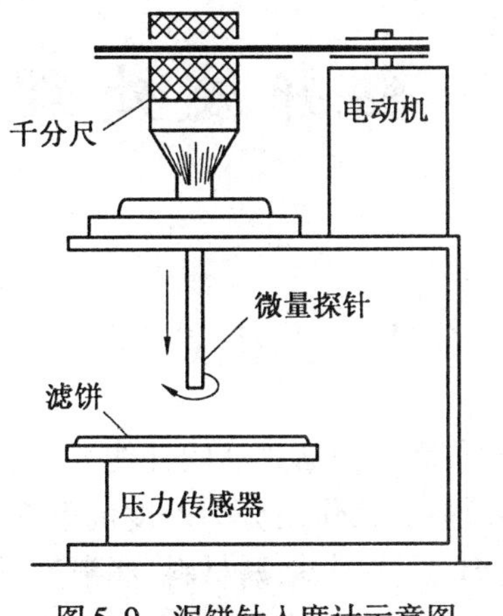

图5.9　泥饼针入度计示意图

复习思考题

1. 如何用旋转黏度计测量钻井液流变性?

2. 如何用API气压滤失仪测定滤失量和泥饼厚度?

3. 测定高温高压滤失量的条件是什么?

4. pH值(或碱度)对钻井液性能有什么影响?如何测定钻井液pH值(或碱度)?

5. 钻井液密度和含砂量对钻井液性能有什么影响?如何测定钻井液密度和含砂量?

6. 钻井液固相含量对钻井液性能及钻井工作有什么影响?如何测定钻井液固相含量?

7. 如何测定钻井液中膨润土含量?

8. 钻井液润滑性能评价有哪几种方法?

第 6 章 钻井液处理剂

6.1 无机处理剂

钻井液化学处理剂用来调节和维护钻井液的性能。目前使用种类很多,按化学剂性质可分为无机处理剂和有机处理剂;按作用分为碱度调整剂、杀菌剂、除钙剂、缓蚀剂、消泡剂、乳化剂、降滤失剂、絮凝剂、发泡剂、堵漏材料、润滑剂、解卡剂、页岩抑制剂、表面活性剂、温度稳定剂、降黏剂、配浆材料和加重材料 18 类。本书从教学方便考虑,将无机处理剂和有机处理剂分开讲述,无机理剂的数量较多,仅介绍较常用的几种。

6.1.1 常用的无机处理剂

1. 纯碱

纯碱即无水碳酸钠(简称碳酸钠),又称苏打粉,分子式为 Na_2CO_3。碳酸钠为白色粉末,密度为 2.5 g/cm^3,易溶于水,在接近 36 ℃时溶解度最大,水溶液呈碱性,pH 值为 11.5。在空气中易吸潮结成硬块(晶体),存放时要注意防潮。纯碱在水中容易电离和水解,其中电离和一级水解较强,所以纯碱水溶液中主要存在 Na^+、CO_3^{2-}、HCO_3^{2-} 和 OH^-。其反应式为

$$Na_2CO_3 = 2Na^+ + CO_3^{2-}$$

$$CO_3^{2-} + H_2O = HCO_3^{2-} + OH^-$$

纯碱在钻井液中的主要用途如下。

(1)促进黏土的水化分散。

碳酸钠可以使钙黏土变成水化分散性好的钠黏土,即

$$Ca_{\pm} + Na_2CO_3 \longrightarrow 2Na_{\pm} + CaCO_3 \downarrow$$

如在清水开钻时加入纯碱可促进地层黏土水化分散,加快造浆。由于上述反应能有效地改善黏土的水化分散性能,因此加入适量纯碱可使新浆的滤失量下降,黏度、切力增大。但过量的纯碱会导致黏土颗粒发生聚结,使钻井液性能受到破坏。其合适加量需通过造浆实验来确定。

(2)消除钙离子。

碳酸钠可以用来消除钙离子以处理钙侵。

处理石膏侵:

$$Na_2CO_3+CaSO_4 = CaCO_3\downarrow +Na_2SO_4$$

处理水泥侵:

$$Na_2CO_3+Ca(OH)_2 = CaCO_3\downarrow +2NaOH$$

(3)恢复有机处理剂功效。

含羧钠基官能团(—COONa)的有机处理剂在遇到钙侵(或 Ca^{2+} 浓度过高)而降低其溶解性时,一般可采用加入适量纯碱的方法恢复其效能。

2. 烧碱

烧碱即氢氧化钠,分子式为 NaOH。其外观为乳白色晶体,密度为 2.0~2.28 g/cm^3,易溶于水,溶解时放出大量的热。溶解度随温度升高而增大,水溶液呈强碱性,pH 值为 14,对皮肤和织物有强烈的腐蚀性。烧碱容易吸收空气中的水分和二氧化碳,并与二氧化碳作用生成碳酸钠,存放时应注意防潮。

烧碱在钻井液中的主要作用如下。

(1)主要用于调节和控制钻井液的 pH 值。

(2)促进黏土的水化分散,使钙黏土变成钠黏土。

(3)与单宁、褐煤等酸性处理剂一起配合使用,使之分别转化为单宁酸钠、腐殖酸钠等有效成分。

(4)用于控制钙处理钻井液中 Ca^{2+} 的浓度。

(5)单独使用 NaOH 溶液可以提高钻井液黏度、切力。但烧碱作用猛烈,加入浓度不易掌握,使用时要注意。一般现场将烧碱配成质量分数为 20% 或 10% 的溶液使用。

3. 石灰

生石灰即氧化钙,分子式为 CaO。吸水后变成熟石灰,即氢氧化钙,分子式为 $Ca(OH)_2$。CaO 在水中的溶解度较低,常温下为 0.16%,其水溶液呈碱性,对皮肤和织物有腐蚀作用,并且随温度升高,溶解度降低。

石灰在钻井液中的主要用途如下。

(1)在钙处理钻井液中,石灰用于提供 Ca^{2+},以控制黏土的水化分散能力,使之保持在适度絮凝状态。

(2)配成石灰乳堵调剂封堵漏层。

(3)在油包水乳化钻井液中,石灰用于使烷基苯磺酸钠等乳化剂转化为烷基苯磺酸钙,并调节 pH 值。

需要注意的是,在高温条件下石灰钻井液可能发生固化反应,使性能不能满足要求,因此在高温深井中应慎用。

4. 石膏

石膏的化学名称为硫酸钙,又名生石膏,分子式为 $CaSO_4\cdot 2H_2O$,加热到 150 ℃脱水变成烧石膏($CaSO_4\cdot \frac{1}{2}H_2O$),又称熟石膏。硬石膏为无水硫酸钙($CaSO_4$)。石膏在常温下的溶解度较低(约为0.2%),但稍大于石灰。在40 ℃以下,溶解度随温度升高而增大,在40 ℃以上,溶解度随温度升高而降低;吸湿后结成硬块,存放时应注意防潮。

在钙处理钻井液中,石膏与石灰的作用大致相同,都用于提供适量的Ca^{2+}。其差别在于石膏提供的钙离子浓度比石灰高一些,此外用石膏处理可避免钻井液的pH值过高。

5. 氯化钙

氯化钙($CaCl_2$)通常含有6个结晶水,外观为无色斜方晶体,密度为1.68 g/cm³,易潮解,且易溶于水(常温下约为75%),溶解度随温度升高而增大。氯化钙在钻井液中主要用于配制防塌性能较好的高钙钻井液,可用作水泥的速凝剂。在使用氯化钙时注意以下化学反应。

(1)易和纯碱作用生成$CaCO_3$沉淀,即

$$CaCl_2+Na_2CO_3 \xlongequal{} CaCO_3\downarrow+2NaCl$$

(2)易和烧碱反应生成$Ca(OH)_2$沉淀,即

$$CaCl_2+NaOH \xlongequal{} Ca(OH)_2\downarrow+2NaCl$$

用$CaCl_2$处理钻井液时常常引起pH值降低。在氯化钙钻井液中不要加纯碱,pH值也不能太高。

6. 氯化钠

氯化钠(NaCl)俗名食盐,纯品不易潮解,但含$MgCl_2$、$CaCl_2$等杂质的工业食盐容易吸潮。常温下在水中的溶解度较大,20 ℃时为36.0 g/(100 g水),且随温度升高,溶解度略有增大。不同温度下的NaCl在水中的溶解度见表6.1。

表6.1 不同温度下的NaCl在水中的溶解度

温度/℃	0	10	20	30	40	50	60	70	80	90	100
溶解度/[g·(100 g水)⁻¹]	35.7	35.8	36.0	36.3	36.6	37.0	37.3	37.8	38.4	39.0	39.8

食盐在钻井液中的主要用途如下。

(1)主要用来配制盐水钻井液和饱和盐水钻井液,以防止岩盐井段溶解,抑制井壁泥页岩水化膨胀。

(2)为保护油气层,用于配制无固相清洁盐水钻井液或作为水溶性暂堵剂使用。

(3)用来作有机处理剂的防腐剂(如用于淀粉钻井液)。

7. 氯化钾

氯化钾分子式为KCl,外观为白色立方晶体,常温下密度为1.98 g/cm³,熔点为776 ℃,易溶于水,且溶解度随温度升高而增加。

KCl是一种常用的无机盐类页岩抑制剂,具有较强的抑制页岩渗透水化的能力。若与聚合物配合使用,可配制成具有强抑制性的钾盐聚合物防塌钻井液,如KCl-聚合物钻井液,钾、钙基聚合物钻井液等,在不稳定的地层中使用均有很好的防塌效果。

8. 硅酸钠

硅酸钠俗名水玻璃或泡花碱,分子式为$Na_2O\cdot nSiO_2$,式中n称为水玻璃的模数,即二氧化硅与氧化钠的分子个数之比。水玻璃通常分为固体水玻璃、水合水玻璃和液体水

玻璃3种。固体水玻璃与少量水或蒸汽发生水合作用而生成水合水玻璃。水合水玻璃易溶解于水变为液体水玻璃。液体水玻璃一般为黏稠的半透明液体。随所含杂质不同可以呈无色、棕黄色或青绿色等。n 值越大碱性越弱，n 值在3以上的称为中性水玻璃，n 值在3以下的称为碱性水玻璃。硅酸钠密度越大黏度越大。现场一般采用模数为2左右、密度为1.5～1.6 g/cm^3、pH值为11.5～12的水玻璃。水玻璃对玻璃有腐蚀性，故忌用玻璃器皿存放。水玻璃能溶于水和碱性溶液，能与盐水混溶，可用饱和盐水调节水玻璃的黏度。

水玻璃在钻井液中的主要作用如下。

(1)使黏土颗粒(或粉砂等)聚沉。水玻璃水解反应生成胶态沉淀，其化学反应式为

$$Na_2O \cdot nSiO_2+(m+1)H_2O \longrightarrow nSiO_2 \cdot mH_2O\downarrow +2NaOH$$

该胶态沉淀可使部分黏土颗粒(或粉砂等)聚沉，从而使钻井液保持较低的固相含量和密度。

(2)水玻璃对泥页岩的水化膨胀有一定的抑制作用，故有较好的防塌性能。

(3)胶凝堵漏。当水玻璃溶液的pH值降至9以下时，整个溶液会变成半固体状的凝胶。其原因是水玻璃发生缩合作用生成较长的带支链的—Si—O—Si—链的结果，即

$$\cdots-\overset{|}{\underset{|}{Si}}-OH+HO-\overset{|}{\underset{|}{Si}}-\cdots\rightarrow\cdots-\overset{|}{\underset{|}{Si}}-O-\overset{|}{\underset{|}{Si}}-\cdots+H_2O$$

这种长链能形成网状结构而包住溶液中的全部自由水，使体系失去流动性。随着pH值的不同，其胶凝速度(调整pH值至胶凝所需时间)有很大差别，可以从几秒到几十小时。利用这一特点，可以将水玻璃与石灰、黏土和烧碱等配成石灰乳堵漏剂，注入已确定的漏失井段进行胶凝堵漏。因此，水玻璃也是一种堵漏剂。

(4)化学固壁作用。水玻璃溶液遇 Ca^{2+}、Mg^{2+} 和 Fe^{3+} 等高价阳离子会产生沉淀，其化学反应式为

$$Ca^{2+}+Na_2O \cdot nSiO_2 \longrightarrow CaSiO_3\downarrow +2Na^+$$

所以，用水玻璃配制的钻井液一般抗钙能力较差，也不宜在钙处理钻井液中使用。但它可在盐水或饱和盐水中使用。但研究表明，利用水玻璃这个特点，可以封闭裂缝性地层的一些裂缝，提高井壁的破裂压力，从而起到化学固壁的作用。

(5)配制水玻璃钻井液。硅酸盐钻井液是防塌钻井液的类型之一，在国内外应用中均取得很好的效果。配制硅酸盐钻井液的成本较低，且对环境无污染。

9.重铬酸盐(重铬酸钠和重铬酸钾)

重铬酸钠又称红矾钠，分子式为 $Na_2Cr_2O_7 \cdot 2H_2O$。其外观为红色或橘红色针状晶体，常温下密度为2.35 g/cm^3，有强氧化性，易溶于水(25 ℃时每100 g的溶解度为190 g)。重铬酸钾又称红矾钾，分子式为 $K_2Cr_2O_7$。其外观为橙红色三斜晶体，常温下密度为2.68 g/cm^3，有强氧化性，不潮解，易溶于水(25 ℃时每100 g溶解度为96.9 g)。

这两种重铬酸盐的化学性质相似，其水溶液均可发生水解而呈酸性，其化学反应式为

$$Cr_2O_7^{2-}+H_2O \rightleftharpoons 2CrO_4^{2-}+2H^+$$

加碱时平衡右移，故在碱溶液中主要以 CrO_4^{2-} 的形式存在。

重铬酸盐在钻井液中的主要作用如下。

(1)重铬酸盐具有良好的稀释作用。不论黏土含量高低,重铬酸盐与一般有机稀释剂合用时都是有效的钻井液稀释剂,且稀释作用不受溶液矿化度的影响,尤其是像单宁碱液、栲胶碱液及煤碱液等失去作用时(现场称为钻井液的"老化"),加入重铬酸盐可以恢复其稀释效果。使用时一般配成溶液(质量分数为0.5%)直接加入钻井液,可大大降低钻井液的黏度和切力,但加量不可太大,以免钻井液性能大幅度变化,引起井下不正常。

(2)CrO_4^{2-}能与有机处理剂起复杂的氧化还原反应,生成的Cr^{3+}极易吸附在黏土颗粒表面,又能与多官能团的有机处理剂生成络合物(如木质素磺酸铬、铬腐殖酸等)。同时有降失水作用。

(3)可利用重铬酸盐类化合物制备铁铬盐、铬腐殖酸、磺甲基丹宁铬等处理剂。

(4)提高深井钻井液的热稳定性(抗温可达180~190 ℃)。重铬酸盐有时也用作防腐剂。

重铬酸盐有毒,切忌接触皮肤破伤处,并注意勿将其粉尘吸入口腔、鼻中。

10. 磷酸盐(酸式焦磷酸钠和六偏磷酸钠)

酸式焦磷酸钠的分子式为$Na_2H_2P_2O_7$,代号SAPP,无色固体,由磷酸二氢钠加热制得。10%(质量分数)$Na_2H_2P_2O_7$水溶液的pH值为4.8。六偏磷酸钠的分子式为$(NaPO_3)_6$,外观为无色玻璃状固体,有较强的吸湿性,易溶于水,在温水中溶解较快。溶解度随温度升高而增大,10%(质量分数)$(NaPO_3)_6$水溶液的pH值为6.8。

在钻井液技术发展的早期,磷酸盐类处理剂曾经是用于钻井液的主要稀释剂之一,不仅对高黏土含量引起的絮凝,而且对Ca^{2+}、Mg^{2+}引起的絮凝均有良好的稀释作用。它们遇较少量Ca^{2+}、Mg^{2+}时,可生成水溶性络离子;遇大量Ca^{2+}、Mg^{2+}时,可生成钙盐沉淀。$Na_2H_2P_2O_7$特别对消除水泥和石灰造成的污染有很好的效果,因为用它既能除去Ca^{2+},又能使钻井液的pH值适度降低。

磷酸盐类稀释剂的主要缺点是抗温性差,超过80 ℃时稀释性能急剧下降,这是由于它们在高温下会转化为正磷酸盐,成为一种絮凝剂。因此,一般在深部井段,应改用抗温性较强的其他类型的稀释剂。近年来该类稀释剂已较少使用。

11. 混合金属层状氢氧化物

混合金属层状氢氧化物(简称MMH)由一种带正电的晶体胶粒所组成,常称为正电胶。目前,其产品有溶胶、浓胶和胶粉3种剂型。实验表明,该处理剂对黏土水化有很强的抑制作用,与膨润土和水所形成的复合体具有独特的流变性能。

12. 加重剂

加重剂由不溶于水的惰性物质经研磨加工制备而成。为了对付高压地层和稳定井壁,需将其添加到钻井液中以提高钻井液的密度。

(1)对加重剂的要求。

①密度大,加量少,使钻井液中固相含量少量增加就可以达到所需的钻井液密度,以免影响钻井液的流动性。

②惰性。一般不起化学反应,并且难溶于水,加入钻井液后不致影响pH值和稳定性。

③硬度要低。在悬浮钻井液中，不至于引起钻具的严重磨损。

④颗粒细便于悬浮而不易沉降。一般要求99.9%能通过200目筛，95%能通过325目筛。

(2)常用的钻井液加重剂。

①重晶石粉。

重晶石粉是一种以$BaSO_4$为主要成分的天然矿石，经过机械加工后而制成的灰白色粉末状产品。它不溶于水、有机溶剂、酸和碱的溶液，只能少量溶于浓硫酸。按照API标准，其密度应达到4.2 g/cm^3，粉末细度要求通过200目筛网时的筛余量小于3.0%。重晶石粉一般用于加重密度不超过2.30 g/cm^3的水基和油基钻井液，它是目前应用最广泛的一种钻井液加重剂。

②石灰石粉。

石灰石粉的主要成分为$CaCO_3$，密度为2.7～2.9 g/cm^3，易与盐酸等无机酸类发生反应，生成CO_2、H_2O和可溶性盐，因而适于在非酸敏性而又需进行酸化作业的产层中使用，以减轻钻井液对产层的损害。但由于其密度较低，一般只能用于配制密度不超过1.68 g/cm^3的钻井液和完井液。

③铁矿粉和钛铁矿粉。

铁矿粉的主要成分为Fe_2O_3，密度为4.9～5.3 g/cm^3，钛铁矿粉的主要成分为$TiO_2 \cdot Fe_2O_3$，密度为4.5～5.3 g/cm^3，均为棕色或黑褐色粉末。因它们的密度均大于重晶石，故可用于配制密度更高的钻井液。此外，由于铁矿粉和钛铁矿粉均具有一定的酸溶性，因此可应用于需要进行酸化的产层。

由于这两种加重材料的硬度约为重晶石的2倍，因此耐研磨，在使用中颗粒尺寸保持较好，损耗率较低。但对钻具、钻头和泵的磨损也较为严重。铁矿粉是我国用量仅次于重晶石的钻井液加重材料。

④方铅矿粉。

方铅矿粉是一种主要成分为PbS的天然矿石粉末，一般呈黑褐色。由于其密度高达7.4～7.7 g/cm^3，因而可用于配制超高密度钻井液，以控制地层出现的异常高压。由于该加重剂的成本高、货源少，一般仅限于在地层孔隙压力极高的特殊情况下使用。

6.1.2　无机处理剂作用机理

无机处理剂都是水溶性的无机碱类和盐类，其中多数可提供阳离子和阴离子，也有一些与水形成胶体或生成络合物。它们在钻井液中的作用机理可归纳为以下几个方面。

1. 离子交换吸附

离子交换吸附主要是黏土颗粒表面的Na^+与Ca^{2+}之间的交换。当钻井液中的Na^+和Ca^{2+}的浓度发生改变时，发生离子交换吸附的反应式为

$$Ca_{\pm}+2Na^+ \rightleftharpoons 2Na_{\pm}+Ca^{2+}$$

这一过程对改善黏土造浆性能、配制钙处理钻井液以及防塌等方面都很重要，对钻井液性能的影响也较大。例如，淡水钻井液受钙侵污后，Ca^{2+}浓度加大，反应向左移动，钠土变成钙土，钻井液失水量增加，黏度、切力迅速上升，流动性变差，加入适量Na_2CO_3后，

Ca^{2+}被清除，反应向右移动，可以消除Ca^{2+}对钻井液性能的影响，恢复钻井液性能，流动性变好。

在配制预水化膨润土浆时，常加入适量的Na_2CO_3，其目的就是通过增加Na^+浓度，使其与钙膨润土表面的Ca^{2+}发生交换，从而提高黏土的造浆性能，钻井液的黏度、切力升高，滤失量降低；相反，若在分散钻井液中加入适量的$Ca(OH)_2$和$CaCl_2$等处理剂，随滤液中Ca^{2+}浓度的提高，一部分Ca^{2+}会与吸附在黏土颗粒上的Na^+发生交换，致使钻井液体系转变为适度絮凝的粗分散状态。

2. 调控钻井液的pH值

钻井液的pH值对钻井液有多方面影响，如黏土颗粒的亲水性和分散性；无机处理剂和有机处理剂的溶解度和处理效果；井壁泥页岩钻屑的水化、膨胀以及分散；钻井液对钻具的腐蚀性等。每种钻井液均有一定的pH值范围。然而在钻进过程中，钻井液的pH值会因发生盐侵、盐水侵、水泥侵和井壁吸附等各种原因而发生变化。为了保持钻井液性能稳定，应随时对pH值进行调整。添加适量的烧碱等无机处理剂是提高pH值的最简单的方法。而使用酸式焦磷酸钠（SAPP）、$CaSO_4$或$CaCl_2$等无机处理剂时，则会使钻井液的pH值有所下降。

3. 沉淀作用

如果有过多的Ca^{2+}或Mg^{2+}侵入钻井液，将会削弱黏土的水化和分散能力，破坏钻井液的性能。此时，可先加入适量烧碱除去Mg^{2+}，然后用适量纯碱除去Ca^{2+}。这种沉淀作用还可用来使某些因受到污染而失效的有机处理剂恢复其作用。例如，褐煤碱液和水解聚丙烯腈，如遇钙侵会分别生成难溶于水的腐殖酸钙和聚丙烯酸钙。此时，可以加入适量纯碱，所生成的$CaCO_3$溶解度比腐殖酸钙和聚丙烯酸钙的溶解度小得多，因而可使处理剂的钙盐重新转变为钠盐。

4. 络合作用

利用某些无机处理剂的络合作用，同样可以有效地除去钻井液中Ca^{2+}、Mg^{2+}的等污染离子。例如，在受到钙侵的钻井液中加入足量的六偏磷酸钠，则可通过络合反应除去Ca^{2+}。其反应式为

$$Ca^{2+}+(NaPO_3)_6 = [CaNa_2(PO_3)_6]^{2-}+4Na^+$$

该反应所生成的络离子$[CaNa_2(PO_3)_6]^{2-}$相当稳定，将Ca^{2+}束缚起来，相当于从钻井液的滤液中除掉了Ca^{2+}。

对于用褐煤碱液等处理的钻井液，还可以利用络合反应提高其抗温性能和缓解钻井液的老化问题，通过络合能有效地抑制腐殖酸钠的热分解。

5. 与有机处理剂生成可溶性盐

单宁酸、腐殖酸等许多有机酸类处理剂在水中溶解度较小，加入适量烧碱，使之转化为可溶性盐，如单宁酸钠和腐殖酸钠，能充分发挥其效能。

6. 抑制溶解的作用

在钻遇岩盐和石膏地层时，常使用饱和盐水钻井液和石膏处理的钻井液。对于大段的盐膏层，使用饱和盐水钻井液可以增强钻井液抗污染的能力，还可以防止可溶性岩层的溶解，使井径保持规则。

6.2 有机处理剂

钻井液有机处理剂是使用最广泛的化学添加剂，通常可分为天然产品、天然改性产品和有机合成化合物。按其化学组分又可分为腐殖酸类、纤维素类、木质素类、单宁酸类、沥青类、淀粉类和聚合物类等。按其在钻井液中起的作用可分为降滤失剂、降黏剂、增黏剂、絮凝剂、页岩抑制剂等。

6.2.1 降滤失剂

钻井液的滤液侵入地层会引起泥页岩水化膨胀，导致井壁不稳定和各种井下复杂情况，钻遇产层时还会造成油气层损害。加入降滤失剂的目的，就是要通过在井壁上形成低渗透率、坚韧、薄而致密的滤饼，尽可能降低钻井液的滤失量。降滤失剂又称降失水剂，主要分为纤维素类、腐殖酸类、丙烯酸类、树脂类和淀粉类等。

1. 腐殖酸类

腐殖酸主要来源于褐煤，褐煤中含有20%～80%的腐殖酸。

（1）腐殖酸的组成和结构。

腐殖酸不是单一的化合物，而是一种复杂的、相对分子质量不均一的羟基苯羧酸的混合物，腐殖酸的相对分子质量可从几百到几十万。腐殖酸难溶于水，但易溶于碱溶液，溶于NaOH溶液生成的腐殖酸钠是降滤失剂的有效成分。腐殖酸钠的含量与所使用的烧碱浓度有关。如烧碱不足，腐殖酸不能全部溶解。但如烧碱过量，又使腐殖酸聚结沉淀，反而使腐殖酸钠含量降低。因此，当使用褐煤碱液作降滤失剂时，必须将烧碱的含量控制在合适的范围内。

目前，对腐殖酸的结构尚不清楚，其元素组成为碳、氢、氧、氮、硫以及少量的磷等，一般桥键是—CH_2—、—NH—、═CH—、—O—、—S—，其结构上含有均环或杂环的五元环或六元环（称为核），腐殖酸中含有多种含氧官能团，主要官能团有羧基（—COOH）、醇羟基（R—OH）、醌基（O═⟨苯环⟩═O或⟨邻醌结构⟩）、羰基（═C═O）等。

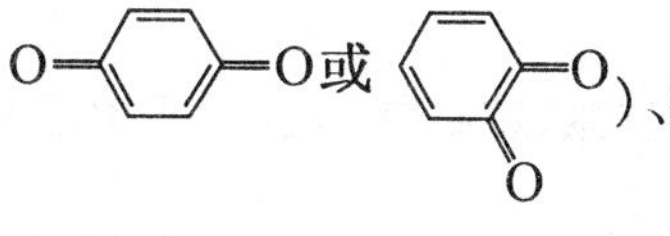

（2）腐殖酸的主要性质。

腐殖酸与一些金属离子不但可以按一般方式生成盐，还可以通过其侧链上的含氧官能团与Fe^{2+}、Ca^{2+}、Cu^{2+}、Cr^{2+}、Cr^{3+}、Al^{3+}等高价金属离子生成络合物（或螯合物），即

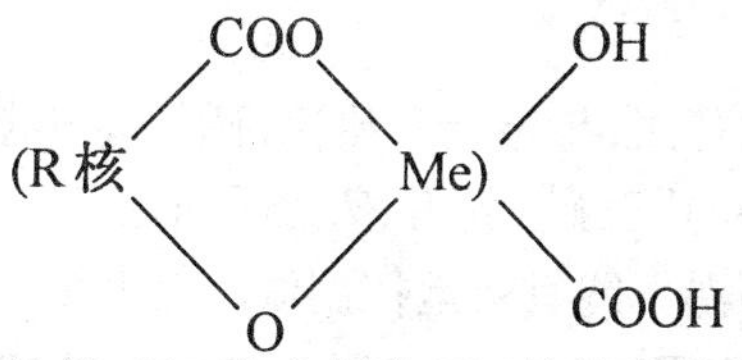

COO　　　OH
(R核　　Me)
O　　　COOH

式中，R核表示腐殖酸分子中的核；Me为金属离子，其络合能力随着腐殖酸分子中含氧官能团的增多而增强。

由于腐殖酸分子的基本骨架是碳链和碳环结构,因此其热稳定性很强。

用褐煤碱液配制的钻井液在遇到大量钙侵时,腐殖酸钠会与 Ca^{2+} 生成难溶的腐殖酸钙沉淀而失效,此时应配合纯碱除钙。但是,如果在用大量褐煤碱液处理的钻井液中加入适量的 Ca^{2+},所生成的较少量的腐殖酸钙胶状沉淀可使泥饼变得薄而韧,滤失量也相应地降低。同时对钻井液中 Ca^{2+} 的浓度有一定的缓冲作用,从而使钙处理钻井液中的 Ca^{2+} 保持足够的量。因此,褐煤-石膏钻井液和褐煤-氯化钙钻井液都具有抑制黏土水化膨胀、防止泥页岩井壁坍塌的作用。

(3)常用的腐殖酸类降滤失剂。

①褐煤碱液(NaC)。

褐煤碱液又称煤碱剂,由经过加工的褐煤粉加适量烧碱和水配制而成,其中的主要有效成分为腐殖酸钠。现场常用的配方为:m(褐煤):m(烧碱):m(水)= 15:(1~3):(50~200)。

煤碱剂是利用天然原料配制的一种低成本的降滤失剂,除了起降滤失作用外,还可兼作降黏剂,起降黏作用。

②硝基腐殖酸钠。

用浓度为 3 mol/L 的稀 HNO_3,与褐煤在 40~60 ℃下进行氧化和硝化反应,可制得硝基腐殖酸,再用烧碱中和可制得硝基腐殖酸钠。该反应使腐殖酸的平均相对分子质量降低,羧基增多,并将硝基引入分子中。

硝基腐殖酸钠具有良好的降滤失和降黏作用。其突出特点:一是热稳定性高,抗温可达 200 ℃以上;二是抗盐能力比褐煤碱液明显增强,在含盐 20%~30% 的情况下仍能有效地控制滤失量和黏度。其抗钙能力也较强,可用于配制不同 pH 值的石灰钻井液。

③铬腐殖酸。

铬腐殖酸是褐煤与 $Na_2Cr_2O_7$(或 $K_2Cr_2O_7$)反应后的生成物,在 80 ℃以上的温度下,分别发生氧化和螯合反应。氧化使腐殖酸的亲水性增强,同时 $Cr_2O_7^{2-}$ 还原成 Cr^{3+};然后再与氧化腐殖酸或腐殖酸进行螯合。铬腐殖酸也可在井下高温条件下通过在煤碱液处理的钻井液中加重铬酸钠转化而得。

铬腐殖酸在水中有较大的溶解度,其抗盐、抗钙能力也比腐殖酸钠强,除了起降滤失作用外,还可起降黏作用。

④磺甲基褐煤(SMC)。

褐煤与甲醛、Na_2SO_3(或 $NaHSO_3$)在 pH 值为 9~11 的条件下进行磺甲基化反应,可制得磺甲基褐煤。所得产品进一步用 KCr_2O_7 进行氧化和螯合,生成的磺甲基腐殖酸铬处理效果更好。

由于引入了磺甲基水化基团,与煤碱液相比,磺甲基褐煤的降滤失效果进一步增强。磺甲基褐煤是我国用于深井的"三磺"钻井液处理剂之一。其主要特点是具有很强的热稳定性,在 200~230 ℃的高温下能有效地控制淡水钻井液的滤失量和黏度。其缺点是抗盐效果较差,在 200 ℃单独使用时,抗盐不超过 3%。但与磺甲基酚醛树脂配合处理时,抗盐能力可大大提高。

在腐殖酸类处理剂中,商品代号为 K21 的产品防塌效果较好,其中含有约 55% 的硝基腐殖酸钾，因此腐殖酸钾也可应用于防塌钻井液体系。此外，由腐殖酸与液氮反应制得的腐殖酸酰胺可用作油包水乳化钻井液的辅助乳化剂。

(4)腐殖酸类的作用机理。

①降滤失作用机理。

腐殖酸盐类是含有多种官能团的阴离子型大分子，吸附基团可以与—OH、═CO、—OCH_3等)黏土颗粒上的—O和—OH形成氢键吸附，吸附在黏土颗粒表面上。通过腐殖酸盐上的—COONa、—ONa、—CH_2SO_3Na等水化基团水化，使黏土颗粒表面形成吸附水化膜，同时提高黏土颗粒的ζ电位，因而增大颗粒聚结的机械阻力和静电斥力，提高钻井液的聚结稳定性，使黏土颗粒保持多级分散状态，并有相对较多的细颗粒含量，所以能形成致密的泥饼。此外，黏土颗粒上的吸附水化膜具有堵孔作用，使泥饼更加致密，从而降低滤失量。

②降黏作用机理。

腐殖酸分子中含有一定量的邻位酚羟基、醇羟基等基团，这些羟基能和黏土颗粒端面的Al^{3+}形成螯合作用吸附在黏土颗粒端表面，如

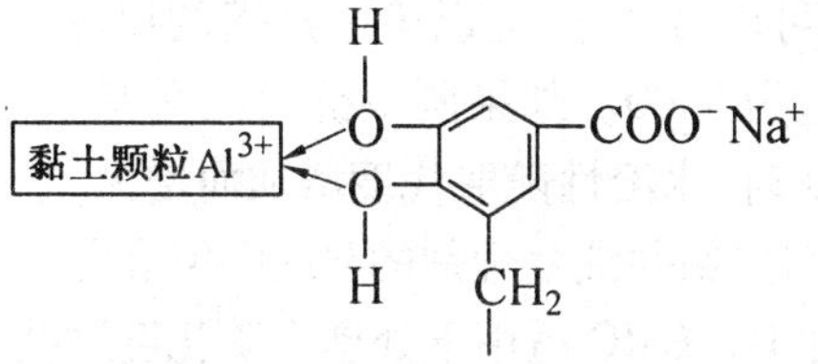

黏土颗粒Al^{3+} ← (O—H)₂ —苯环— COO^-Na^+，— CH_2—

通过分子链上的水化基团水化作用，增强黏土颗粒端面处的水化膜厚度，提高ζ电位，削弱黏土颗粒端-端、端-面连接能力，拆散或削弱网架结构，放出自由水，使钻井液的切力和黏度均降低。

这类通过提高黏土水化能力、提高黏土ζ电位来保持黏土细颗粒含量的处理剂统称为分散型处理剂。

2. 纤维素类

纤维素是由许多环式葡萄糖单元构成的长链状高分子化合物，以纤维浆为原料可以制得一系列钻井液降滤失剂，其中使用最多的是钠羧甲基纤维素，代号为Na-CMC，其结构式为

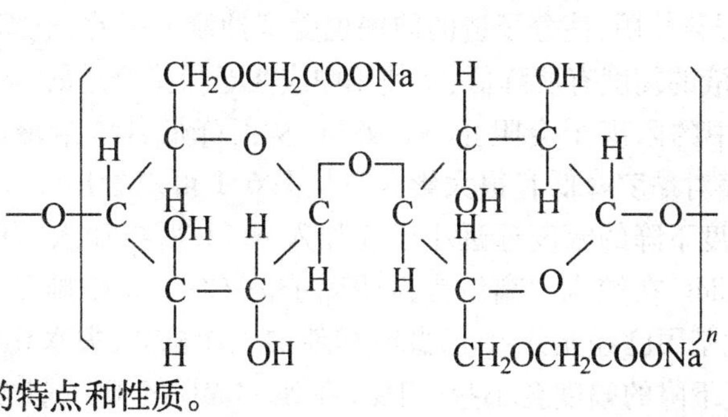

$$\left[\text{—O—(葡萄糖单元: } CH_2OCH_2COONa\text{, H, OH, OH, H)—O—(葡萄糖单元: } CH_2OCH_2COONa\text{, H, OH, OH, H)—O—} \right]_n$$

(1)Na-CMC的特点和性质。

由纤维素制备Na-CMC，除了聚合度(n)明显降低之外，另一变化是将—CH_2COONa(钠羧甲基)通过醚键接到纤维素的葡萄糖单元上去。通常将纤维素分子每个葡萄糖单元上的3个羟基上的氢被取代而生成醚的个数称为取代度或醚化度(d)。研究表明，决

定 Na-CMC 性质和用途的因素主要是聚合度和取代度。

①聚合度。

Na-CMC 的聚合度是决定其相对分子质量和水溶液黏度的主要因素。在相同的含量温度等条件下,不同聚合度 Na-CMC 的水溶液的黏度有很大差别。聚合度越高,其水溶液的黏度越大。工业上常根据其水溶液黏度大小,分为高黏 CMC、中黏 CMC、低黏 CMC 3 个等级。

a. 高黏 CMC。在 25 ℃时,1% 水溶液的黏度为 400 ~500 mPa · s,一般用作低固相钻井液的悬浮剂、封堵剂及增稠剂。其取代度为 0.60 ~0.65,聚合度大于 700。

b. 中黏 CMC。在 25 ℃时,2% 水溶液的黏度为 50 ~270 mPa · s,用于一般钻井液,既起降滤失作用,又可提高钻井液的黏度。其取代度为 0.80 ~0.85,聚合度为 600 左右。

c. 低黏 CMC。在 25 ℃时,2% 水溶液钻度小于 50 mPa · s,主要用作加重钻井液的降滤失剂,以免引起黏度过大。其取代度为 0.80 ~0.90,聚合度为 500 左右。

②取代度。

取代度是决定 Na-CMC 的水活性、抗盐和抗钙能力的主要因素。从原理上说,葡萄糖环链节上的 3 个羟基都可以被醚化,但以第一羟基的反应活性最强。取代度一般用被醚化的羟基数表示,最大值为 3.00。如果两个链节上只有一个羟基被醚化了,则取代度为 0.50。取代度大于 0.50 时,水溶性随取代度增加而增大;小于 0.50 时,难溶于水;小于 0.30 时,不溶于水。通常用作钻井液处理剂的 Na-CMC 的取代度为 0.65 ~0.85。取代度为 0.80 ~0.85 的高水溶性 Na-CMC 适用于处理高矿化度钻井液。

③Na-CMC 水溶液的性质。

Na-CMC 能很好地溶解在水中,其分子中羧钠基在水溶液中电离出 Na^+,生成长链状的多价阴离子,故属于阴离子型聚电解质。聚电解质水溶液的性质受 pH 值、无机盐和温度等因素影响。

在 Na-CMC 的浓度较低时,其水溶液的黏度受 pH 值的影响较大。在 pH 值为 8.25 附近时,其水溶液黏度最大。此时羧钠基上的 Na^+大多处于离解状态,—COO^-之间的静电斥力使分子链易于伸展,所以表现为黏度较高。当溶液的 pH 值过低时,—COONa 将转化为难电离的—COOH,不利于链的伸展;当溶液的 pH 值过高时,—COO^-中的电荷受到溶液中大量 Na^+的屏蔽作用,使分子链的伸展也受到抑制。因此,过高和过低的 pH 值都会使 Na-CMC 水溶液的黏度有所降低,在使用中应注意保持合适的 pH 值。

因外加无机盐中的阳离子会阻止 Na^+解离,从而降低其水溶液的黏度。无机盐与 Na-CMC的加入顺序对黏度降低有很大影响。从图 6.1 可以看出,若将 Na-CMC 先溶于水,再加 NaCl,则黏度下降的幅度远远小于先加入 NaCl,后再加入 Na-CMC 时下降的幅度。其原因是 Na-CMC 在纯水中离解为聚阴离子,—COO^-互相排斥使分子链呈伸展状态,而分子中的水化基团已经充分水化,此时即使加入无机盐,去水化的作用也不会十分显著,所以引起黏度下降的幅度会小些;相反,将 Na-CMC 溶于 NaCl 溶液时,不仅会阻止 Na^+解离,电荷屏蔽作用促使 Na-CMC 分子链发生卷曲,而且在盐溶液中,水化基团的水化受到一定限制,分子链的水化膜斥力会有所削弱,所以随 NaCl 含量增加,溶液黏度迅速下降。

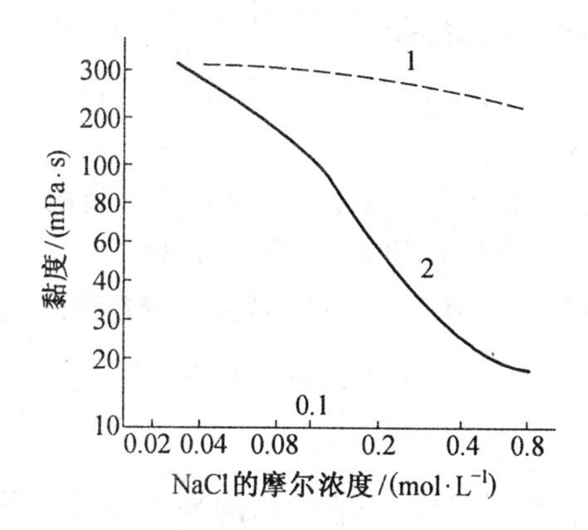

图6.1 加入顺序对CMC溶液黏度的影响

1—先加入Na-CMC;2—后加入Na-CMC

此外,随温度升高,Na-CMC水溶液的黏度逐渐降低。这是由于在高温下分子链的溶剂化作用会明显减弱,使分子链卷曲。

纯净的钠羧甲基纤维素为白色纤维状粉末,具有吸湿性,溶于水后形成胶状液。一般可抗温130~150℃,若加入抗氧剂,其抗温能力有所提高。常用的有机抗氧剂有乙醇胺、苯胺、已二胺等,无机抗氧剂有硫化钠、亚硫酸钠、硼砂、水溶性硅酸盐和硫黄等。

(2)钠羧甲基纤维素的降滤失机理。

Na-CMC在钻井液中电离生成长链的多价阴离子,分子链中有大量的羟基和甙键存在,能和黏土表面的氧和羟基形成氢键吸附,而多个水化基团水化使黏土颗粒表面水化膜变厚,黏土颗粒ζ电位的绝对值升高,负电量增加,从而阻止黏土颗粒之间因碰撞而聚结成大颗粒(护胶作用),并且多个黏土细颗粒同时吸附在Na-CMC的一条分子链上,形成布满整个体系的混合网状结构,从而提高了黏土颗粒的聚结稳定性,有利于保持钻井液中细颗粒的含量,形成致密的滤饼,降低滤失量。

此外,具有高黏度和弹性的吸附水化层对泥饼的堵孔作用和Na-CMC溶液的高黏度也在一定程度上起降滤失的作用。

除Na-CMC外,还有一些其他的纤维素类降滤失剂,如国外产品Drispac是一种相对分子质量较高的聚阴离子纤维素,容易分散在所有的水基钻井液中,从淡水直至饱和盐水钻井液均可适用。在低固相聚合物钻井液中,Drispac能够显著地降低滤失量、减薄泥饼厚度,并对页岩水化具有较强的抑制作用。与传统的Na-CMC相比,Drispac的抗温性能和抗盐、钙性能明显提高。国内近年来也研制和生产了聚阴离子纤维素,代号为PAC,是纤维素羧甲基化后得到的改性物,大分子链上有许多D-吡喃葡萄糖酐,在纤维素D-葡萄糖酐环节上的羟基氢被—CH_2COONa所取代,由于PAC大分子链中含有大量的亲水性基团,即—OH和—CH_2COONa基团,因此PAC亲水性强,能溶于不同温度的水中。和Na-CMC相比,其抗盐、抗钙性能和增黏、降滤失能力均有所增强。

3. 丙烯酸类聚合物

丙烯酸类聚合物是低固相聚合物钻井液的主要处理剂类型之一,制备这类聚合物的主要原料有丙烯腈、丙烯酰胺、丙烯酸和丙烯磺酸等。根据所引入的官能团、相对分子质量、水解度和所生成盐类的不同,可合成一系列钻井液处理剂。较常用的降滤失剂有水解聚丙烯腈及其盐类、PAC 系列产品、丙烯酸盐 SK 系列产品和 JT-888。

(1)水解聚丙烯腈(Na-HPAN)。

聚丙烯腈是制造腈纶(人造羊毛)的合成纤维材料。目前,用于钻井液的主要是腈纶废丝经碱水解后的产物,外观为白色粉末,密度为 1.14~1.15 g/cm^3,代号为 HPAN。聚丙烯腈是一种由丙烯腈($CH_2{=}CHCN$)合成的高分子聚合物。其结构式为

$$\left[\!-CH_2-\underset{\displaystyle CN}{\underset{|}{CH}}-\!\right]_n$$

式中,n 为平均聚合度,为 235~3 760,一般产品的平均相对分子质量为 12.5 万~20 万。聚丙烯腈不溶于水,不能直接用于处理钻井液,只有经过水解生成水溶性水解聚丙烯腈,才能在钻井液中起降滤失作用。由于水解时所用的碱、温度和反应时间不同,最后所得的产物及其性能也会有所差别。

在 95~100 ℃温度下,聚丙烯腈在 NaOH 溶液中容易发生水解,反应式为

$$\left[\!-CH_2-\underset{\displaystyle CN}{\underset{|}{CH}}-\!\right]_n + x\text{NaOH} + yH_2O \longrightarrow \left[\!-CH_2-\underset{\displaystyle COONa}{\underset{|}{CH}}-\!\right]_x\left[\!-CH_2-\underset{\displaystyle CONH_2}{\underset{|}{CH}}-\!\right]_y\left[\!-CH_2-\underset{\displaystyle CN}{\underset{|}{CH}}-\!\right]_z + nNH_3\uparrow$$

$$(n = x + y + z)$$

Na-HPAN 可看作聚丙烯酸钠、聚丙烯酰胺和丙烯腈三元共聚物。水解反应产物中的丙烯酸钠单元和丙烯酰胺单元的总和与原料的平均聚合度之比$(x+y)/(x+y+z)$称为该水解产物的水解度。其中的腈基(—CN)和酰胺基($-CONH_2$)为吸附基团,羧钠基(—COONa)为水化基团。在井底的高温和碱性条件下,腈基通过水解可转变为酰胺基,进一步水解则转变为羧钠基。因此,在配制水解聚丙烯腈钻井液时,可以少加一点烧碱,以便保留一部分酰胺基和腈基,使吸附基团与水化基团保持合适的比例,所加入的聚丙烯腈与烧碱之比一般高时为 2.5∶1,低时为 1∶1。

Na-HPAN 处理钻井液的性能,主要取决于聚合度和水解程度。聚合度较高时,降滤失性能比较强,并可增加钻井液的黏度和切力;聚合度较低时,降滤失和增黏作用均相应减弱。为了保证其降滤失效果,羧钠基与酰胺基之比最好控制在(2∶1)~(4∶1)。

由于 Na-HPAN 分子的主链为 C—C 键,还带有热稳定性很强的腈基,因此可抗 200 ℃以上高温。该处理剂的抗盐能力较强,抗钙能力较弱。

除 Na-HPAN 外,目前常用的同类产品还有水解聚丙烯腈钙盐(Ca-HPAN)和聚丙烯腈铵盐(NH_4-HPAN)。Ca-HPAN 具有较强的抗盐、抗钙能力,在淡水钻井液和海水钻井液中都有良好的降滤失效果。NH_4-HPAN 除了降滤失作用外,还具有抑制黏土水化分散作用,常用作页岩抑制剂。

(2)PAC 系列产品。

PAC 系列产品是具有不同取代基的乙烯基单体及其盐类的共聚物,通过在高分子链节上引入不同含量的羧基、胺钠基、羧胺基、酰胺基、腈基、磺酸基和羟基等共聚而成,主要用于聚合物钻井液体系,应用较多的是 PAC141、PAC142 和 PAC143 三种产品。由于各种官能团的协同作用,该类聚合物在各种复杂地层和不同的矿化度、温度条件下均能发挥作

用。

PAC141是丙烯酸、丙烯酰胺、丙烯酸钠和丙烯酸钙的四元共聚物。它在降滤失的同时,还兼有增黏作用,并且还能调节流型,改进钻井液的剪切稀释性能。该处理剂能抗180 ℃的高温,抗盐可达饱和。

PAC142是丙烯酸、丙烯酰胺、丙烯腈和丙烯磺酸钠的共聚物。在降滤失的同时,其增黏幅度比PAC141小,主要在淡水、海水和饱和盐水钻井液中用作降滤失剂。在淡水钻井液中,推荐加量(质量分数)为0.2%~0.4%;在饱和盐水钻井液中,推荐加量(质量分数)为1.0%~1.5%。

PAC143是由多种乙烯基单体及其盐类共聚而成的水溶性高聚物,其相对分子质量为150万~200万,分子链中含有羧基、羧钠基、羧钙基、酰胺基、腈基和磺酸基等多种官能团。该产品可用于各种矿化度的水基钻井液,并且能抑制泥页岩水化分散。在淡水钻井液中的推荐加量(质量分数)为0.2%~0.5%。

(3)SK系列产品。

SK系列产品是丙烯酰胺、丙烯酸、丙烯磺酸钠、羟甲基丙烯酸的共聚物,主要用作聚合物钻井液的降滤失剂。但不同型号的产品在性能上有所区别。例如,SK-1可用于无固相钻井液和低固相钻井液,主要起降滤失和增黏作用;SK-2具有较强的抗盐、抗钙能力,是一种不增黏的降滤失剂;SK-3作为降黏剂,主要用在聚合物钻井液受无机盐污染后的处理,并可改善钻井液的热稳定性,降低高温高压滤失量。

(4)JT-888。

JT-888是由丙烯酸、丙烯酰胺、丙烯磺酸钠和阳离子单体共聚而成的一种新型的两性复合离子聚合物类钻井液处理剂,其分子链上含有多种稳定的吸附基和水化基团,分子主链以"—C—C—"链相连,抗盐、抗温能力强,抑制、防塌效果明显。JT-888主要用于低固相不分散水基钻井液的不增黏降滤失剂,有较好的包被、抑制和剪切稀释特性,且具有抗温、抗盐和抗高价金属离子的能力,可适用于淡水、海水、饱和盐水钻井液体系。它是低固相聚合物钻井液、盐水和盐水钻井液的理想降失水剂。

4. 树脂类

树脂类产品是以酚醛树脂为主体,经磺化或引入其他官能团而制得。其中磺甲基酚醛树脂是最常用的产品。

(1)磺甲基酚醛树脂(SMP)。

SMP分子结构式为

OH

$HOCH_2\!\left[\!\!-\!\!\bigcirc\!\!-CH_2\right]_n\!OH$

CH_2SO_3Na

SMP分子的主链由亚甲基桥和苯环组成,由于引入了大量磺酸基,热稳定性强,抗温180~220 ℃。引入磺酸基的数量不同,抗无机电解质的能力会有所差别。目前,使用较多的SMP-1型产品可用于矿化度小于1×10^5 mg/L的钻井液,而SMP-2型产品可抗盐至饱和,抗钙也可达2 000 mg/L,是主要用于饱和盐水钻井液的降滤失剂。此外,磺甲基酚醛树脂还能改善滤饼的润滑性,对井壁也有一定的稳定作用。其加量通常在3%~5%。

(2)磺化木质素-磺甲基酚醛树脂缩合物(SLSP)。

SLSP是磺化木质素与磺甲基酚醛树脂的缩合物,与磺甲基酚醛树脂有相似的优良性能,热稳定性好,抗盐、抗钙能力强。由于引入了一部分磺化木质素,在降低钻井液滤失量的同时,还有优良的稀释特性。该产品的缺点是在钻井液中比较容易起泡,必要时需配合加入消泡剂。

(3)尿素改性磺甲基酚醛树脂(SPU)。

将苯酚、甲醛、尿素(碳酰胺 H_2NCONH_2)、亚硫酸盐按一定比例合成SPU,引入了碳酰胺基(—HNCONH—)。其产品有SPU-1型和SPU-2型,前者是抗高温处理剂,后者是抗盐处理剂。

(4)磺化褐煤树脂。

磺化褐煤树脂是褐煤中的某些官能团与酚醛树脂通过缩合反应所制得的产品。在缩合反应过程中,为了提高钻井液的抗盐、抗钙和抗温能力,还使用了一些聚合物单体或无机盐进行接枝和交联。该类降滤失剂中比较典型的产品有国外常用的Resinex和国内常用的SPNH。

①Resinex由50%(质量分数)的磺化褐煤和50%的特种树脂组成。其产品外观为黑色粉末,易溶于水,与其他处理剂有很好的相容性。在盐水钻井液中抗温可达230 ℃,抗盐可达1.1×10^5 mg/L。在含钙量为2 000 mg/L的情况下,仍能保持钻井液性能稳定,并且在降滤失的同时,基本上不会增大钻井液的黏度,在高温下不会发生胶凝。因此,特别适于在高密度深井钻井液中使用。

②SPNH是以褐煤和腈纶废丝为主要原料,通过采用接枝共聚和磺化的方法制得的一种含有羟基、羰基、亚甲基、磺酸基、羧基和腈基等多种官能团的共聚物。SPNH主要起降滤失作用,同时还具有一定的降黏作用。其抗温和抗盐、抗钙能力均与Resinex相似,其性能优于同类的其他磺化处理剂。

5. 淀粉类

淀粉的结构与纤维素相似,也属于碳水化合物,可进行磺化、醚化、羧甲基化、接枝和交联反应,从而制得一系列改性产品。

(1)羧甲基淀粉(CMS)。

在碱性条件下,淀粉与氯乙酸发生醚化反应即制得羧甲基淀粉。CMS降滤失效果好,作用速度快,在提黏方面对塑性黏度影响小,而对动切力影响大,因而有利于携带钻屑。尤其是钻盐膏层时,可使钻井液性能稳定,滤失量低,并具有防塌作用。CMS适用于盐水钻井液,尤其在饱和盐水钻井液中效果好,价格便宜,可降低钻井液的成本。

(2)羟丙基淀粉(HPS)。

在碱性条件下,淀粉与环氧乙烷或环氧丙烷发生醚化反应,制得羟乙基淀粉或羟丙基淀粉。由于引入了羟基,其水溶性、增黏能力和抗微生物作用的能力都得到了显著改善。HPS为非离子型高分子,对高价阳离子不敏感,抗盐、抗钙污染能力很强,在处理Ca^+污染的钻井液时,比CMC效果更好。HPS可用于配制无黏土相暂堵型钻井液,有利于保护油气层,可用在阳离子型或两性离子型聚合物钻井液中。此外,HPS在固井、修井作业中可用来配制前置隔离液和修井液等。

(3)抗温淀粉(DFD-140)。

DFD-140是一种白色或淡黄色的颗粒,分子链节上同时含有阳离子基团和非离子基团,不含阴离子基团。和其他淀粉类处理剂相比,DFD-140抗温性能较好,在40%(质量分数)盐水钻井液中可以稳定到140 ℃,在饱和盐水钻井液中可以稳定到130 ℃;与各种水基钻井液体系和处理剂配伍性好。

淀粉及其衍生物降滤失机理与Na-CMC相似。

淀粉在使用时,钻井液的矿化度最好大一些,并且pH值最好大于11.5,否则淀粉容易发酵变质。在温度较低、矿化度较高的环境下,已广泛使用淀粉作为降滤失剂。在饱和盐水钻井液中,淀粉是经常使用的一种降滤失剂。

6.2-丙烯酰胺基-2-甲基丙磺酸(AMPS)共聚物

AMPS分子结构式为

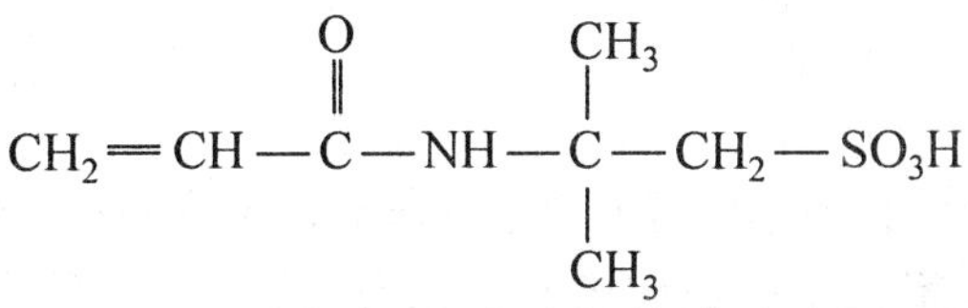

$$CH_2{=}CH-\overset{\overset{\displaystyle O}{\|}}{C}-NH-\underset{\underset{\displaystyle CH_3}{|}}{\overset{\overset{\displaystyle CH_3}{|}}{C}}-CH_2-SO_3H$$

由于AMPS结构式中含有强阴离子性、水溶性的磺酸基团、屏蔽的酰胺基团及不饱和双键,使其具有优良的性能。磺酸基团使其具有离子交换性和对二价阳离子具有很好的耐受力;酰胺基团使其具有很好的水解稳定性、抗酸、抗碱及热稳定性;而活泼的双键又使其具有加成、聚合性能。AMPS与几种单体的二元、三元共聚物可以直接用于钻井液,将适量低相对分子质量与高相对分子质量的这类共聚物复配,可大大改善钻井液性能,可在很宽的电解质含量范围内经受180 ℃高温老化的考验;在井温高达260 ℃的井场试验中仍具有良好的高温降失水性能。

AMPS共聚物还可用作水泥浆降滤失剂,可在高温高盐的环境中使用,水泥浆凝固时间短,水泥石抗压强度较高。AMPS共聚物在油田水驱提高采收率作业中用作增黏剂使用。

6.2.2　降黏剂

降黏剂又称稀释剂。在钻井过程中,由于温度升高、盐侵或钙侵、固相含量增加或处理剂失效等原因,使钻井液黏度、切力增加,造成开泵困难、钻屑难以除去或钻井过程中波动压力过大等现象,严重时会导致各种井下复杂情况。因此,在钻井液使用和维护过程中,经常需要加入降黏剂,降低体系的黏度和切力,使其具有适宜的流变性。钻井液降黏剂的种类很多,下面具体介绍单宁(栲胶)类、木质素类及聚合物类。

1.单宁(栲胶)类

单宁广泛存在于植物的根、茎、叶、皮、果壳和果实中,是一大类多元酚的衍生物,属于弱有机酸,从不同植物中提取的单宁具有不同的化学组成,因此单宁的种类很多。我国四川、湖南、广西一带盛产五倍子单宁,云南、陕西、河南一带盛产栲胶。栲胶是用以单宁为主要成分的植物物料提取制成的浓缩产品,外观为棕黄到棕褐色的固体或浆状体,一般单宁的质量分数为20% ~60%。

由于单宁酸含有酯键,在NaOH溶液中易于水解。高温下水解加剧,降黏能力减弱,单宁碱液抗温能力在100~120 ℃,仅用于浅井或中深井。

单宁酸在水溶液中也可以发生水解,生成双五倍子酸(或称双没食子酸)和葡萄糖。双五倍子酸进一步水解,可生成五倍子酸,其反应式为

$$5(C_{14}H_9O_9)\cdot C_6H_7O+5H_2O \longrightarrow 5C_{14}H_{10}O_9+C_2H_{12}O_6$$

五倍子单宁酸　　　　双五倍子酸　　葡萄糖

HO, HO, HO, C—O, O, HO, COOH + H_2O ⟶ 2HO, HO, HO, COOH

双五倍子酸　　　　五倍子酸

这些水解的酸性产物在NaOH溶液中生成双五倍子酸钠和五倍子酸钠,统称为单宁酸钠或单宁碱液,是单宁在钻井液中的有效成分,代号为NaT。单宁酸钠在高浓度的$NaCl$、$CaCl_2$、Na_2SO_4等无机盐溶液中会发生盐析或生成沉淀,单宁碱液的抗盐、抗钙能力较差。

为了提高单宁酸钠的使用效果,将单宁与甲醛和亚硫酸钠进行磺甲基化反应,可制备磺甲基单宁(SMT)。还可再进一步与$Na_2Cr_2O_7$发生氧化与螯合反应制得磺甲基单宁的铬螯合物。这两种产品的热稳定性和降黏性能比单宁酸钠有明显提高,抗温可达180~200 ℃。磺甲基单宁产品为棕褐色粉末或细颗粒,易溶于水,水溶液呈碱性。在钻井液中一般加0.5% ~1%(质量分数)就获得较好的稀释效果。其适用的pH值范围在9~11。抗Ca^{2+}的质量浓度可达1 000 g/L,而抗盐性较差,当含盐量超过1%(质量分数)时稀释效果明显下降。

单宁类降黏剂的作用机理是:单宁酸钠苯环上相邻的双酚羟基可通过配位键吸附在黏土颗粒断键边缘的Al^{3+}处,而剩余的—ONa和—COONa均为水化基团,它们能给黏土颗粒带来较多的负电荷和水化层,使黏土颗粒端面处的双电层斥力和水化膜厚度增加,从而拆散和削弱黏土颗粒间通过端-面和端-端连接而形成的网架结构,使黏度和切力下降。

因此,单宁类降黏剂主要是通过拆散结构而起降黏作用的,而对塑性黏度μ_p的影响较小。若要降低μ_p,应主要通过钻井液固相控制来实现。

由于降黏剂主要在黏土颗粒的端面起作用,因此与降滤失剂相比,其用量一般较少。当加大用量时,单宁碱液也有一定的降滤失作用。这是由于随着结构的拆散和黏土颗粒双电层斥力及水化作用增强,有利于形成更为致密的泥饼。

2. 木质素类

木质素类降黏剂的典型产品是铁铬木质素磺酸盐,俗称铁铬盐,代号为FCLS,是曾经使用最多的降黏剂。其主要缺点是使用时要求钻井液的pH值较高,这不利于井壁稳定;

有时容易引起钻井液发泡，因此常需配合使用硬脂酸铝、甘油聚醚等消泡剂。铁铬盐钻井液的泥饼摩擦系数较高，在深井中使用时往往需要混油或添加一些润滑剂；铁铬盐含重金属铬，在制备和使用过程中均会造成一定的环境污染，对人体健康不利，已经很少使用。目前使用的是无重金属木质素类处理剂。

3. 聚合物类

(1) X-40 系列降黏剂。

X-40 系列降黏剂产品包括 X-A40 和 X-B40 两种。X-A40 是相对分子质量较低的聚丙烯酸钠，其分子结构式为

$$\left[\begin{array}{c} CH_2-\underset{\substack{|\\ COONa}}{CH} \end{array}\right]_n$$

该处理剂平均相对分子质量约为 5 000，当钻井液中加量 0.3%（质量分数）时，可抗 0.2% Ca_2SO_4 和 1% NaCl（质量分数），抗温可达 150 ℃。

X-B40 是丙烯酸钠与丙烯磺酸钠的相对分子质量较低的共聚物，其分子结构式为

$$\left[\begin{array}{c} CH_2-\underset{\substack{|\\ CH_2SO_3Na}}{CH} \end{array}\right]_x\left[\begin{array}{c} CH_2-\underset{\substack{|\\ COONa}}{CH} \end{array}\right]_y$$

其中，丙烯磺酸钠的质量分数占 5% ~20%。X-B40 的平均相对分子质量为 2 340。由于引入了—SO_3Na，故 X-B40 的抗温和抗盐、抗钙能力均优于 X-A40，但其成本比 X-A40 高。

X-40 系列处理剂的稀释作用，主要是由其线型结构、低相对分子质量及强阴离子基团的作用。由于其相对分子质量低，可通过氢键优先吸附在黏土颗粒上，顶替掉已吸附在黏土颗粒上的高分子聚合物，从而拆散了由高聚物与黏土颗粒之间形成的桥接网架结构；低相对分子质量的降黏剂可与高分子主体聚合物发生分子间的交联作用，阻碍了聚合物与黏土之间网架结构的形成，从而达到降低黏度和切力的目的。但若其聚合度过大，相对分子质量过高，反而会使黏度、切力增加。

(2) 两性离子聚合物降黏剂（XY-27）。

XY-27 是相对分子质量约为 2 000 的两性离子聚合物降黏剂。在其分子链中同时含有阳离子基团、阴离子基团和非离子基团，属于乙烯基单体多元共聚物。其主要特点是降黏的同时又可抑制页岩，与分散型降黏剂相比，只需很少的加量（通常为 0.1% ~0.3%（质量分数））就能取得很好的降黏效果，同时还有一定抑制黏土水化膨胀的能力。

XY-27 用于配制两性离子聚合物钻井液，目前国内使用广泛。同时，它在其他钻井液体系，包括分散钻井液体系中也能有效地降黏。两性离子聚合物降黏剂还兼有一定的降滤失作用，能同其他类型处理剂互相兼容，可以配合使用磺化沥青或磺化酚醛树脂类等处理剂，以改善泥饼质量，提高封堵效果和抗温能力。

两性离子聚合物降黏剂的降黏机理是：在 XY-27 的分子链中引入阳离子基团，能与黏土发生离子型吸附，线性相对分子质量较低的聚合物比高分子聚合物能更快、更牢固地吸附在黏土颗粒上。同时，XY-27 的特有结构使它与高聚物之间的交联或络合机会增加，从而使其比阴离子聚合物降黏剂有更好的降黏效果。

两性离子聚合物降黏剂的抑制页岩水化作用，是因为分子链中的有机阳离子基团吸附于黏土表面之后，一方面中和了黏土表面的部分负电荷，削弱了黏土的水化作用；另一方面这种特殊分子结构使聚合物链之间更容易发生缔合。因此，尽管其相对分子质量较低，仍能对黏土颗粒进行包被，不减弱体系抑制性。此外，分子链中大量水化基团所形成的水化膜，可阻止自由水分子与黏土表面的接触，并提高黏土颗粒的抗剪切强度。

在含有 FA-367 的膨润土浆中，只需加入少量 XY-27，钻井液的黏度、切力就急剧下降，且滤失量降低，泥饼变得致密。随其加量增加，钻井液容纳钻屑的能力明显增强。

(3)磺化苯乙烯-马来酸酐共聚物(SSMA)。

SSMA 由苯乙烯、马来酸酐、磺化试剂、溶剂(甲苯)、引发剂和链转移剂(硫醇)通过共聚、磺化和水解后制得。其分子结构式为

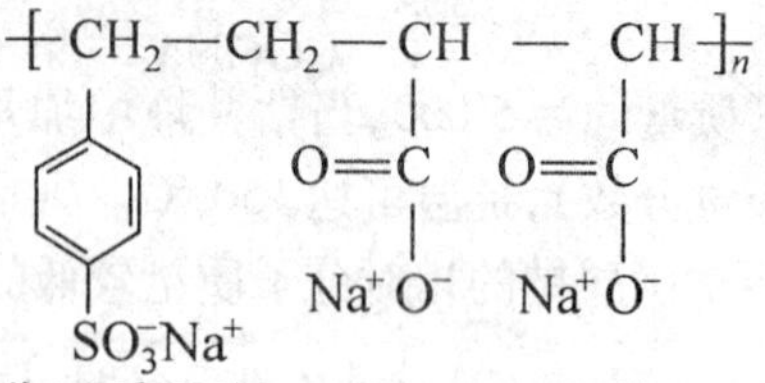

$$\begin{array}{cccccccc}
\left[\right. & \mathrm{CH_2} & — & \mathrm{CH_2} & — & \mathrm{CH} & — & \mathrm{CH}\left.\right]_n \\
 & | & & & & | & & | \\
 & \mathrm{C_6H_4} & & & & \mathrm{O{=}C} & & \mathrm{O{=}C} \\
 & | & & & & | & & | \\
 & \mathrm{SO_3^-Na^+} & & & & \mathrm{Na^+O^-} & & \mathrm{Na^+O^-}
\end{array}$$

钻井液用 SSMA 的相对分子质量为 1 000～5 000，抗温可达 200 ℃以上，是一种性能优良的抗高温稀释剂，可在高温深井中使用，但成本较高。

除上述 3 种类型外，还有磷酸盐类降黏剂，腐殖酸类处理剂也可以用作降黏剂使用。

6.2.3 增黏剂

为了保证井眼清洁和安全钻进，钻井液的黏度和切力必须保持在一个合适的范围内。黏度过低时，通常采用添加增黏剂的方法提高钻井液的黏度。增黏剂均为高分子聚合物，由于其分子链很长，在分子链之间容易形成网架结构，因此能显著提高钻井液的黏度。

增黏剂除了起增黏作用外，还往往兼作页岩抑制剂(包被剂)、降滤失剂及流型改进剂。因此，使用增黏剂常常有利于改善钻井液的流变性，也有利于井壁稳定。

1. XC 生物聚合物

XC 生物聚合物又称黄原胶，是由黄原菌类作用于碳水化合物而生成的高分子链状多糖聚合物，相对分子质量可高达 5×10^6，易溶于水，加入很少的量(0.2%～0.3%，质量分数)即可产生较高的黏度，并兼有降滤失作用。

XC 生物聚合物具有优良的剪切稀释性能，能够有效地改进流型，用它处理的钻井液，高剪切速率下的极限黏度很低，有利于提高机械钻速；而在环形空间的低剪切速率下又具有较高的黏度，并有利于形成平板形层流，使钻井液携带岩屑的能力明显增强。

XC 生物聚合物抗温可达 120 ℃，在 140 ℃温度下也不会完全失效；抗冻性好，可在 0 ℃以下使用。其抗盐、抗钙能力也十分突出，是一种适用于淡水、盐水和饱和盐水钻井液的高效增黏剂。

有时需要与三氯酚钠等杀菌剂配合使用，以防止各种细菌使其发生酶变降解。

2. 羟乙基纤维素(HEC)

HEC 是一种水溶性的纤维素衍生物，是由纤维素和环氧乙烷经羟乙基化制成的产品，外观呈白色或浅黄色固体粉末。它是一种无臭、无味、无毒，溶于水后形成黏稠的胶状液，主要在聚合物钻井液中起增黏作用。

其分子结构式为

```
        ⎛   CH2OCH2CH2OH       H      OH            ⎞
        ⎜       |              |      |             ⎟
        ⎜  H    C — O          C  —   C     H       ⎟
        ⎜  |  / |       \  ┌O┐ /  |     |  \  |      ⎟
 —O—┼C      H        C    C    OH    H    C—O—┼
        ⎜    \  OH   H   /  |    | \  H       /     ⎟
        ⎜       |    |  /   H    H   |       /      ⎟
        ⎜       C —  C               C — O          ⎟
        ⎜       |    |               |              ⎟
        ⎝       H    OH         CH2OCH2CH2OH        ⎠n
```

羟乙基($—OCH_2CH_2OH$)是弱水化基团,在水中不电离,以整个基团起作用,所以HEC是非离子型水溶性聚合物,聚合度一般为300～600。其水溶性和水溶液的黏度与醚化度有关,醚化度越高,水溶性越好,水溶液的黏度越高,HEC的醚化度一般为0.75～0.85。

由于HEC分子链上含有大量的羟基,可同时吸附多个黏土颗粒,形成胶团和网架结构,使钻井液中自由水减少,内摩擦阻力增加,黏度增大。HEC溶液的高黏性也使钻井液中自由水黏度增加。其显著特点是在增黏的同时不增加切力,因此钻井液切力过高,造成开泵困难,时常被选用。增黏程度一般与时间、温度和含盐量有关,抗温能力可达107～121℃。HEC增黏的同时具有降滤失作用,其机理与Na-CMC相同。

6.2.4　页岩抑制剂

页岩抑制剂又称防塌剂,主要用来配制抑制型钻井液。在钻进泥页岩地层时,抑制其水化膨胀,保持井壁稳定。

1. 沥青类

沥青是原油精炼后的残留物。在钻遇页岩之前,往钻井液中加入天然沥青粉,当钻遇页岩地层时,若沥青的软化点与地层温度相匹配,在井筒内正压差作用下,沥青会发生塑性流动,挤入页岩孔隙、裂缝和层面,封堵地层层理与裂隙,提高对裂缝的黏结力,在井壁处形成具有护壁作用的内泥饼、外泥饼。其中,外泥饼与地层之间有一层致密的保护膜,使外泥饼难以被冲刷掉,从而可阻止水进入地层,起到稳定井壁的作用。

将沥青进行一定的加工处理后,可制成钻井液用的沥青类页岩抑制剂。

(1)氧化沥青。

氧化沥青是将沥青加热并通入空气进行氧化后制得的产品。经氧化后的沥青,沥青质质量分数增加,胶质质量分数降低,在物理性质上表现为软化点上升。使用不同的原料并通过控制氧化程度可制备出软化点不同的氧化沥青产品。

氧化沥青为黑色均匀分散的粉末,难溶于水,多数产品的软化点为150～160℃,主要在水基钻井液中用作页岩抑制剂,并兼有润滑作用,一般加入量为1%～2%(质量分数)。此外,还可分散在油基钻井液中起增黏和降滤失作用。

在软化点内,随温度升高,氧化沥青的降滤失能力和封堵裂隙能力增加,稳定井壁的效果增强。但超过软化点后,在正压差作用下,会使软化后的沥青流入岩石裂隙深处,因而不能再起封堵作用,稳定井壁的效果变差。因此,在选用该产品时,软化点是一个重要的指标。

(2)磺化沥青(SAS)。

目前,使用的磺化沥青实际上是磺化沥青的钠盐,是常规沥青用发烟 H_2SO_4 或 SO_3 进行磺化后制得的产品。沥青经过磺化,引入了水化性能很强的磺酸基,含有的水溶性物质约占70%。磺化沥青为黑褐色膏状胶体或粉剂,软化点高于 80 ℃,密度约为 1 g/cm^3。

磺化沥青中由于含有磺酸基,因此水化作用很强,当吸附在页岩晶层断面上时,可阻止页岩颗粒的水化分散;同时不溶于水的部分又能起到填充孔喉和裂缝的封堵作用,并可覆盖在页岩表面,改善泥饼质量。但随着温度升高,磺化沥青的封堵能力会有所下降。磺化沥青还在钻井液中起润滑和降低高温高压滤失量的作用,是一种多功能的有机处理剂。

此外,为了提高封堵与抑制能力,可将沥青类产品与其他有机物进行缩合,如磺化沥青与腐殖酸钾的缩合物 KAHM(俗称高改性沥青粉)在各类水基钻井液中均有很好的防塌效果。

2. 钾盐腐殖酸类

腐殖酸的钾盐、高价盐及有机硅化物等均可用作页岩抑制剂,其产品有腐殖酸钾、硝基腐殖酸钾、磺化腐殖酸钾、有机硅腐殖酸钾、腐殖酸钾铝、腐殖酸铝和腐殖酸硅铝等。其中腐殖酸钾盐的应用更为广泛。

(1)腐殖酸钾(KHm)。

KHm 是以褐煤为原料,用 KOH 提取而制得的产品。其外观为黑褐色粉末,易溶于水,水溶液的 pH 值为 9~10,主要用作淡水钻井液的页岩抑制剂,并兼有降黏和降滤失的作用;抗温可达 180 ℃,一般加量为 1%~3%(质量分数)。

腐殖酸钾的有效成分是羧钾基(—COOK)和酚钾基(—OK)和游离的 K^+,K^+可以通过镶嵌或晶格固定使蒙脱石水化能力减弱,高浓度的 K^+有利于减弱泥页岩的渗透水化作用,从而起到抑制作用。

(2)硝基腐殖酸钾(MHP)。

MHP 是用 HNO_3对褐煤进行处理后,再用 KOH 中和提取而制得的产品,外观为黑褐色粉末,易溶于水,水溶液的 pH 值为 8~10,性能与腐殖酸钾相似。它与磺化酚醛树脂的缩合物是一种无荧光防塌剂,适合在探井中使用。

(3)防塌剂(K21)。

K21 是硝基腐殖酸钾、特种树脂、三羟乙基酚和磺化石蜡等的复配产品,为黑色粉末,易溶于水,水溶液呈碱性。它是一种常用的页岩抑制剂,具有较强的抑制页岩水化作用,并能降黏和降低滤失量,抗温可达 180 ℃。

页岩抑制剂类产品还有很多。例如,各种聚合物类和聚合醇类有机处理剂,硅酸盐类、钾盐类、铵盐类和正电胶等无机处理剂都是性能优良的页岩抑制剂。

3. 阳离子泥页岩抑制剂

阳离子泥页岩抑制剂又称黏土稳定剂。目前现场应用的是环氧丙基三甲基氯化铵(俗称小阳离子),国内商品名为 NW-1,有液体和干粉两个剂型,相对分子质量为 152。其分子结构式为

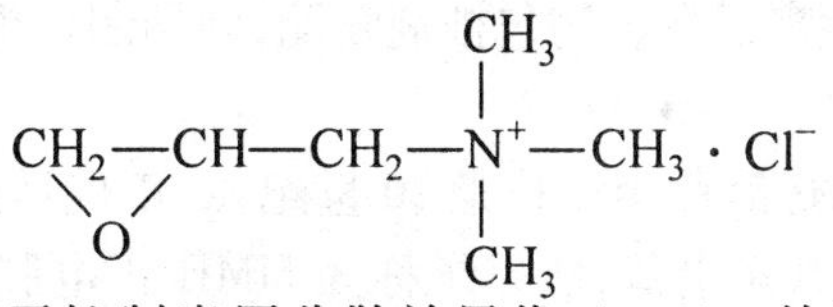

$$
\begin{array}{c}
\qquad\qquad\qquad\qquad\quad CH_3 \\
\qquad\qquad\qquad\qquad\quad | \\
CH_2—CH—CH_2—N^+—CH_3 \cdot Cl^- \\
\diagdown \; \diagup \qquad\qquad\quad | \qquad\qquad \\
O \qquad\qquad\qquad\quad CH_3 \qquad\quad
\end{array}
$$

实验结果表明,小阳离子抑制岩屑分散效果优于 KCl。其机理主要是靠静电作用吸附在岩屑表面,与岩屑层间可交换阳离子发生离子交换作用,也可使其进入岩屑晶层间。表面吸附的小阳离子的疏水基可形成疏水层,阻止水分子进入岩屑颗粒内部,层间吸附的小阳离子靠静电作用拉紧层片,这些作用可有效地抑制岩屑水化膨胀和分散;小阳离子所带的正电荷可中和岩屑所带的负电荷,削弱岩屑颗粒间的静电排斥作用,从而降低岩屑的分散趋势。

用小阳离子的优越性在于吸附了小阳离子的钻屑,表面具有一定的疏水性,不易黏附在钻头、钻铤和钻杆表面,具有明显的防泥包作用;小阳离子具有一定的杀菌作用,可有效地防止某些处理剂,如淀粉类的生物降解;小阳离子不会明显影响钻井液的矿化度,具有不影响测井解释和减弱钻具在井下的电化学腐蚀等优点。

4. 两性离子抑制剂

两性离子聚合物是指分子链中同时含有阴离子基团和阳离子基团,同时还含有一定数量的非离子基团的聚合物。这类聚合物是 20 世纪 80 年代以来我国开发成功的一类新型钻井液处理剂。由于引入阳离子基团,聚合物分子在钻屑上的吸附能力增强,并可中和部分钻屑的负电荷,因而具有较强的抑制钻屑分散的能力。现场应用的 XY 系列和 FA 系列两性复合离子聚合物处理剂都具有抑制作用。

如前所述,XY 系列产品作为两性离子钻井液体系降黏剂,具有很好的抑制作用。

两性离子聚合物强包被剂 FA 系列是由丙烯酸、丙烯酰胺、丙烯磺酸钠及季铵盐接枝共聚物,相对分子质量在 100 万 ~ 250 万,主要作用是抑制钻屑分散、增加钻井液黏度和降低滤失量,是两性离子聚合物钻井液的主处理剂,FA367 是目前常用的产品。

FA 系列产品作为强包被剂,能在钻屑表面发生包被吸附,从而有效地抑制钻屑的水化分散,以利于清除无用固相,维持低固相。两性复合离子聚合物靠强包被作用提高抑制性,而不影响钻井液的其他性能,甚至会有所改善。FA 除具有良好的抑制作用外,还具有良好的增黏和降滤失作用。以 FA367 为例,它在淡水钻井液、石膏钻井液中的性能见表 6.2。

表 6.2　FA367 在淡水钻井液、石膏钻井液中的性能

降滤失剂	加量/%	流变性				滤失量/mL	
		μ_a/mPa·s	μ_a/mPa·s	τ_0/Pa	τ_0/μ_p	老化前	老化后
基浆	—	6.0/4.5	3.0/2.0	3.0/2.5	1.00/1.25	28.7	39.0/148
Alcomer507	0.1	11.0/7.5	7.5/5.5	3.5/2.0	0.47/0.36	21.8	23.0/107
Alcomer1773	0.1	25.0/7.5	14.5/5.5	10.5/2.0	0.72/0.36	13.2	24.0/114
Drispac	0.1	13.5/12.5	9.5/5.5	4.0/7.5	0.42/1.50	19.5	28.0/31
PAC141	0.1	28.0/15.0	13.5/7.5	14.5/7.5	1.07/1.00	10.8	23.0/32
FA367	0.1	23.0/11.5	11.5/4.5	11.5/6.5	1.00/1.44	11.0	22.0/28

如果将 XY 系列与两性离子聚合物包被剂复配，则抑制性更强。

5. MMH 正电胶

混合金属层状氢氧化物（简称 MMH）是 20 世纪 80 年代后期开发的一种新型钻井液处理剂，因其胶体颗粒带永久正电荷，所以统称为 MMH 正电胶。以 MMH 正电胶为主处理剂的钻井液称为 MMH 正电胶钻井液。

（1）化学组成和晶体结构。

MMH 主要是由二价金属离子和三价金属离子组成的氢氧化物。我国油田现场大量应用的主要是铝镁氢氧化物，其中一种产品的化学组成式为

$$Mg_{0.43}Al(OH)_{3.72}Cl_{0.14}0.5H_2O$$

MMH 的晶体结构可用图 6.2 简化表示。两相邻结构层或单元晶层的距离（d）称为层间距，MMH 的层间距约为 0.77 nm。两层间隙的高度称为通道高度。通道中存在可交换阴离子，层间距和通道高度与通道内阴离子大小有关，阴离子越大，层间距和通道高度就越大。

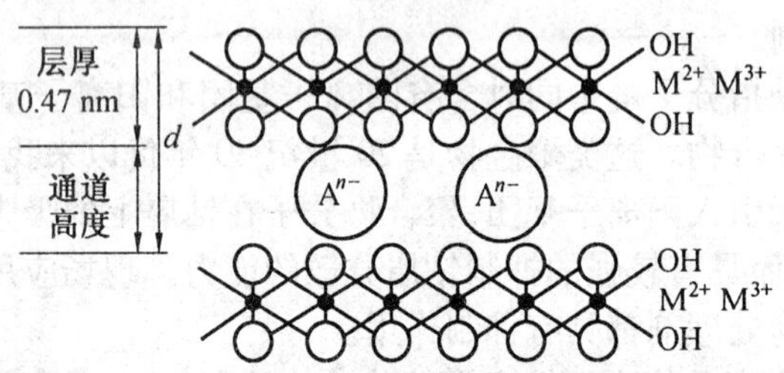

图 6.2 MMH 的晶体结构简图

（2）正电胶的电性。

①MMH 的电荷来源。

MMH 胶粒的电荷主要来自晶格取代和离子吸附作用。当八面体中心的部分 Mg^{2+} 被 Al^{3+} 取代后使晶体结构带有正电荷，通道中存在的反离子维持其电中性。

晶格取代所产生的电荷是由物质晶体结构本身决定的，只要晶体结构不发生改变，所带电荷与外界条件（如 pH 值、电解质种类及含量等）无关，因而称为永久电荷。

MMH 胶粒带电荷的另一个原因就是离子吸附作用，如高 pH 值时吸附 OH^- 而带负电荷，低 pH 值时吸附 H^+ 而带正电荷。当 MMH 胶粒吸附高价阴离子（如 SO_4^{2-}、CO_3^{2-}、PO_4^{3-} 等）时，表面负电荷增加。这种离子吸附作用产生的电荷与外界条件（如 pH 值、电解质种类和含量等）有关，随外界条件的改变而改变，所以称为可变电荷。

胶粒的净电荷是永久电荷和可变电荷之和。MMH 带永久正电荷的特性对其应用是非常重要的，在某种条件（如高 pH 值或某些高价阴离子存在）下，MMH 的净电荷可能是负的，但与黏土形成复合悬浮体时，黏土颗粒可顶替掉 MMH 胶粒表面吸附的阴离子，带正电荷的 MMH“核”与黏土颗粒发生静电吸引作用，仍可发挥 MMH 胶体的功效。

②MMH 胶粒的零电荷点。

MMH 胶粒所带的电荷分为永久正电荷和可变电荷两部分。可变电荷与环境条件有关，如改变 pH 值或电解质含量等可改变可变电荷，从而影响净电荷。当电荷密度为零时的 pH 值或电解质含量称为零电荷点，通常用 pH_{ZPNC} 值表示零电荷点。pH 值高于 pH_{ZPNC}

值,MMH胶粒的净电荷为负;pH值低于pH_{ZPNC}值时,MMH胶粒的净电荷为正。MMH的永久正电荷密度比蒙脱石和高岭土的永久负电荷密度高得多。

③等电点。

MMH胶粒的电动电位(ζ电位)为零时所对应的pH值称为等电点(pH_{icp}值)。pH值高于pH_{icp}值时,MMH胶粒的ζ电位为正值;pH值低于pH_{icp}值时,MMH胶粒的ζ电位为负值。

(3)MMH正电胶作用机理。

MMH正电胶钻井液具有稳定性好、极强的剪切稀释性和抑制黏土或岩屑分散的能力,良好的保护油气层效果等特点。

①电性的调节。

通常的水基钻井液是由黏土分散在水中形成,所用的处理剂也是带负电荷的,整个钻井液体系是强负电性的。这种强负电性易导致钻屑分散和井壁不稳定。带正电荷的MMH胶粒加入钻井液体系后,会降低体系的负电性,甚至会转化为正电性,这对抑制钻屑分散和稳定井壁是有益的。通过改变MMH正电胶的加量,可实现对MMH正电胶钻井液电性的调节。

②稳定性。

实验证明,在通常含有膨润土的钻井液体系中,MMH正电胶不仅不会破坏体系的稳定性,而且能提高体系的结构强度,是体系的稳定剂。其稳定机理是形成了“MMH-水-黏土复合体”。MMH正电胶粒带有高密度的正电荷,对极性水分子产生极化作用,使其在胶粒周围形成一个稳固的水化膜,这个水化膜的外沿显正电性。而黏土胶粒带负电荷,也会对水分子产生类似作用,只是水化膜外沿显负电性。当两个带有强水化膜的颗粒靠近时,首先接触的是水化膜外沿,由于电性相反而形成贯通的极化水链,使两个颗粒保持一定的距离而不再靠近,在整个空间就会形成由极化水链连接的网架结构,即MMH-水-黏土复合体。图6.3所示是MMH-水-黏土复合体示意图。正是这种特殊结构使MMH正电胶钻井液具有特殊的稳定性。

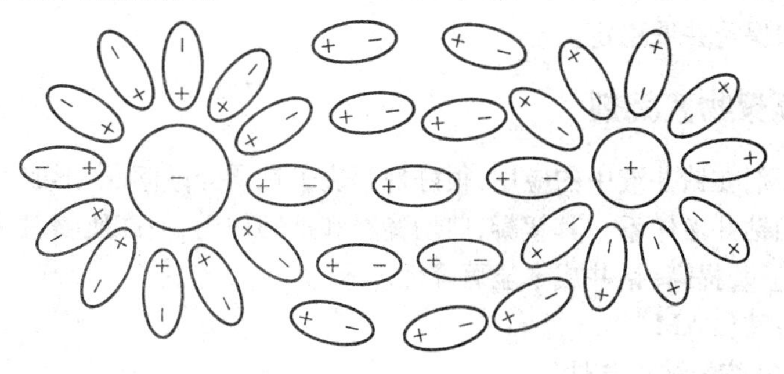

图6.3　MMH-水-黏土复合体示意图

③流变性。

实验表明,MMH正电胶钻井液在静止时呈一定弹性的假固体状,搅拌时迅速稀化为流动性很好的流体,即表现为剪切稀释作用极强的固-液双重性。静止时体系的水被极化后形成MMH-水-黏土复合体,结构强度大,τ_0较高。这种极化水链很容易被破坏,所以搅拌时很容易稀化,剪切稀释作用强。同时,极化水链结构破坏和形成均十分迅速,假固态和流体间的相互转化可在很短的时间内完成,这对钻井工程是一种很理想的特性。当钻井过程中由于外界因素造成突然停钻时,钻井液在静止的瞬间立即形成结构,使钻屑悬浮不动。而当需要开泵时,钻具的轻微扰动,便可使结构立即破坏,不会产生开泵困难或过大的压力激动,从而避免地层压漏。当然,实际钻井时结构强度不宜太强,必须控制在允许的范围内。

④抑制性。

实验表明,MMH 正电胶具有极强的抑制黏土或岩屑分散的能力。在相同实验条件下,KCl 水溶液的抑制性随其质量分数的增大而增强。但其质量分数高于 7% 时,抑制能力不再增大,而 1% 的 MMH 正溶胶对钙膨润土的抑制性超过 10% 的 KCl 溶液,对黏土水化分散和膨胀的抑制性是很强的。实验同时表明,在 MMH 正电胶钻井液中加入劣质土(从钻屑中取得的地层造浆土)时,对钻井液的流变性能影响不大,即使对于钠膨润土的侵入,也有相当好的抗污染能力。

a. 滞流层机理。由于正电胶钻井液具有固-液双重性,近井壁处于相对静止状态,因此容易形成保护井壁的滞流层 ,以减轻钻井液对井壁的冲蚀。一般认为,滞流层对解决胶结性差的地层防塌问题更为重要。此外,在钻屑表面也可形成滞流层,从而能够阻止钻屑的分散。

b. 胶粒吸附膜稳定地层活度机理。实验发现,MMH 正电胶在与黏土形成复合体时,能将黏土表面的阳离子排挤出去,使黏土矿物表面离子活度降低,从而削弱渗透水化作用。此外,MMH 正电胶的胶粒在黏土矿物表面可形成吸附膜,产生一个正电势垒,阻止阳离子在液相和黏土相之间的交换。即使钻井液中离子活度不断改变,也难以改变黏土中的离子活度,从而使地层活度保持稳定,减弱了由于阳离子交换所引起的渗透水化膨胀。同时,胶粒吸附膜相当于在黏土表面形成一层固态水膜,也可减缓水分子的渗透。

c. 束缚自由水机理。在 MMH 正电胶钻井液中,水分子是形成复合体结构的组分之一,因而在复合体中可束缚大量的自由水,减弱了水向钻屑和地层中渗透的趋势,有利于阻止钻屑分散和保持井壁稳定。

6.2.5 高聚物絮凝剂

高聚物絮凝剂在钻井液中的应用,很好地解决了钻屑分散问题,形成了不分散无固相或不分散低固相钻井液体系。其絮凝、剪切稀释和抑制作用,使高压喷射钻井技术得到很好地实现,钻速显著提高,钻井成本显著降低。

1. 聚丙烯酰胺(PAM)

(1)聚丙烯酰胺的结构与性质。

聚丙烯酰胺的分子结构式为

$$\left[CH_2 - \underset{\displaystyle CONH_2}{\underset{|}{CH}} \right]_n$$

聚丙烯酰胺在水溶液中可以发生各种反应生成如下衍生物

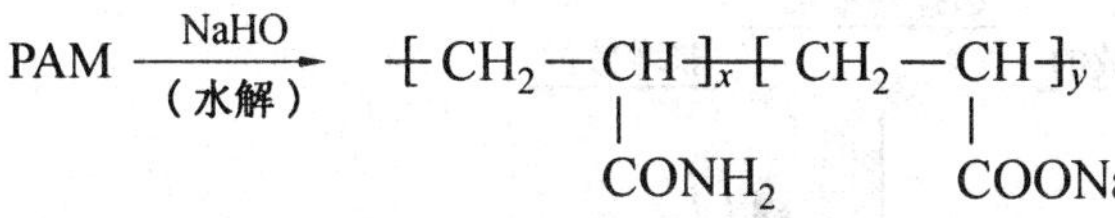

$$PAM \xrightarrow[\text{(水解)}]{NaHO} \left[CH_2-\underset{\underset{CONH_2}{|}}{CH} \right]_x \left[CH_2-\underset{\underset{COONa}{|}}{CH} \right]_y \quad \text{(HPAM 或 PHP)}$$

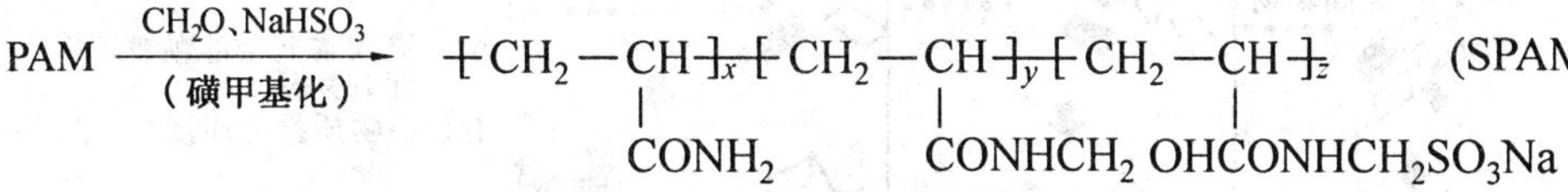

$$PAM \xrightarrow[\text{(磺甲基化)}]{CH_2O、NaHSO_3} \left[CH_2-\underset{\underset{CONH_2}{|}}{CH} \right]_x \left[CH_2-\underset{\underset{CONHCH_2OH}{|}}{CH} \right]_y \left[CH_2-\underset{\underset{CONHCH_2SO_3Na}{|}}{CH} \right]_z \quad \text{(SPAM)}$$

丙烯酰胺与其他乙烯基单体共聚,生成多种共聚物:

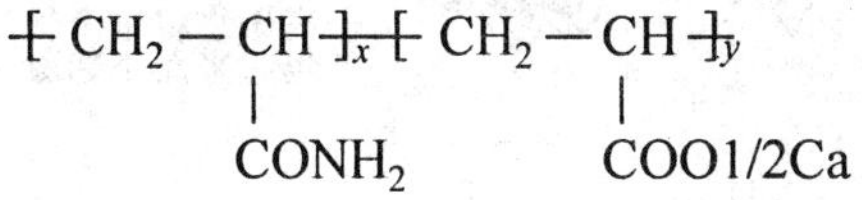

$$\left[CH_2-\underset{\underset{CONH_2}{|}}{CH} \right]_x \left[CH_2-\underset{\underset{COO1/2Ca}{|}}{CH} \right]_y \quad \text{(丙烯酰胺 - 丙烯酸钙共聚物)}$$

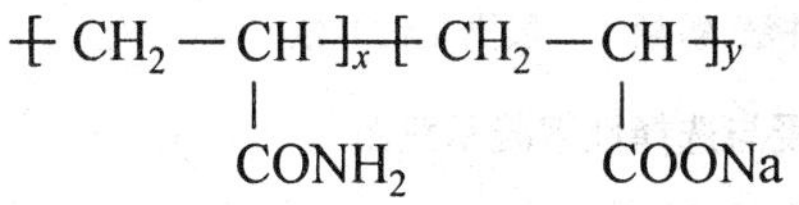

$$\left[CH_2-\underset{\underset{CONH_2}{|}}{CH} \right]_x \left[CH_2-\underset{\underset{COONa}{|}}{CH} \right]_y \quad \text{(丙烯酰胺 - 丙烯酸钠共聚物)}$$

我国研制开发的80A系列,就是丙烯酰胺与丙烯酸(钠)的共聚物,现场应用效果很好。

聚丙烯酰胺能与多价阳离子(如Ca^{2+}、Mg^{2+}、Fe^{2+}、Al^{3+}等)发生交联反应,生成沉淀或不溶于水的体型胶凝物,利用这一特点可进行交联堵漏。

(2)聚丙烯酰胺的作用原理。

高聚物絮凝剂的絮凝作用主要是高聚物分子同时吸附在两个以上的颗粒上,在颗粒之间形成桥联,然后通过大分子的蜷曲使这些颗粒产生聚结或絮凝。

PAM分子链上的酰胺基($—CONH_2$)是吸附基团,能与颗粒表面的氧产生氢键吸附,在颗粒间架桥,形成絮凝团块,造成动力不稳定而沉降。非水解聚丙烯酰胺分子链上几乎都是吸附基团,对黏土颗粒和钻屑具有较强的吸附和絮凝作用,故表现出完全絮凝的性质。随聚丙烯酰胺相对分子质量增大,絮凝能力、提黏效应、堵漏和防漏效果都会提高。钻井液中作为絮凝剂使用时,相对分子质量在100万~500万范围内;作为降滤失剂使用时,相对分子质量在10万~90万范围内;在缺少优质黏土,用聚丙烯酰胺作为稳定剂使用,或与相对分子质量较高的聚丙烯酰胺配合作为选择性絮凝和降滤失剂使用时,相对分子质量在10万以下。

PHPA分子链上除酰胺基外,还有一定数量的羧钠基(—COONa),可以在水中电离,使分子链带负电荷并水化,使蜷曲的分子链伸展,有利于$—CONH_2$吸附和絮凝。与PAM不同的是,PHPA和带电荷较多、水化作用强的膨润土细颗粒之间会产生静电斥力和水化膜斥力,吸附能力弱,表现为不絮凝。所以,PHPA具有选择性,对优质黏土不絮凝,对劣质黏土和钻屑絮凝,如图6.4所示。

水解度是影响PHPA性能的重要参数。水解度增大,分子链伸展,在钻井液中桥联作用增强,对劣质土的絮凝作用增强。但水解度过大时,由于在黏土颗粒上的吸附作用减弱,加上羧酸基间的静电排斥作用增强,对劣质上的絮凝作用反而降低。实验证明,水解度为30%左右时絮凝能力最强。水解度增加,水溶液的黏度增大,高水解度的PHPA用于钻井液提黏、防漏和堵漏,控制滤失比低水解度好。控制滤失和提黏堵漏时用水解度为

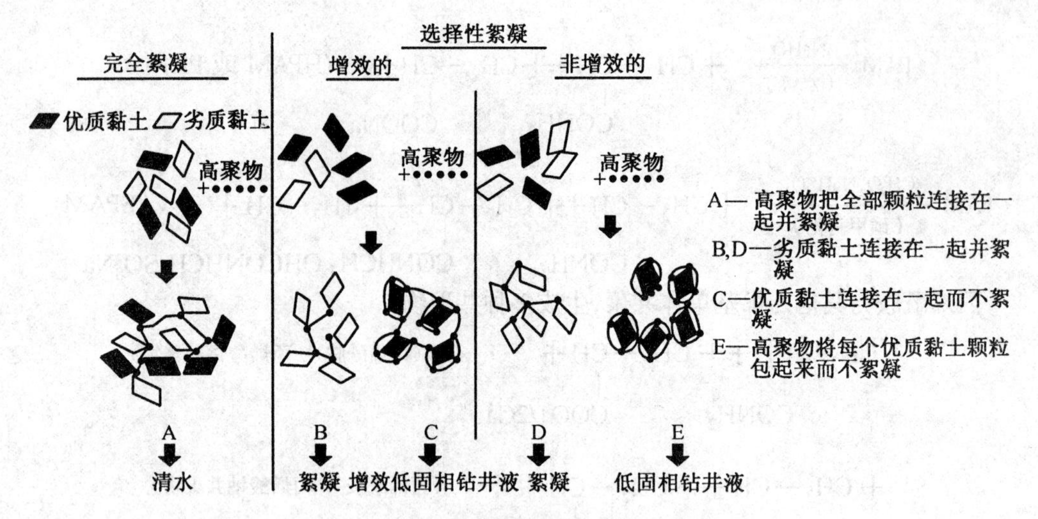

图6.4 完全絮凝与选择性絮凝示意图

60% ~70% 的 PHPA,絮凝则用 30% ~40% 的 PHPA。

磺甲基化聚丙烯酰胺(SPAM)的磺化度一般为 70% 左右,引入磺酸基可明显提高耐盐能力和抗温能力。SPAM 还是一种性能良好的高温降滤失剂,同时具有一定的防塌和改善钻井液流变性的能力,如在密度为 1.068 g/cm^3 的膨润土原浆中加入 3%(质量分数)的 SPAM,可使动塑比由 0.6 提高到 3.64。

2. 醋酸乙烯酯-顺丁烯二酸酐共聚物(VAMA)

VAMA 分子结构式为

$$\left[CH_2-\underset{\displaystyle CH_3COO}{\underset{|}{CH}}\right]_x + \left[\underset{O=C\diagdown_{O}}{CH}-\underset{\diagup C=O}{CH}\right]_y \xrightarrow[H_2O]{\text{引发}} \left[CH_2-\underset{\displaystyle CH_3COO}{\underset{|}{CH}}-\underset{\displaystyle COOH}{\underset{|}{CH}}-\underset{\displaystyle COOH}{\underset{|}{CH}}\right]_n$$

在碱性环境中水解为

$$\left[CH_2-\underset{\displaystyle OH}{\underset{|}{CH}}-\underset{\displaystyle COOH}{\underset{|}{CH}}-\underset{\displaystyle COONa}{\underset{|}{CH}}\right]_n$$

其分子链上有吸附基团(—OH、—COOH)和水化基团(—COONa),吸附基团能与颗粒表面形成氢键吸附,水化基团能使黏土颗粒表面增强水化,VAMA 除具有选择性絮凝作用外,还能增加黏土的黏度,故常称为双功能聚合物。其相对分子质量在 7 万以下时,是很好的降黏剂,并具有较好的降滤失能力。

3. 阳离子聚丙烯酰胺(CPAM)

(1)结构。

目前,使用的阳离子絮凝剂主要是季铵盐,稳定性好,不受 pH 值影响。我国开发应用的一种阳离子絮凝剂为阳离子聚丙烯酰胺(简称大阳离子),相对分子质量在 100 万左右,分子结构式为

$$\left[CH_2 - CH \right]_x \left[CH_2 - CH \right]_y$$

$$\begin{array}{l} \left[CH_2 - \underset{\displaystyle CONH_2}{CH} \right]_x \left[CH_2 - \underset{\displaystyle CONH - CH_2CH_2CH_2 - \overset{\displaystyle CH_3}{\underset{\displaystyle CH_3}{N^+}} - CH_3 \cdot Cl^-}{CH} \right]_y \end{array}$$

(2)作用及特点。

大阳离子带有阳离子基团,靠静电作用吸附在钻屑上,吸附力较强,桥联作用较好;大阳离子可降低钻屑的负电性,减小颗粒间的静电排斥作用,容易形成密实絮凝体,所以其絮凝效果优于阴离子聚合物。

除絮凝作用外,大阳离子也具有较强的抑制岩屑分散能力。一般絮凝能力强时,其抑制能力也较强。大阳离子对岩屑的包被吸附作用和负电性降低作用是其具有良好抑制性的主要原因。

复习思考题

1. 钻井液处理剂按功能分为哪些类?
2. 比较烧碱和纯碱在钻井液中的主要用途及作用机理。
3. 分析含钙处理剂的特点和用途。硅酸钠的主要用途有哪些?
4. 对加重剂有哪些要求?常用加重剂有哪些?
5. 举例分析无机处理剂的作用机理。
6. 高聚物有什么特点?简述高聚物的溶解过程及影响因素。
7. 常用降滤失剂有哪些?分别以褐煤碱液和 CMC 为例分析降滤失机理。
8. 常用降黏剂有哪些?分别以栲胶碱液和 XY-27 为例分析降黏机理。
9. 常用增黏剂有哪些?分析增黏机理。
10. 常用页岩抑制剂有哪些类型?分别分析其抑制机理。
11. 分析 PAM 的性质,以 PAM 与 PHPA 为例分析完全絮凝和选择性絮凝机理。

第7章 水基钻井液

水基钻井液是使用最早、最广泛的钻井液，其基本组成是水、黏土及各种性能调节处理剂。

7.1 细分散钻井液

由淡水、配浆膨润土和各种对黏土、钻屑起分散作用的处理剂（简称分散剂）配制而成的水基钻井液称为细分散钻井液。它是油气钻井中最早使用，并且使用时间相当长的一类水基钻井液。随着钻井液技术的不断发展，分散钻井液的使用范围已不如过去广泛，但由于它具有配制方法简便、处理剂用量较少、成本较低等优点，适于配制密度较大的钻井液；某些体系还具有抗温性较强等优点，因此许多地区的一些井段上仍在使用，特别是在钻开表层时，使用较广。

7.1.1 细分散钻井液的组成

1. 膨润土及原浆的配制

膨润土是分散钻井液中不可缺少的配浆材料。其主要作用在于提高体系的塑性黏度、静切力和动切力，以增强钻井液对钻屑的悬浮和携带能力；同时降低滤失量，形成致密泥饼，增强造壁性。

膨润土逐渐分散在淡水中致使钻井液的黏度、切力不断增加的过程称为造浆。在添加主要处理剂之前的预水化膨润土浆常称为原浆或基浆。几乎在所有室内实验中，首先都要进行原浆配制。由于蒙脱石含量和阳离子交换容量不相同，不同产地的膨润土，其造浆效果往往有很大差别。

配制原浆时，还须加入适量纯碱，以提高黏土的造浆率。纯碱的加入量依黏土中钙离子的含量而异，可通过小型试验确定。一般约为配浆土质量的5%。加入纯碱的目的是除去黏土中的部分钙离子，将钙质土转变为钠质土，从而使黏土颗粒的水化作用进一步增强，分散度进一步提高。因此，在原浆中加入适量纯碱后，一般会使表观黏度增大，滤失量减小。如果随着纯碱的加入滤失量反而增大，则表明纯碱加过量了。

2. 分散剂及钻井液的典型组成

国内外用于细分散钻井液的分散剂种类很多，如前面章节中介绍过的多聚磷酸盐、丹宁碱液、铁铬木质素磺酸盐、褐煤或褐煤碱液、CMC 和聚阴离子纤维素等。此外，用于调节 pH 值的 NaOH 也具有较强的分散作用。这类钻井液体系中常用组分及作用见表7.1。

表7.1　细分散钻井液的典型组成及作用

序　号	组　分	作　用
1	膨润土	提黏及滤失量控制
2	铁铬木质素磺酸盐	降低动切力、静切力及控制滤失
3	褐煤或褐煤碱液	控制滤失及降低动切力、静切力
4	烧碱	调节 pH 值
5	多聚磷酸盐	降低动切力及静切力
6	CMC 和聚阴离子纤维素	控制滤失，提黏
7	重晶石	增加密度

7.1.2　细分散钻井液的特点

细分散钻井液的主要特点是黏土在水中高度分散，由此获得钻井液所需的流变和降滤失性能。

1. 细分散钻井液的优点

(1)配制方法简便、成本较低。

(2)可形成较致密的泥饼，韧性好，具有较好的造壁性，API 滤失量和 HTHP 滤失量均相应较低。

(3)可容纳较多的固相，因此较适于配制高密度钻井液，密度可高达 2.00 g/cm^3 以上。

(4)抗温能力较强。三磺钻井液是我国用于钻深井的分散钻井液体系，抗温可达 160～200 ℃。

1977 年，我国陆上最深的关基井就是使用这种体系钻井液钻至 7 175 m 的。

2. 细分散钻井液的缺点

细分散钻井液与后来发展起来的各类钻井液相比，在使用、维护过程中又存在着局限性和一些难以克服的缺点。

(1)性能不稳定，容易受到钻井过程中进入钻井液中的黏土和可溶性盐类的污染。钻遇盐膏层时，少量石膏、岩盐就会使钻井液性能发生较大的变化。

(2)滤液的矿化度低，容易引起井壁附近的泥页岩水化、膨胀、垮塌，并使井壁的岩盐溶解，即钻井液抑制性能差，不利于防塌。

(3)体系中固相含量高，特别是粒径小于 1 μm 的亚微米颗粒所占的比例相当高，对机械钻进有明显影响，尤其不宜在强造浆地层中使用。

(4)滤液侵入易引起黏土膨胀，因而不能有效地保护油气层，钻遇油气层时必须对性能加以调节才能达到要求。

在实际应用中，为了将分散性钻井液中亚微米颗粒所占比例减至最低，一方面应控制膨润土的加量,另一方面应通过固控设备的使用,尽可能降低体系的总固相含量。膨润土的含量应随钻井液密度和井温加以调整。密度和井温越高,膨润土含量应该越低。分散剂和 NaOH 的加量也不宜过高,pH 值一般应控制在 9.5~11.0 范围内。此外,由于大多数分散剂的抗盐性不够强,故分散性钻井液中应保持较低的无机盐含量。

7.1.3 钻井液的受侵及其处理

在钻井过程中,常有来自地层的各种污染物进入钻井液,使其性能发生不符合施工要求的变化,这种现象常称为钻井液受侵。有的污染物严重影响钻井液的流变和滤失性能,有的加剧钻具的搅坏和腐蚀。当发生污染时,应及时进行配方调整或采用化学方法清除污染物,保证钻进正常进行。其中最常见的是钙侵、盐侵和盐水侵,此外还有 Mg^{2+}、CO_2、H_2S 和 O_2 等造成的污染。

1. 钙侵

钻遇石膏层和含 Ca^{2+} 的盐水层、钻水泥塞、使用硬水配浆及用石灰作为钻井液添加剂等,都会使 Ca^{2+} 进入钻井液。除在钙处理钻井液和油包水乳化钻井液的水相中需要一定浓度的 Ca^{2+} 外,其他类型钻井液中 Ca^{2+} 均属污染离子。虽然 $CaSO_4$ 和 $Ca(OH)_2$ 在水中的溶解度都不高,但都能提供一定数量的 Ca^{2+}。

试验表明,几万分之一的 Ca^{2+} 就足以使钻井液失去悬浮稳定性。其主要原因是由于 Ca^{2+} 易与钠蒙脱石中的 Na^+ 发生离子交换,使其转化为钙蒙脱石,使絮凝程度增加,致使钻井液的黏度、切力和滤失量增大。

钻井液遇钙侵的有效处理方法:一是在钻到达含石膏地层前转化为钙处理钻井液;二是根据滤液中 Ca^{2+} 的浓度,加入适量纯碱除去 Ca^{2+},但应注意纯碱的加量不要过多,以免造成 CO_3^{2-} 污染。

如果是由水泥引起的污染,由于 Ca^{2+} 和 OH^- 同时进入钻井液,致使钻井液的 pH 值偏高。在这种情况下,最好用碳酸氢钠($NaHCO_3$)或 SAPP(酸式焦磷酸钠,$Na_2H_2P_2O_7$)清除 Ca^{2+}。

当加入 $NaHCO_3$ 时,有

$$Ca^{2+}+OH^-+NaHCO_3 = CaCO_3\downarrow+Na^++OH^-+H_2O$$

当加入 SAPP 时,有

$$2Ca^{2+}+2OH^-+Na_2H_2P_2O_7 = Ca_2P_2O_7\downarrow+2Na^++2OH^-+2H_2O$$

在以上两个反应中,均既清除了 Ca^{2+},又适当地降低了 pH 值。

2. 盐侵和盐水侵

当钻遇岩盐层时,由于井壁附近岩盐的溶解使钻井液中 NaCl 浓度迅速增大,从而发生盐侵;钻遇盐水层时,若钻井液的液柱压力不足以压住高压盐水流时,盐水便会进入井内发生盐水侵,钻井液的流变和滤失性能将发生变化,如图 7.1 所示。

Na^+ 的侵入会增加黏土颗粒扩散双电层中阳离子的数目,压缩双电层使扩散层厚度减小,黏土颗粒表面的 ζ 电位下降。颗粒间的静电斥力减小,水化膜变薄,颗粒间端-面和端-端连接的趋势增强,絮凝作用将导致钻井液的黏度、切力和滤失量均逐渐上升。当

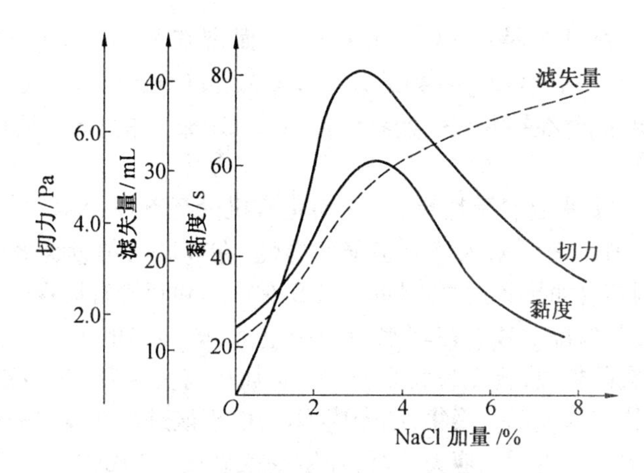

图7.1 加入NaCl分散钻井液性能变化

Na^+浓度增大到一定程度之后，压缩双电层的现象更为严重，黏土颗粒的水化膜变得更薄，致使黏土颗粒发生面-面连接，聚结作用使分散度明显降低，因而钻井液的黏度和切力在分别达到其最大值后又转为下降，滤失量则继续上升，钻井液的稳定性变差。从图7.1中可见，当NaCl质量分数为3%左右时，分散钻井液的黏度和切力分别达到最大值。但需注意，该分数值以及最大值的大小都不是固定不变的，而是依所选用配浆土的性质和用量而异。

盐侵的另一表现是随含盐量增加，钻井液的pH值逐渐降低，其原因是由于Na^+将黏土中的H^+及其他酸性离子不断交换出来所致。

当钻井液受到盐侵或盐水侵之后，欲采取化学方法除去钻井液中的Na^+是十分困难的。因此，常用的处理方法是及时补充抗盐性强的各种处理剂，将分散钻井液转化为盐水钻井液。例如，降滤失剂CMC的分子链中含有许多羧钠基(—COONa)，可使被降低的ζ电位得到补偿。因此，CMC的加入可有效地阻止黏土颗粒间相互聚结的趋势，有助于保持钻井液的聚结稳定性，使其在盐侵后仍然具有较小的滤失量。除CMC外，聚阴离子纤维素、磺化酚醛树脂和改性淀粉等也是常用的抗盐降滤失剂。海泡石和凹凸棒石等抗盐黏土是用于配制盐水钻井液以及对付盐侵、盐水侵的优质材料，但我国资源有限。

3.二氧化碳污染

在许多钻遇的地层中含有CO_2，当其混入钻井液后会生成HCO_3^-和CO_3^{2-}，即

$$CO_2+H_2O \longrightarrow H^+ +HCO_3^- \longrightarrow 2H^+ +CO_3^{2-}$$

室内和现场试验均表明，钻井液的流变参数，特别是动切力受HCO_3^-和CO_3^{2-}的影响很大，尤其在高温下的影响更为突出。一般随着HCO_3^-浓度增加，τ_0呈上升趋势，而随着CO_3^{2-}浓度增加，τ_0则先减后增。经这两种离子污染后的钻井液性能很难用加入处理剂的方法加以调整，只能用加入适量$Ca(OH)_2$清除这两种离子，加入$Ca(OH)_2$后pH值升高，体系中的HCO_3^-先转变为CO_3^{2-}，即

$$2HCO_3^- +Ca(OH)_2 = 2CO_3^{2-} +2H_2O+Ca^{2+}$$

CO_3^{2-}与$Ca(OH)_2$继续作用，通过生成$CaCO_3$沉淀而将CO_3^{2-}除去，即

$$CO_3^{2-} +Ca(OH)_2 = CaCO_3 \downarrow +2HO^-$$

前面在处理钙污染时，是用 CO_3^{2-} 除去 Ca^{2+}，而现在又用从 $Ca(OH)_2$ 电离出来的 Ca^{2+} 除去 CO_3^{2-}。在容易引起 CO_2 污染的井段，HCO_3^- 和 CO_3^{2-} 对钻井液性能的危害明显大于 Ca^{2+}。经验证明，此时在钻井液中始终保持 50 ~ 75 mg/L 的 Ca^{2+} 是适宜的。

4. 硫化氢污染

硫化氢（H_2S）主要来自含硫地层，某些磺化有机处理剂以及木质素磺酸盐在井底高温下也会分解产生 H_2S，H_2S 对人体有很强的毒性，在其质量浓度为 800 mg/L 以上的环境中停留就可能因窒息而导致死亡。同时，H_2S 对钻具和套管有极强的腐蚀作用。

腐蚀机理主要是氢脆。H_2S 在其水溶液中电离，电离出的 H^+ 会迅速吸附在金属表面，并进而渗入金属晶格内，转变为氢原子。当金属内有夹杂物、晶格错位现象或其他缺陷时，氢原子便在这些易损部位聚集，结合成 H_2。由于该过程在瞬间完成，氢的体积骤然增加，于是在金属内部产生很大应力，致使强度高或硬度大的钢材突然产生晶格变形，进而变脆产生微裂缝，通常将这一过程称作氢脆。在拉应力和钢材残余应力的作用下，钢材上因氢脆而引起的微裂缝很容易迅速扩大，最终使钢材发生脆断破坏。

因此，要求在钻开含硫地层前 50 m，将钻井液 pH 值保持在 9.5 以上，直至完井；一旦发现钻井液受到 H_2S 污染，应立即进行处理，将其清除。目前一般采取的清除方法是加入适量烧碱，使钻井液的 pH 值保持在 9.5 ~ 11，再加入碱式碳酸锌[$Zn_2(OH)_2CO_3$]等硫化氢清除剂，以避免硫化氢从钻井液中释放出来，即

$$Zn_2(OH)_2CO_3+2H_2S = 2ZnS\downarrow+3H_2O+CO_2$$

5. 氧的污染

钻井液中氧的存在会加速对钻具的腐蚀，其腐蚀形式主要为坑点腐蚀和局部腐蚀，即使是极低含量的氧也会使钻具的疲劳寿命显著降低。

大气中的氧通过循环过程被混入钻井液，其中一部分氧溶解在钻井液中，直至饱和状态。试验表明，氧的含量越高，腐蚀速度越快。如果钻井液中有 H_2S 或 CO_2 气体存在，氧的腐蚀速度会加剧。

清除钻井液中的氧首先应考虑采取物理脱氧的方法，即充分利用除气器等设备，并在搅拌过程中尽量控制氧的侵入量。将钻井液的 pH 值维持在 10 以上也可在一定程度上抑制氧的腐蚀。这是由于在较强的碱性介质中，氧对铁产生钝化作用，在钢材表面生成一种致密的钝化膜，因而腐蚀速率降低。然而解决钻具氧腐蚀的最有效方法还是化学清除法，即选用某种除氧剂与氧发生反应，从而降低钻井液中氧的含量。常用的除氧剂有亚硫酸钠（Na_2SO_3）、亚硫酸铵[$(NH4)_2SO_3$]、二氧化硫（SO_2）和肼（N_2H_4）等，其中以使用亚硫酸钠最为普遍。除氧剂与氧之间的反应可分别表示为

$$2Na_2SO_3+O_2 = 2Na_2SO_4$$

$$2(NH_4)_2SO_3+O_2 = 2(NH_4)_2SO_4$$

$$2SO_2+O_2+H_2O = 2H_2SO_4$$

$$N_2H_4+O_2 = N_2+2H_2O$$

7.2 钙处理钻井液

在钙处理钻井液出现之前，人们发现在处理细分散钻井液钙污染的过程中，与原来的

分散钻井液相比，经过处理的钙污染钻井液表现出许多优越性，如较强的抑制性和抗盐类污染能力等。于是，20世纪60年代发展为具有较好抗盐、抗钙污染能力和对泥页岩水化具有较强抑制作用的钙处理钻井液。该类钻井液主要由含Ca^{2+}的无机絮凝剂、降黏剂和降滤失剂组成。由于体系中的黏土颗粒处于适度絮凝的粗分散状态，因此又称之为粗分散钻井液。

7.2.1　钙处理钻井液的配制原理及特点

1. 钙处理钻井液的配制原理

Ca^{2+}改变黏土分散度的作用机理：一是Ca^{2+}通过Na^{+}—Ca^{2+}交换，将钠土转变为钙土。钙土水化能力弱，分散度低，故转化后体系分散度明显下降；二是Ca^{2+}本身是一种无机絮凝剂，会压缩黏土颗粒表面的扩散双电层，使水化膜变薄，ζ电位下降，从而引起黏土晶片面-面和端-面的聚结，造成黏土颗粒分散度下降。因此，钙处理钻井液在加入Ca^{2+}的同时，还必须加入NaT、CMC等分散剂。由于这类分散剂的分子中含有大量的水化基团，当吸附在黏土颗粒表面后，会引起水化膜增厚，ζ电位增大，从而阻止黏土晶片之间的聚结。

钙处理钻井液的配制原理，就是通过调节Ca^{2+}和分散剂的相对含量，使钻井液处于适度絮凝的粗分散状态，从而使其性能保持相对稳定，并达到满足钻井工艺要求的目的。图7.2所示描述了细分散钻井液、受到钙侵的分散钻井液和钙处理钻井液在分散状态上的区别及其内在联系。图中(a)表示一般分散钻井液的细分散状态；(b)表示受钙侵后的絮凝状态；(c)和(d)均表示钙处理钻井液适度絮凝的粗分散状态。

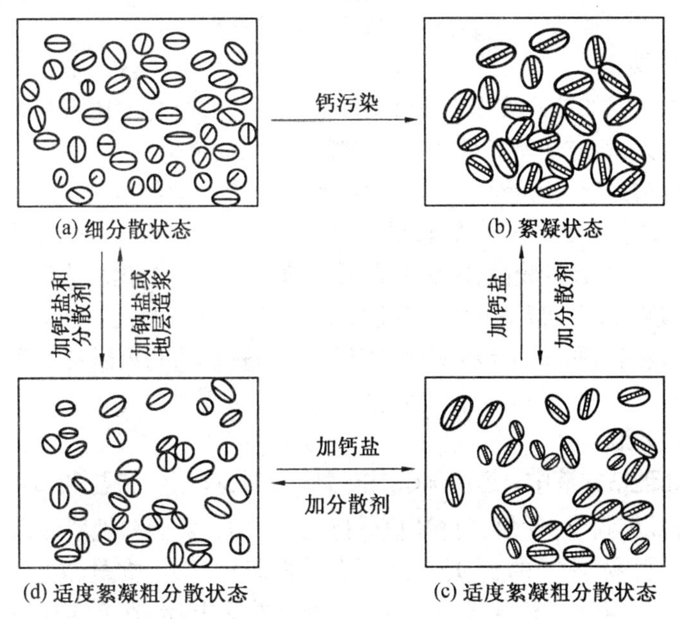

图7.2　钻井液不同分散状态示意图

不难看出，使钻井液处于适度絮凝的粗分散状态有两条途径：一是在分散钻井液中同时加入适量的钙盐（或石灰）和分散剂，使图7.2中的(a)变为(d)；二是在受钙侵后处于絮凝状态的钻井液中及时加入分散剂，使图7.2中的(b)变为(c)。适度絮凝和分散程度可以在(c)和(d)之间相互转化,加入分散剂可使颗粒变细,絮凝程度降低,加钙盐则使颗粒变粗,聚凝程度提高。

2. 钙处理钻井液的特点

与细分散钻井液相比,钙处理钻井液主要有以下优点:

(1)性能较稳定,具有较强的抗钙、盐污染和黏土污染的能力。

(2)固相含量相对较少,容易在高密度条件下维持较低的黏度和切力,钻速较高。

(3)能在一定程度上抑制泥页岩水化膨胀,滤失量较小,泥饼薄且韧,有利于井壁稳定。

(4)由于钻井液中黏土细颗粒含量较少,对油气层的损害程度相对较小。

7.2.2 钙处理钻井液的类型

1. 石灰钻井液

以石灰作为钙源的钻井液称为石灰钻井液。石灰是一种难溶的强电解质,它在水中的溶解度主要受温度和溶液 pH 值的影响。石灰在水中溶解时放热,因此随温度升高,石灰的溶解度减小,溶液中 Ca^{2+} 质量分数也相应减小,溶解时发生以下反应,即

$$Ca(OH)_2 \rightleftharpoons Ca^{2+} + 2OH^-$$

随 pH 值增大,石灰在钻井液中 Ca^{2+} 的质量分数降低。一般情况下,石灰钻井液的 pH 值应控制在 11 ~ 12,使 Ca^{2+} 质量浓度保持在 120 ~ 200 g/L。其储备碱度保持在 3 000 ~6 000 mg/L 较为合适。若 pH 值过低,Ca^{2+} 质量分数增大,黏度与切力将超过允许范围;若 pH 值过高,Ca^{2+} 质量分数很少,将失去钙处理的意义。

2. 石膏钻井液

以石膏作为钙源的钻井液称为石膏钻井液。石膏的溶解度比石灰大,Ca^{2+} 含量更高,絮凝程度必然增大,相应地所需稀释剂和降滤失剂的加量也应有所增加,才能使性能达到设计要求。石膏钻井液具有更强的抗盐污染和抗石膏污染的能力。与石灰相比,石膏的溶解度受 pH 值的影响较小,pH 值可维持在 9.5 ~ 10.5,滤液中 Ca^{2+} 的质量浓度为 600 ~ 1 200 mg/L。由于 Ca^{2+} 含量较高,因而更有利于抑制黏土的水化膨胀和分散,即防塌效果明显优于石灰钻井液。石膏钻井液具有比石灰钻井液更高的抗温能力,其发生固化的临界温度在 175 ℃左右,明显高于石灰钻井液。有资料报道,它可以在某些 5 000 m 以上的井段使用。

3. 氯化钙钻井液

在这类钙处理钻井液中,使用 $CaCl_2$ 作为絮凝剂,选用铁铬盐和 CMC 等作稀释剂和降滤失剂,并用石灰调节 pH 值,使 pH 值保持在 9 ~ 10。美国和俄罗斯都使用过这种高钙钻井液钻易卡钻、易坍塌的泥页岩地层,其滤液中 Ca^{2+} 质量浓度一般为 1 000 ~ 3 500 mg/L。我国成功地将褐煤碱液应用于该类钻井液中,形成了具有特色的褐煤-$CaCl_2$ 钻井液体系。

由于体系中 Ca^{2+} 含量很高,因此与前两类钙处理钻井液相比,它具有更强的稳定井壁和抑制泥页岩坍塌及造浆的能力。由于钻井液中固相颗粒絮凝程度较大,分散度较低,因而流动性好,固控过程中钻屑比较容易清除,有利于维持较低的密度,对提高机械钻速及

保护油气层提供良好的条件。由于Ca^{2+}含量高，严重影响了黏土悬浮体的稳定性，黏度和切力容易上升，滤失量也容易增大，从而增加了维护处理的难度。

褐煤-$CaCl_2$钻井液体系在组成上有一个突出的特点，即褐煤粉的加量很大。褐煤中含有的腐殖酸与体系中的Ca^{2+}发生反应，生成难溶的腐殖酸钙（可用符号$CaHm_2$表示）胶状沉淀。这种胶状沉淀一方面使泥饼变得薄而致密，滤失量降低，其作用与膨润土相似；另一方面，它起着Ca^{2+}储备库的作用，使滤液中Ca^{2+}浓度不至于过高，即

$$CaHm_2 \rightleftharpoons Ca^{2+} + 2Hm^-$$

在钻进过程中，当滤液中Ca^{2+}消耗以后，电离平衡会自动向右移动，使Ca^{2+}及时得到补充，从而保证钻井液的抑制能力和流变性能保持稳定。

4. 钾石灰钻井液

钾石灰钻井液是在石灰钻井液基础上发展起来的一种更有利于防塌的钙处理钻井液。由于石灰钻井液存在着一些缺点，如高温下容易发生固化、pH值较高以及强分散剂的使用不利于提高钻井液的抑制性等。将钾离子引入石灰钻井液中，并将配方进行改进，形成了钾石灰防塌钻井液体系。该类钻井液在组成上的改进包括两方面：一是用改性淀粉取代了原石灰钻井液中使用的强分散剂铁铬盐，从而使钻井液中黏土和钻屑的分散程度减弱，改性淀粉在井壁上的吸附有利于增强防塌效果；由于pH值和石灰含量均有所降低，因而克服了石灰钻井液的高温固化问题。二是用KOH控制钻井液的碱度，而不再使用NaOH，其优点是引入K^+，同时相应地减少了体系中Na^+的含量，提高了钻井液的抑制性。

7.2.3　钙处理钻井液现场应用

1. 石灰钻井液的推荐配方与性能

石灰钻井液推荐配方和性能指标见表7.2。按照石灰用量及pH值的不同，常将石灰钻井液分为高石灰钻井液和低石灰钻井液。当遇到有盐、钙污染或在造浆地层钻进时，经常用高石灰钻井液；高石灰钻井液在高温下会发生固化，钻井液急剧变稠，失去流动性，因此在深井的深部井段钻进时，宜使用低石灰钻井液。国外使用这种钻井液曾钻至井深4 850 m。

表7.2　石灰钻井液的推荐配方及性能指标

配方		性能	
材料名称	加量/($kg \cdot m^{-3}$)	项目	指标
膨润土	80~150	密度/($g \cdot cm^{-3}$)	1.15~1.20
纯碱	4~7.5	漏斗黏度/s	25~30
磺化栲胶	4~12	静切力/Pa	0~1.0或1.0~4.0
铁铬盐	6~9	API滤失量/mL	5~10
石灰	5~15	HTHP滤失量/mL	<20
CMC或淀粉	5~9	泥饼厚度/mm	0.5~1.0
NaOH	3~8	pH值	11~12
过量石灰	10~15	含砂量/%	<1.0

2. 石膏钻井液的推荐配方与性能

石膏钻井液的推荐配方及性能指标见表7.3。

表7.3　石膏钻井液的推荐配方与性能指标

配　方		性　能	
材料名称	加量/($kg \cdot m^{-3}$)	项目	指标
膨润土	80~130	密度/($g \cdot cm^{-3}$)	1.15~1.20
纯碱	4~6.5	漏斗黏度/s	25~30
磺化栲胶	视需要而定	静切力/Pa	0~1.0或1.0~5.0
铁铬盐	12~18	API滤失量/mL	5~8
石膏	12~20	HTHP滤失量/mL	<20
CMC	3~4	泥饼厚度/mm	0.5~1.0
NaOH	2~4.5	pH值	9~10.5
重晶石	视需要而定	含砂量/%	0.5~1.0

除以铁铬盐为主要分散剂的石膏钻井液外，我国还成功研制出一种由褐煤、烧碱、单宁、纯碱和水组成的混合剂作为分散剂的石膏钻井液。此钻井液的性能稳定，在四川地区推广应用后，取得了较好的防塌效果。

3. 褐煤-氯化钙钻井液典型配方及性能

我国四川地区常用的褐煤-氯化钙钻井液典型配方及性能指标见表7.4。

表7.4　褐煤-氯化钙钻井液的典型配方及性能指标

配　方		性　能	
材料名称	加量/($kg \cdot m^{-3}$)	项目	指标
膨润土	80~130	密度/($g \cdot cm^{-3}$)	1.15~1.20
纯碱	3~5	漏斗黏度/s	18~24
褐煤碱液	500左右	静切力/Pa	0~1.0或1.0~4.0
$CaCl_2$	5~10	API滤失量/mL	5~8
CMC	3~6	泥饼厚度/mm	0.5~1.0
重晶石	视需要而定	pH值	9~10.5

4. 钾石灰钻井液

(1)基本组成。KOH(或K_2CO_3)、石灰、聚合物、SMP-1、磺化沥青等。

(2)特点。利用钾、钙离子抑制泥页岩水化膨胀、磺化沥青和磺化酚醛树脂封堵层理裂缝。

(3)典型配方。膨润土浆+1%FCLS+0.8%石灰+1%K_2CO_3+0.1%MA-871+1.5%磺化沥青+1.5%SMP-1+1%HUC+2%超细碳酸钙+20%KOH(将pH值调至10.5)。其中，HUC是主要成分，为腐殖酸树脂的水基钻井液抗高温降滤失剂；以上均指质量分数。

(4)适用范围。层理裂隙发育的中深井段泥页岩层。

7.3　盐水钻井液

在钻井过程中,经常钻遇大段岩盐层、盐膏层或盐膏与泥页岩层。若使用细分散钻井液,则会有大量的 NaCl 和其他无机盐溶解于钻井液中,使钻井液的黏度、切力升高,滤失量剧增。同时,盐的溶解还会造成井径扩大,给继续钻进带来困难,并且会严重影响固井质量。有时钻遇高压盐水层时,盐水的侵入对钻井液性能也有很大影响。为了对付上述复杂地层,在钻井液中同时加入工业食盐和分散剂,使水基钻井液具有更强的抗盐能力和抑制性。盐水钻井液和饱和盐水钻井液已得到不断地发展和完善,成为独具特色的钻井液类型。

7.3.1　盐水钻井液的定义和分类

凡 NaCl 含量超过 1%(质量分数,Cl^-的质量浓度约为 6 000 mg/L)的钻井液统称为盐水钻井液。通常将其分为 3 种类型。

1. 一般盐水钻井液

含盐量自 1%(Cl^-质量浓度为 6 000 mg/L)直至饱和(Cl^-质量浓度为 189 000 mg/L)前的整个范围均属此类型。一般盐水钻井液主要应用于配浆水本身含盐量较高,钻遇淡水钻井液体系不能对付的盐水层,钻遇含盐地层或厚度不大的岩盐层以及为了抑制强水敏泥页岩地层的水化等。

2. 饱和盐水钻井液

饱和盐水钻井液是指 NaCl 含量达到饱和,即常温下质量浓度为 3.15×10^5 mg/L,Cl^-质量浓度为 1.89×10^5 mg/L 左右的钻井液,主要用于钻大段岩盐层和复杂的盐膏层,也可在钻开储层时配制成清洁盐水钻井液使用。由于其矿化度极高,抗污染能力强,对地层中黏土的水化膨胀和分散有很强的抑制作用。钻遇岩盐层时,可将盐的溶解减至最低程度,避免大肚子井段的形成,从而使井径规则。

3. 海水钻井液

海水钻井液是指用海水配制的含盐钻井液。海水钻井液与一般盐水钻井液的不同之处在于使用海水配浆。海水中除含有较高质量浓度的 NaCl 外,还含有一定质量浓度的钙盐和镁盐,其总矿化度一般为 3.3% ~3.7%,pH 值为 7.5 ~8.4,密度为 1.03 g/cm^3。海水中的主要盐分的质量分数见表 7.5。

表 7.5　海水中主要盐分的质量分数

名称	NaCl	$MgCl_2$	$MgSO_4$	$CaSO_4$	KCl	其他盐类
质量分数/%	78.32	9.44	6.40	3.94	1.69	0.21

7.3.2　盐水钻井液的配制原理及特点

盐水钻井液的配制应使用抗盐黏土或把膨润土预水化后再用来配制基浆,选用的处理剂必须具有较强的耐盐、抗 Ca^{2+} 和 Mg^{2+} 的能力,还应该考虑腐蚀问题,可根据腐蚀源的类型加入相应的防腐蚀剂。

1. 配制原理

与钙处理钻井液的配制原理相同，盐水钻井液也是通过人为添加无机阳离子来抑制黏土颗粒的水化膨胀和分散，并在分散剂的协同作用下，形成抑制性粗分散钻井液。在使用中要特别注意含盐量的多少来决定所选用分散剂的类型和用量。盐水钻井液的 pH 值一般随含盐量的增加而下降。其原因：一方面是由于滤液中的 Na^+ 与黏土矿物晶层间的 H^+ 发生了离子交换；另一方面则是由于工业食盐中含有 $MgCl_2$ 的杂质与滤液中的 OH^- 反应，生成 $Mg(OH)_2$ 沉淀，从而消耗了 OH^-。因此，在使用盐水钻井液时应注意及时补充烧碱，以便维持一定的 pH 值。一般情况下，盐水钻井液的 pH 值应保持在 9.5～11.0。

2. 盐水钻井液的主要特点

(1) 矿化度高，具有较强的抑制性，能有效地抑制泥页岩水化，保证井壁稳定。

(2) 不仅抗盐侵的能力很强，而且能够有效地抗钙侵和抗高温，适于钻含岩盐地层或含盐膏地层，以及在深井和超深井中使用。

(3) 由于其滤液性质与地层原生水比较接近，故对油气层的损害较轻。

(4) 岩屑不易在盐水中水化分散，在地面容易被清除，有利于保持较低的固相含量。

(5) 盐水钻井液还能有效地抑制地层造浆，流动性好，性能较稳定。

此类钻井液的维护工艺比较复杂，对钻柱和设备的腐蚀性较大，钻井液配制成本也相对较高。

7.3.3 盐水钻井液现场应用

1. 配方举例

在配制盐水钻井液时，最好选用抗盐黏土（如海泡石、凹凸棒石等）作为配浆土。此类黏土在盐水中可以很好地分散而获得较高的黏度和切力，因而配制方法比较简单。若用膨润土配浆，则必须先在淡水中经过预水化，再加入各种处理剂，最后加盐至所需浓度。

(1) 一般盐水钻井液。

盐水钻井液中常用的分散剂有铁铬盐、CMC、褐煤碱液和聚阴离子纤维素等。国内使用最简单的体系为铁铬盐盐水钻井液，其基本成分（质量分数）为 1.5%～3.3% 的膨润土、5% 的固体食盐、5% 的铁铬盐、1.5% 的 NaOH 及一定量的重晶石。按以上配方可达到下列性能指标：密度为 1.20 g/cm^3，漏斗黏度为 20～50 s、滤失量为 3～6 mL。另一种体系为 CMC-铁铬盐-表面活性剂盐水钻井液，主要用于井底温度达 150 ℃左右的深井中。

(2) 饱和盐水钻井液。

此类钻井液的配制方法是：在地面配好饱和盐水钻井液，钻达岩盐层前将其驱替入井内，然后钻穿整个岩盐层；也可采用上部地层使用淡水或一般盐水钻井液，然后提前在循环过程中进行加盐处理，使含盐量和钻井液性能逐渐达到要求，在进入岩盐层前转化为饱和盐水钻井液。

饱和盐水钻井液有多种不同的配方。国外一般使用抗盐黏土（如凹凸棒石）造浆并调整黏度和切力，用淀粉控制滤失量。但目前倾向于用各种抗盐的聚合物降滤失剂（如聚阴离子纤维素）代替淀粉，以利于实现低固相。

饱和盐水钻井液的典型配方如下(以下均指质量分数):

①膨润土浆+(2%~2.5%)改性淀粉+(1%~1.5%)CMC+盐至饱和。

②饱和盐水聚磺钻井液:膨润土浆+(2%~2.5%)改性淀粉+(2%~2.5%)磺化酚醛树脂类产品+(0.2%~0.4%)KPAM(或CPA、SK等)+(1.5%~2%)磺化沥青类产品+(1.5%~2%)SMC+(0.3%~0.4%)盐抑制剂+0.5%润滑剂+(0.3%~0.5%)NaOH+盐至饱和(有时根据需要,加入适量SMT、FCLS及改性石棉等)。

③饱和盐水两性离子聚磺钻井液:膨润土浆(膨润土的质量浓度50~60 g/L)+(0.1%~0.2%)JT-888+1%SDX+0.5%CMC+0.4%NaOH+盐至饱和+重晶石至所需密度。

(3)海水钻井液。

海水钻井液主要是为了满足海洋钻井的需要。海水钻井液的作用原理、配制、维护方法与一般盐水钻井液基本相同,不同之处仅在于体系中的Mg^{2+}含量较高,因而会对钻井液性能产生较大影响。此外,一般盐水钻井液的含盐量可随时调整,比如钻穿盐层后可转化为淡水钻井液,而海水钻井液由于受施工条件的限制,其矿化度一般不做调整。

海水钻井液的配方有两种类型:一种是先用适量烧碱和石灰将海水中的Ca^{2+}、Mg^{2+}清除,然后再用于配浆。这种体系的pH值应保持在11以上。其特点是分散性相对较强,流变和滤失性能较稳定且容易控制,但抑制性较差。另一种是在体系中保留Ca^{2+}、Mg^{2+},显然这种海水钻井液的pH值较低,由于含有多种阳离子,护胶的难度较大,所选用的护胶剂既要抗盐,又要抗钙、镁,但这种体系的抑制性和抗污染能力较强。

国外过去多使用凹凸棒石、石棉、淀粉配制和维护海水钻井液,而目前倾向于使用黄原胶和聚阴离子纤维素等聚合物。由于聚合物的包被作用,可使井壁更为稳定。通过合理地使用固控设备,机械钻速也可明显提高。我国使用的海水钻井液配方与一般盐水钻井液相似,必要时混入一定量的油品以改善泥饼的润滑性,并可在一定程度上降低滤失量。

2. 应用要点

(1)一般盐水钻井液。

一般盐水钻井液常用的降黏剂有铁铬盐、单宁酸钠和磺化栲胶等,需要护胶时则选用高黏CMC、聚阴离子纤维素及其他抗盐聚合物降滤失剂和包被剂。

(2)饱和盐水钻井液。

饱和盐水钻井液适用于大段含盐膏地层,在使用时需注意以下几点:

①如果岩盐层较厚,埋藏较深,在地层压力作用下岩盐层容易发生蠕变,造成缩径。

②最好选用海泡石、凹凸棒石等抗盐黏土配制饱和盐水钻井液。如选用膨润土,则体系中总固相和膨润土含量均不宜过高,以防止在配制过程中出现黏度、切力过高的情况。膨润土的质量浓度一般应控制在50 kg/m^3左右;若该体系由井浆转化而成,则应在加盐前先将固相含量及黏度、切力降下来。

③因盐的溶解度随温度上升而有所增加,故在地面配制的饱和盐水,当循环到井底就变得不饱和了。为了解决因温差而可能引起的岩盐层井径扩大的问题,通常是在钻井液中加入适量的重结晶抑制剂,这样在岩盐层井段的井温下使盐达到饱和。当钻井液返至地面时,就可抑制住盐的重结晶。

④对饱和盐水钻井液的维护应以护胶为主,降黏为辅。由于在此类钻井液中,黏土颗粒不易形成端-端或端-面连接的网架结构,而特别容易发生面-面聚结,变成大颗粒而聚沉,因此需要大量的护胶剂维护其性能,不然在使用中常会出现黏度、切力下降和滤失量上升的现象。保持性能稳定对饱和盐水钻井液来说是最关键的问题,一旦出现上述异常情况,应及时补充护胶剂。添加预水化膨润土也能起到提黏和降滤失作用,但加量不宜过大。

7.4 聚合物钻井液

聚合物钻井液是20世纪70年代初发展起来的一种新型钻井液体系。广义来讲,凡是使用线型水溶性聚合物作为处理剂的钻井液体系都可称为聚合物钻井液。但通常是将聚合物作为主处理剂或主要用聚合物调控性能的钻井液体系称为聚合物钻井液。

7.4.1 聚合物钻井液的特点

1. 发展概况

钻井液的固相含量是影响钻井速度的一个主要因素,尤其是低密度固体的含量对钻速影响更大,聚合物钻井液最初是为提高钻井效率开发研究的。1958年首次应用了聚合物絮凝剂聚丙烯酰胺,实现了清水钻井,大大提高了钻速,但存在着携带钻屑能力差、滤失量大、影响井壁稳定等缺点,不能广泛使用,只能用于地层特别稳定的浅层井段。1960年,发现部分水解聚丙烯酰胺和醋酸乙烯酯-马来酸酐共聚物具有选择性絮凝作用,对钻屑的分散具有良好的抑制能力。处理过的钻井液体系中亚微米颗粒含量明显低于其他类型的水基钻井液,形成了不分散低固相聚合物钻井液体系,在提高钻井速度和降低钻井成本等方面效果显著。不分散低固相聚合物钻井液技术被列为20世纪70年代初钻井工艺最有影响的新进展之一。70年代后期发展了聚合物与无机盐(主要是氯化钾)配合的钻井液体系,对水敏性地层的防塌效果显著。

聚合物处理剂的发展也很快,除带阴离子基团的处理剂外,又研发出阳离子聚合物和两性离子聚合物处理剂,使聚合物钻井液体系不断发展。根据聚合物处理剂的离子特性,可将聚合物钻井液分为阴离子聚合物钻井液、阳离子聚合物钻井液和两性离子聚合物钻井液。

2. 聚合物钻井液的特点

(1)固相含量低,具有良好的流变性,钻井速度高。聚合物处理剂选择性絮凝和抑制岩屑分散作用,使聚合物钻井液固相含量低,亚微米颗粒比例小;具有较高的动切力,较低的塑性黏度;在高剪切作用下,桥联作用被破坏,黏度和切力降低,所以聚合物钻井液具有较高的剪切稀释作用以及卡森极限黏度低;具有较低的n值和良好的触变性。因此,聚合物钻井液悬浮和携带岩屑的效果好,可有效地减少钻屑的重复破碎,使钻头进尺明显提高。

(2)稳定井壁能力较强,井径比较规则。聚合物可有效地抑制岩石的吸水分散作用,合理地控制钻井液的流型,可减少对井壁的冲刷。在易坍塌地层,通过适当提高钻井液的密度和固相含量,可取得良好的防塌效果。

(3)对油气层的损害小,有利于发现和保护产层。聚合物钻井液的密度低,可实现近平衡压力钻井;固相含量少,可减轻固相的侵入,因而减小损害程度。

(4)可防止井漏发生。对于不十分严重的渗透性地层,采用聚合物钻井液可使漏失程度减轻甚至完全停止。聚合物钻井液比其他类型的钻井液固相含量低,在不使用加重材料的情况下,钻井液的液柱压力小,从而降低产生漏失的压力。当遇到较大的裂缝时,可向钻井液中加入水解度较高(50% ~70%)的 PHPA 来提高钻井液黏度,并适当提高钻井液的 pH 值,可使漏失停止。这种堵漏措施不影响钻进,因而常形象地称为“边钻边堵”。当遇到严重漏层时,可同时将泥沙混杂的粗泥浆与聚合物强絮凝剂溶液混合挤入漏层,利用聚合物的强絮凝作用使粗泥浆完全絮凝,被分离出的清水很快漏走,絮凝物则可留下来堵塞漏层。这种方法称为聚合物絮凝堵漏。

(5)钻井成本低。由于聚合物钻井液的处理剂用量较少,钻井速度高,缩短了完井周期,因此可大幅度降低钻井总成本。

最早应用的阴离子聚合物钻井液现场易出现的问题:当钻速太快时,无用固相不能及时清除,难以维持低固相,在强造浆井段尤其如此;对一些强分散地层,有时抑制能力也显得不足,此时钻井液的流变性变得难以控制,如切力太高,导致钻屑更不容易清除,产生恶性循环,不得不加入分散剂降低钻井液结构强度,以改善流动性,这将以部分损害聚合物钻井液的优良性能为代价。后来发展起来的两性复合离子聚合物钻井液和阳离子聚合物钻井液在抑制性和流型调节方面得到了进一步的改善。

7.4.2 阴离子聚合物钻井液

1. 不分散低固相聚合物钻井液

(1)性能指标。

所谓“不分散”具有两方面的含义:一是指组成钻井液的黏土颗粒尽量维持在 1 ~ 30 μm范围内;二是进入这种钻井液体系的钻屑不容易分散变细。所谓“低固相”(主要指黏土矿物类)的体积分数要在钻井工程允许的范围内维持到最低。不分散低固相聚合物钻井液要求达到的性能指标如下:

①固相含量(主要指低密度的黏土和钻屑,不包括重晶石)应维持在 4% 的体积分数或更小,相当于密度小于 1.06 g/cm^3。

②钻屑与膨润土的质量比不超过 2:1。实践证明,虽然钻井液中的固相越少越好,但如果完全不要膨润土,则不能建立钻井液所必需的各项性能,特别是不能保证净化井眼所必需的流变性能,以及保护井壁和减轻储层污染所必需的造壁性能。所以,应含有一定量的膨润土,其加入量在保证建立上述各项钻井液所必需的性能前提下越低越好,一般认为不能少于 1%,控制在 1.0% ~1.5% 比较合适。

③动切力(Pa)与塑性黏度(mPa·s)之比控制在 0.36 ~ 0.48 范围内,n 值控制在 0.4 ~0.7 范围内,满足低返速携砂要求,保证钻井液在环形空间实现平板型层流。

④非加重钻井液的动切力应维持在 1.5 ~3 Pa。动切力是钻井液携带钻屑的关键参数,为保证良好的携带能力,必须满足动切力的要求。对加重钻井液应注意保证重晶石的

悬浮。

⑤滤失量控制应视具体情况而定。在稳定井壁的前提下,可适当放宽,以利提高钻速;在易坍塌地层,应当从严;进入储层后,为减轻污染也应控制得低些。

⑥优化流变参数,若采用卡森模式,要求 $\eta_{\infty}=3\sim6$ mPa·s,$\tau_0=0.5\sim3$ Pa,$I_m=300\sim600$。

⑦在整个钻井过程中应尽量不用分散剂。

比较理想的不分散低固相聚合物钻井液的典型性能参数见表7.6。

表7.6 不分散低固相聚合物钻井液的典型性能参数

密度/($g\cdot cm^{-3}$)	固相含量/($g\cdot L^{-1}$)	膨润土含量/($g\cdot L^{-1}$)	m(岩屑):m(膨润土)	动切力/Pa	塑性黏度/(mPa·s)	动塑比/(Pa·(mPa·s)$^{-1}$)
1.03	57.0	28.5	1:1	1.5	3	0.5
1.04	77.0	34.2	1.3:1	2.0	4	0.5
1.05	96.9	39.5	1.4:1	2.0	6	0.4
1.07	116.9	42.8	1.7:1	2.5	8	0.4
1.08	136.8	45.8	2:1	3.0	10	0.3

(2)配方举例。

在我国各油田中许多较适合本油田的配方,其基本配方(以下均指质量浓度)如下:膨润土为30~80 kg/m³,纯碱为1.2~3.2 kg/m³,NaOH或KOH为0.5~5 kg/m³,降滤失剂(CMC或Ca-HPAN或Na-HPAN或NH_4-HPAN或PAC142等)为2~8 kg/m³,增黏剂(HPH或CPa或PAC141或KH-PAM等)为0.5~3 kg/m³,降黏剂(X-A_{40}或X-B_{40}等或四甲叉磷酸盐)、固体降滤失剂(包括细碳酸钙或沥青制品等)、无机盐类(包括KCl或NaCl)视需要而定。

不分散低固相聚合物钻井液的性能见表7.7。

表7.7 不分散低固相聚合物钻井液的性能

项目	密度/($g\cdot cm^{-3}$)	漏斗黏度/s	API滤失量/mL	泥饼厚度/mm	静切力(初/终)/Pa	表观黏度/(mPa·s)
指标	<1.06	20~50	5~10	0.5~1.5	0.5~4	10~40
项目	塑性黏度/(mPa·s)	动切力/Pa	含砂量/%	pH值	n值	动塑比值
指标	3~10	1.5~3	0.1~0.5	7~10	0.4~0.8	0.3~0.5

(3)不分散低固相钻井液现场配制。

①清洗钻井液罐,配新浆应彻底清除罐底沉砂。

②用纯碱除去配浆水中的Ca^{2+}。

③按以下配方配制基浆:17~23 kg/m³的优质膨润土或用量相当的预水化膨润土浆,加入0.02 kg/m³的双功能聚合物。

④必要时,加入0.3~1.5 kg/m³的纯碱,使膨润土充分水化。

⑤测定新配制的基浆性能,并调整到表7.8所列指标范围。

表7.8 不分散低固相聚合物钻井液基浆性能

项目	漏斗黏度/s	塑性黏度/(mPa·s)	动切力/Pa	静切力(初/终)/Ps	API 滤失量/mL
指标	30~40	4~7	4	1~2/1~3	15~30

(4)不分散低固相钻井液应用要点。

①为了维持钻井液体积和降低钻井液黏度以便于分离固相,要有控制地往体系中加水。钻进过程中要不断补充聚合物,以补充沉除钻屑时消耗的聚合物;维持 pH 值为7~9。

②为了维持低固相,在化学絮凝的同时,应连续使用除砂器、除泥器,适当使用离心机。每5根立柱掏一次震动筛下面的沉砂池,经常掏洗钻井液罐以清除沉砂,掏洗的次数根据钻速而定。

③如果要求提高黏度,可使用膨润土和双功能聚合物,并通过小型实验确定其加量。

④为了降低动切力、静切力和滤失量,可使用聚丙烯酸钠,应通过小型实验确定其加量或按0.3 kg/m^3的增量逐次加入,必要时加水稀释,直至性能达到要求。

⑤如果要用不分散聚合物钻井液钻水泥塞,在开钻前先用1.4 kg/m^3的碳酸氢钠进行预处理;如果钻遇石膏层,应加入碳酸钠以沉除 Ca^{2+},但应注意防止处理过头。

⑥如果钻遇高膨润土地层(高 MBT),使用选择性絮凝剂比使用双功能聚合物的效果好。选择性絮凝剂不会使膨润土或高 MBT 地层黏土增效,因而不至于使黏度过高。

⑦如果有少量盐水侵入,或者当钻遇膏盐层时,只要盐质量浓度不超过10 000 mg/L,不分散聚合物钻井液可以继续使用。若超过此质量浓度,为了维持所要求的钻井液性能,需要加入预水化膨润土。在极端条件下,应转化为盐水钻井液。

不分散低固相钻井液适用于钻进层理裂隙不发育的易膨胀、强分散地层或不易膨胀、强分散、软的砂岩与泥岩互层、已下技术套管的低压储层等。

2. 无固相聚合物钻井液

无固相聚合物钻井液的又称清水钻井液,使用无固相聚合物钻井液可达到最高的钻速。

(1)组成和特点。

无固相聚合物钻井液的基本组成是清水加聚丙烯酰胺、生物聚合物或多元乙烯基共聚物类絮凝剂、无机盐等。要实现无固相清水钻进,必须使用高效絮凝剂使钻屑始终保持不分散状态,在地面循环系统中发生絮凝而全部清除;要有提黏措施,能够按工程上的要求,实现平板型层流并能顺利地携带岩屑;要有一定的防塌措施,以保证井壁的稳定。生物聚合物和聚丙烯酰胺及其衍生物是配制无固相钻井液较理想的处理剂。

使用聚丙烯酰胺及其衍生物作为无固相钻井液处理剂,要求其相对分子质量应大于100万,最好超过300万,水解度应小于40%。非水解聚丙烯酰胺的优点是一旦絮凝,就不容易再度分散;缺点是用量较大,提黏与防塌效果均较差。水解度在30%左右的 PHPA 提黏与防塌效果均比非水解聚丙烯酰胺好,缺点是絮凝物的结构比较疏松,对浓度敏感,浓度过大絮凝效果变差。尤其是遇到含蒙脱石较多的水敏性地层时,絮凝效果更差。为了克服水解产物的缺点,常在钻井液中加入适量无机离子,如钙盐、钾盐、铵盐和铝盐等。

这些无机盐有助于絮凝分散好的黏土，同时可提高防塌能力。

(2)现场应用要点。

①配制聚合物溶液。先用纯碱将水中的 Ca^{2+} 除去(除掉水中 Ca^{2+}(质量浓度为 1 mg/L)需要纯碱4.29 g)，以增加聚合物的溶解度，然后加入聚合物絮凝剂，一般加量为 6 kg/m^3。

②处理清水钻井液。将配好的聚合物溶液喷入清水钻井液中，喷入位置可以在流管顶部或震动筛底部。喷入速度取决于井眼大小和钻速。

③促进絮凝。加适量石灰或 $CaCl_2$，经过储备池循环，避免搅拌，让钻屑尽量沉淀。

④适当清扫。在接单根或起下钻时，用增黏剂与清水配几立方米黏稠的清扫液打入循环，以便把环空中堆积的岩屑清扫出来。只要保证上水池内的清水清洁，即可获得最大钻速。

适用范围：层理裂隙不发育、正常孔隙压力与弱的应力、中等分散砂岩与泥岩互层以及已下技术套管的低压、井壁稳定的储层等。

3.聚合物盐水钻井液

聚合物盐水钻井液体系包括饱和、非饱和及海水聚合物盐水钻井液，主要用在含盐膏的地层及海上钻井。

(1)配方举例。

①海水 PF-PLUS 聚合物钻井液。

基本配方(质量浓度)：(20～30)kg/m^3预水化膨润土+(1.5～3)kg/m^3NaOH+(1～2)kg/m^3+PAC-HV

(3～5) kg/m^3高黏聚阴离子纤维素+(5～10)kg/m^3PF-FLO(淀粉类降滤失剂)+(1～2)kg/m^3XC生物聚合物+(3～5)kg/m^3PF-PLUS(水基阳离子聚合物)+(30～50)kg/m^3KCl。该体系用于中下部井段、地层水敏性强及井下复杂井作业。

②聚合醇生物聚合物饱和盐水钻井液。

基本配方(质量分数)：(2%～4%)钠膨润土+(0.2%～0.3%)NaOH+(1%～2%)改性淀粉+(0.3%～0.4%)高黏 CMC+(3%～5%)抗盐土+(30%～35%)NaCl+(0.2%～0.1%)XC生物聚合物+(2%～3%)聚合醇。该体系可用于膏盐层发育、断层多、地层变化复杂，地下能量低、油层压力系数低的特殊油田的大斜度井段、侧钻井段及水平井钻井。

(2)现场应用要点。

黏土在盐水中不易分散，该体系最主要的问题是滤失量较大，通常采用抗盐黏土或预水化膨润土，钻井前将膨润土粉预先用淡水充分分散，并加入足够的纯碱使钙土转化成钠土。然后加入聚合物处理剂(如水解聚丙烯腈、聚丙烯酸盐及 CMC 钠盐等)使钻井液性能保持稳定。再加入盐水时，滤失量的升幅会得到适当控制。在钻穿石膏层或其他盐层时，预先向钻井液中加入碳酸氢钠或纯碱来抵抗阳离子的聚沉作用。对滤失量要求高的井，也可以考虑加入适当的有机分散剂协助降低滤失量。

采用耐盐的降滤失剂，目前耐盐较好的降滤失剂有聚丙烯酸钙、磺化酚醛树脂、醋酸乙烯和丙烯酸酯的共聚物及 CMC 钠盐等。

对海水进行预处理所用的药剂种类及用量都要根据水型及含盐量而定。一般含

Mg^{2+}多的水用NaOH处理,含Ca^{2+}多的水用Na_2CO_3处理。

4. 聚合物加重钻井液

聚合物加重钻井液体系不能保证低固相所要求的性能指标,其维护要点是使用选择性絮凝剂包被钻屑,抑制分散,通过加强固控尽可能地清除钻屑。

适当稀释钻井液,便于清除钻屑,保持钻井液体积,应切忌加水过量,以免造成重晶石悬浮困难;根据钻速快慢,按需要补充选择性絮凝剂,调节加量使钻井液覆盖震动筛的1/2~3/4,在钻井液槽中加入;维持劣质土与膨润土的质量比在3∶1以下。

聚合物加重钻井液可以通过井浆转化或配制满足密度要求的新浆来实现。一般要求待加重钻井液的钻屑的体积分数不超过4%,劣质土与膨润土的质量比接近1∶1。

如果井浆性能符合要求,没有受到钻屑严重污染时,可按每1 816 kg重晶石配合加入0.91 kg双功能聚合物或选择性聚合物的比例向井浆中加入重晶石,直到密度符合要求;再以0.29 kg/m^3为单位,逐渐加入聚丙烯酸钠,调节动切力、静切力和滤失量,直到性能符合要求。

如果井浆的钻屑含量和劣膨比不符合要求,又不能经济地处理到满足要求,要重新配制不分散加重钻井液。首先要彻底清洗钻井液罐,按计算的初始体积重新加水,用纯碱或烧碱处理配浆水以除去其中的钙离子、镁离子;然后按每227 kg膨润土配合加入0.91 kg双功能聚合物的比例,加入膨润土和聚合物,直至膨润土加量达到要求;再按每1 816 kg重晶石配合加入0.91 kg双功能聚合物或选择性聚合物的比例,加入重晶石和聚合物,直至达到所要求的密度;在加重晶石的过程中,加入0.29~0.57 kg/m^3扩聚丙烯酸钠,一般在钻井液密度达到要求后再补加聚丙烯酸钠,直至将钻井液性能调节到适宜范围。

7.4.3 阳离子聚合物钻井液

阳离子聚合物钻井液是20世纪80年代以来发展起来的一种新型聚合物钻井液体系。这种体系是以大阳离子作包被絮凝剂,小阳离子作泥页岩抑制剂,并配合降滤失剂、增黏剂、降黏剂、封堵剂和润滑剂等处理剂配制而成。

1. 阳离子聚合物钻井液的特点

由于阳离子聚合物分子带有大量的正电荷,在黏土或岩石上的吸附作用比阴离子聚合物强,阳离子聚合物还能中和黏土或岩石表面的负电荷,其絮凝能力和抑制岩石分散能力比阴离子聚合物强,可更好地实现低固相和保持井壁稳定;阳离子聚合物钻井液具有优良的流变性,性能比较稳定,维护间隔时间较长;在防止起下钻遇阻、遇卡及防泥包等方面具有较好的效果;具有较好的抗高温、抗盐和抗钙、镁等高价金属阳离子污染的能力;具有较好的抗膨润土和钻屑污染的能力;与氯化钾-聚合物钻井液相比,它不会影响测井资料的解释。

2. 配方与性能

南海北部湾地区曾进行的阳离子聚合物海水钻井液试验配方及性能分别见表7.9和表7.10。

表 7.9　阳离子聚合物海水钻井液试验配方

材料	加量(海水)/($kg \cdot m^{-3}$)	材料	加量(海水)/($kg \cdot m^{-3}$)	材料	加量(海水)/($kg \cdot m^{-3}$)
优质膨润土	30~50	FCLS	1.5~2	大阳离子	2
烧碱	3~4.5	CMC(高黏)	2~4	小阳离子	2
纯碱	1~2	腐殖酸树脂	4~10	润滑剂	4~5
石灰	0.5~1	改性沥青	4~10	柴油	在定向井中加入

表 7.10　阳离子聚合物海水钻井液性能

钻井液性能	最优指标	低密度钻井液	高密度钻井液
密度/($g \cdot cm^{-3}$)	1.06~1.30	1.05~1.10	1.20~1.40
马氏漏斗黏度/s	40~60	45~55	≥50
塑性黏度/($mPa \cdot s$)	10~25	10~20	≥15
动切力/Pa	7.2~14.3	4.8~9.6	≥7.2
初切力/Pa	1.4~2.9	1.4~2.9	≥2.4
终切力/Pa	2.4~7.2	2.4~7.2	≥3.8
pH 值	8.5~10	8.5~9.5	8.5~10
API 滤失量/mL	3~8	6~10	<5
低密度固相的质量分数/%	5~6	<6	<7
MBT/($kg \cdot cm^{-3}$)	30~50	30~45	40~55
含油量/%	0~8	0~8	6~8
ρ_{Cl^-}/($mg \cdot L^{-1}$)	18 000~30 000	20 000~30 000	20 000~30 000
$\rho_{Ca^{2+}}$/($mg \cdot L^{-1}$)	<400	<400	<400

大庆油田进行的硅基阳离子水基钻井液水平井钻井实验，其配方为(以下为质量分数):5%膨润土+0.05%碳酸钠+(0.5%~1.0%)阳离子聚合物+(0.2%~0.5%)含硅基抑制剂+(1.5%~2.5%)润滑剂+(8%~12%)矿物油+(0.2%~0.5%)稀释剂+(1.5%~2%)降失水剂+(0.2%~0.5%)表面活性剂+(1.0%~2.0%)油层保护剂+(0.1%~0.2%)流型调节剂+重晶石粉。室内实验测试不同井深钻井液的流变性能见表 7.11。

表 7.11　不同井深钻井液的流变性能

井深/m	密度/($g \cdot cm^{-3}$)	黏度/s	失水量/mL	静切力(初/终)/Pa	动切力/Ps	塑性黏度/($mPa \cdot s$)
836	1.30	40	5.2	2.5/4.0	8	15
1 156	1.36	52	2.2	4.5/6.0	13.5	26
1 390	1.32	66	1.4	5.0/7.0	16	33
1 550	1.35	64	1.0	5.0/7.0	16	34
1 780	1.35	63	1.0	6.0/8.0	17	36
1 893	1.35	62	1.0	5.5/7.5	16	35
2 030	1.35	63	1.0	5.5/7.0	18	37

3. 现场应用要点

(1)保持钻井液中大、小阳离子处理剂含量。为了有效地抑制页岩水化分散,防止地层垮塌,钻井液中应保持大、小阳离子处理剂的质量分数不能低于0.2%,并随钻井过程中的消耗及时补充。当钻井液中固相含量偏高时,加入小阳离子会引起黏度增加,应先加少量降黏剂,以改善钻井液的流变性能。当同时添加大、小阳离子处理剂时,应在第一循环周加入一种阳离子处理剂进行处理,下一循环中加入另一种阳离子处理剂进行处理,以避免发生絮凝结块现象。粉状处理剂最好预先配成溶液再使用。

(2)正常钻进时,为了保证钻井液性能均匀稳定,应预先配好一池处理剂溶液和预水化膨润土浆。当钻井液因地层造浆而影响黏度时,可添加处理剂溶液,以补充钻井液中处理剂的消耗,同时又起到降低固相含量的作用。当地层不造浆、钻井液中膨润土含量不足时,应同时补充预水化膨润土浆,以保证钻井液中有足够含量的胶体颗粒,改善泥饼质量和提高洗井能力。

(3)现场应配备良好的固控设备,震动筛应尽可能使用细目筛布,除砂器和除泥器应正常工作,加重钻井液应配备清洁器。良好的固相控制是用好阳离子聚合物水钻井液的必要条件,也是减少钻井液材料消耗、降低钻井液成本的最好办法。

7.4.4 两性离子聚合物钻井液

以两性离子聚合物为主处理剂配制的钻井液称为两性离子聚合物钻井液,由于引入阳离子基团,聚合物分子在钻屑上的吸附能力增强,同时可中和部分钻屑的负电荷,因而具有较强的抑制钻屑分散的能力。在现场使用上,特别是对地层造浆比较严重的井段,可更好地实现聚合物钻井液不分散低固相的效果。

近年来,两性复合离子聚合物处理剂已在无固相盐水体系、低固相不分散体系、低密度混油体系、暂堵型完井液和高密度(高达2.32 g/cm^3)盐水钻井液等体系中应用,均取得了良好的效果。目前,现场应用的两性复合离子聚合物处理剂主要有两种:一是降黏剂,商品名为XY系列;二是絮凝剂,也称强包被剂,商品名为FA系列。两性复合离子聚合物靠强包被作用提高抑制性,而不影响钻井液的其他性能,甚至会有所改善。

1. 特点

(1)抑制性强,剪切稀释特性好,能防止地层造浆,抗岩屑污染能力较强,为实现不分散低固相创造了条件。

(2)用这种体系钻出的岩屑成形,棱角分明,内部是干的,易于清除,有利于充分发挥固控设备的效率。

(3) FA367和XY-27与现有其他处理剂相容性好,可以配制成低、中、高不同密度的钻井液,用于浅、中、深不同井段。在高密度盐水钻井液中应用具有独特的效果。

(4)XY-27加量少,降黏效果好,见效快,钻井液性能稳定的周期长,基本上解决了在造浆地层大冲大放的问题,减轻了工人的劳动强度,并可节约钻井成本,提高经济效益。但是,这种体系在使用中还存在着以下问题有待于解决:

①钻屑容量限尚不够大。当钻屑的质量分数超过20%时,钻井液性能就明显变坏,因此对固控的要求仍很高。

②抗盐能力有限。由于受聚合物特性的限制,若矿化度超过100 000 mg/L,钻井液性能就开始恶化。虽然现场已有用于饱和盐水钻井液的实例,但从性能和成本上考虑,并不十分理想。

2. 配方和性能

典型配方1(以下指质量分数):膨润土浆+(0.1% ~0.3%)FA-367+(0.05% ~0.2%)XY-27+(1% ~3%)磺化沥青类产品。

典型配方2:6%预水化膨润土浆+0.3%FA367+0.4%XY-27+0.3%JT41。

两性离子聚合物低固相不分散钻井液性能见表7.12。

表7.12 两性离子聚合物低固相不分散钻井液性能

密度/($g \cdot cm^{-3}$)	pH值	API滤失量/mL	HTHP滤失量/mL	漏斗黏度/s	表观黏度/(mPa·s)	塑性黏度/(mPa·s)	动切力/Pa	动塑比	卡森黏度/(mPa·s)
1.04	9	10	20	47	23	16	7	0.44	9.9

3. 现场应用要点

两性离子聚合物钻井液在使用和维护方面应特别注意以下两点:一是FA367的质量分数应达到0.3%以上,以防止井塌;二是应尽力控制滤失量在8 mL以下,泥饼质量要坚韧致密,在此前提下调节其他性能。此外,以下经验也值得借鉴:

(1)应以维护为主,处理为辅,坚持用胶液等维护,避免大处理。

(2)以性能正常为原则,调节FA367和XY-27的比例。加重钻井液可以不加FA367。

(3)非加重钻井液的胶液比例为:$m(H_2O):m(FA367):m(XY-27)=100:1:0.5$。遇强造浆地层,XY-27的量应加倍。

(4)加重钻井液的胶液比例为:$m(H_2O):m(XY-27):m(SK-1$ 或 $PA(141))=100:2.5:2.5$。当密度超过2.0 g/m^3时,处理剂用量应加倍。

(5)最大限度地用好固控设备是本体系优化钻井的关键环节。

(6) pH值应控制在8~8.5范围内。当pH值大于9后,XY-27的降黏效果会下降。

7.5 MMH正电胶钻井液

以MMH正电胶为主处理剂的钻井液称为MMH正电胶钻井液。自1991年以来,MMH正电胶钻井液已在我国大部分油气田的浅井、深井、超深井、直井、斜井、水平井等各种类型钻井过程中使用。所使用的钻井液类型包括淡水钻井液、盐水钻井液和饱和盐水钻井液等;所钻进的地层包括未胶结或胶结差的流砂层与砾石层、软的砂泥岩互层、易坍塌的泥岩层、含盐膏地层、强地应力作用下裂缝发育的地层(包括砂岩、岩浆岩与灰岩)和煤系地层等。在使用中积累了丰富的经验,取得了很好的效果。

7.5.1 MMH正电胶钻井液的特点

长期以来,钻井液的稳定措施与抑制钻屑分散、保护井壁稳定措施往往相互矛盾,正电胶钻井液的出现解决了这个矛盾。由于MMH正电胶粒与黏土负电胶粒靠静电作用形成空间连续结构,因而可稳定钻井液,同时可吸附在钻屑和井壁上,具有抑制钻屑分散和稳定井壁的作用,实现了钻井液稳定措施与抑制钻屑分散、保护井壁稳定措施的统一。

1. 独特的流变性

MMH正电胶钻井液具有的独特流变性主要表现在以下几方面;

(1)较低的塑性黏度,较高的动切力,动塑比高。

(2)旋转黏度计(3 r/min和6 r/min)的读数高,相应静切力、卡森切力较高,终切力随时间变化小。

(3)很强的剪切稀释性,特别表现为卡森极限黏度低。

(4)具有固液双重特性,静止瞬间即成固体,加很小的力立即可以流动。

2. 较强的抑制性

MMH正电胶钻井液能有效地抑制黏土与钻屑水化膨胀与分散,主要表现在以下几方面:

(1)钻屑回收率高,CST值低(CST值是用毛细管吸附时间试验仪测定试液的抑制能力的数值,此值越小,抑制效果越好),膨胀率低。

(2)钻井液黏土容量高。

(3)各种膨润土在正电胶胶液中不易膨胀,膨胀率低。

3. 较低的负电性

MMH正电溶胶的颗粒带有较高的正电荷,因而正电胶钻井液具有较低的负电性。

7.5.2　MMH正电胶钻井液配方

对用于钻进一般地层的正电胶钻井液,多数情况下是在预水化膨润土浆中加入MMH正电胶、降滤失剂和降黏剂等配制而成。如果在易坍塌地层钻进,还应加入防塌剂,用于钻定向井或水平井时应加入润滑剂;用于钻深井时应加入抗高温处理剂;用于钻盐膏层时应使用抗盐膏处理剂。由于各油田所钻进的地层特点、井深、地层压力、井的类别等因素各不相同,因此钻井液配方也有所区别。在浅层或中深井段软的砂泥岩互层中钻进时,浅井段可用正电胶胶液,至中深井段转化为正电胶钻井液。

正电胶胶液是用清水加0.1%~0.3%(质量分数)正电胶配制而成。一般直井正电胶钻井液的典型配方为:(3%~5%)预水化膨润土浆+(0.1%~0.5%)正电胶+(0.3%~1.5%)降滤失剂+(0~0.3%)降黏剂(质量分数)。用于塔中地区水平井钻井实验的3种正电胶体系其组成如下:

(1)正电胶SN-1混油体系。

以4%(质量分数)顶水化膨润土浆为基浆配制MBT值为35~45 g/L、密度为1.10~1.25 g/cm^{3}的正电胶混油钻井液,MMH加入量为0.1%~0.4%(干基质量分数),上部井段采用CMS、DFD-140或JT888降滤失剂,NH_4PNH或XY-27为降黏剂;下部井段用SMP、SPNH为降滤失剂,以SMT作为降黏剂,并根据需要混入10%(质量分数)左右原油和0.3%(质量分数)的SN-1固体乳化剂来增强体系的润滑性能。该体系钻井液性能见表7.13序号1。

表 7.13　正电胶钻井液体系的性能

序号	漏斗黏度/s	表观黏度/(mPa·s)	塑性黏度/(mPa·s)	动切力/Pa	API 滤失量/mL	HTHP 滤失量/mL	静切力(初/终)/Pa
1	—	40	15～20	11～15	4～6	<12	(5～9)/(11～18)
2	55～65	—	12～19	8～15	3～6	12	(4～7)/(11～20)
3	40～62	—	9～26	9～20	3～5	9～11	(5～10)/(10～25)

(2)正电胶-聚合物体系。

正电胶-聚合物体系的标准配方为:以 3% ～5%(质量分数)的膨润土浆为基浆,以干基的质量分数为 0.2% ～0.3% 的 MMH、0.2% ～0.5% 的 80A51 或 KPAM 为主剂,配合 CMC-LV、DFD-140(上部井段)、SPNH、SMP(下部井段)降滤失剂使用,NH_4PNH、SMT 作为降黏剂,同时混入 10% 左右的原油和 0.3% 的 SN-1、1.6% 的 WFT-666(由磺甲基腐殖酸钾、有机硅聚合物、低分子阳离子有机化合物、苯酚、甲醛缩聚而成的阳离子低荧光防塌剂),增强体系的润滑性和防塌性能,达到降低摩阻和稳定井壁的效果。该体系钻井液性能见表 7.1 中序号 2。正电胶-聚合物体系的最大特点是,除了具备正电胶体系的优点之外,通过加入适量的大分子聚合物,增强体系的包被性和抑制性,尤其是在造浆地层使用效果很好。

(3)阳离子-正电胶体系。

阳离子-正电胶钻井液体系的特点是抑制性很强,具有独特的流变性,携砂性能好。阳离子-正电胶体系标准配方(以下均为质量分数)为:以 4% 的膨润土浆作为基浆,0.3% 的 MMH、0.2% 大阳离子 SP-Ⅱ(或 ND-89)作为主处理剂,以 0.3% CHSP-1 降滤失,以 CN-1 降黏,以小阳离子 CSW-1 作为流型调节剂,下部井段加入 SPNH、SMP、SMT 增强体系抗温性。该体系钻井液性能见表 7.1 中序号 3。

7.5.3　现场应用要点

1. 使用优质预水化膨润土

MMH 正电胶钻井液的结构是以正电胶-水-黏土复合体方式形成的,因此,要求黏土带有足够多的负电荷,并有较厚的水化膜,要使用优质的钠膨润土,并经过充分预水化后才能按要求加入正电胶,其配制顺序不能颠倒。基浆中必须保持一定含量的膨润土,才能形成正电胶-水-黏土复合体,获得所需的流变性能;但膨润土含量也不能太高,否则钻井液流动困难,性能难以维持,一般 MBT 值应控制在 30～60 g/L 为宜。MMH 正电胶钻井液的流变性可通过 MMH 正电胶的加量来进行调控。

2. 与其他处理剂配合使用

各油田对正电胶的应用方法有所不同。一种是将正电胶作为主处理剂,再用其他处理剂来调整钻井液的性能,以满足钻井工程的需要。具体处理方法是在预水化膨润土浆中加入正电胶,然后再依据实际钻井情况,加入所需量的降滤失剂、降黏剂、防塌剂、润滑剂、加重剂等类处理剂。另一种方法是将正电胶作为一般处理剂,用来调整钻井液的流变性能,提高钻井液动切力与动塑比。该处理方法主要是在钻井过程中发生井塌、井漏,井眼净化不好,水平井或定向井存在钻屑床等情况下使用。

(1)与降滤失剂配合使用。

传统的降滤失剂在MMH正电胶钻井液中都有良好的降滤失作用,但对钻井液的电性和流变性会产生一些影响,其中用离子型处理剂会增强钻井液的负电性。从现场使用情况看,目前在正电胶钻井液中使用过的降滤失剂已有14种,如预胶化淀粉、DFD-2(改性预胶化淀粉)、CMS,各种黏度的CMC、SMP,水解聚丙烯腈(包括其钠盐、钙盐、钾盐和铵盐)、SPNH和JT888(两性离子聚合物)等。几种常用降滤失剂对MMH正电胶钻井液性能的影响见表7.14。

表7.14 几种常用降滤失剂对MMH正电胶钻井液性能的影响

MMH正电胶钻井液组成(质量分数)	钻井液性能					
	FV/s	μ_a/(mPa·s)	μ_p/(mPa·s)	τ_0/Pa	θ_{10s}/Pa	FL/mL
基浆(4%土,0.8%正电胶)	104	24.5	2.0	22.5	16.0	90
基浆+1% DFD-2	29	15.0	8.0	7.0	4.5	14.0
基浆+1%低黏CMC	28	13.5	11.0	2.5	0	15.5
基浆+1% CMS	26	13.0	8.0	5.0	1.3	16.5
基浆+1% PAC142	28	13.5	9.0	4.5	0.4	15.0

(2)与降黏剂配合使用。

MMH正电胶钻井液的结构强度主要由MMH正电胶粒和黏土负电颗粒靠极化水形成的极化水链网架结构提供的。因此,凡是能降低MMH胶粒正电性的处理剂都能产生降黏作用,即负电性的处理剂都具有一定的降黏效果。室内实验和现场应用均证明,NPAN是比较理想的降黏剂(表7.15),效果显著且价格低廉,同时具有降滤失效果。使用阴离子型降黏剂时,应特别注意控制加量,因加量过大,会将正电胶钻井液的动切力及动塑比降得过低,继续加入正电胶也难以恢复正电胶钻井液特有的流变特性。

表7.15 NPAN对MMH正电胶钻井液的降黏作用

配方(质量分数)	钻井液性能				
	μ_a/(mPa·s)	μ_p/(mPa·s)	τ_0/Pa	θ_{10s}/Pa	FL/mL
基浆(4%土,0.24%正电胶)	10.5	3.2	7.7	6.2	34
基浆+0.1% NPAN	3.8	3.6	0.3	0	17.4
基浆+0.2% NPAN	4.3	4.1	0.3	0	14.6
基浆+0.3% NPAN	5.2	5.3	0	0	14.5
基浆+0.5% NPAN	6.3	6.1	0.2	0	13.5
基浆+1.0% NPAN	8.8	8.4	0.4	0	12.5

对于造浆性极强的地层,尽管正电胶能有效控制黏土的分散,钻井液中亚微米颗粒很少,但正电胶不能控制泥岩进入钻井液后变成2~10 μm的颗粒,因而单纯依靠正电胶的抑制作用难以控制MBT值上升,需加入其他处理剂来共同抑制地层造浆,如可加入适量

$NaCl$、KCl、$CaCl_2$ 等盐类或加入各类高分子聚合物等。

3. 克服滞流层的不利影响

MMH 正电胶钻井液在井壁附近形成的滞流层对防止井塌效果显著,但此层若厚度过厚,则易黏附钻屑,特别是在上部软地层中钻进时,易发生黏附卡钻,故应控制滞流层厚度不宜过厚,并在钻井过程中坚持短起下钻。滞流层的厚度与多种因素有关,如钻井液中固相含量、膨润土含量、钻井液流变性能、环空返速、井径变化情况、井眼尺寸以及钻具结构等。通常采取控制钻井液的动切力在 4 ~ 15 Pa 来控制滞流层的厚度。

滞流层会影响水泥浆的顶替效率,从而影响水泥胶结效果,造成固井质量不好。为了提高固井质量,必须在固井前清除滞流层。可采取在钻至下套管深度之前 50 ~ 100 m,减少或停止加入正电胶,加入降黏剂可降低钻井液的动切力,改善钻井液的流变性能;下套管通井时,应尽可能加大环空返速,用以破坏井壁附近的滞流层和假泥饼;下完套管,固井前洗井时,应调整钻井液流变性,降低钻井液的黏度与切力,提高环空返速,循环钻井液 2 ~ 3个循环周,继续破坏井壁附近的滞流层和假泥饼,尽量加大水泥浆与钻井液之间黏度与切力的差别(特别是切力),以提高水泥浆顶替效率。

4. pH 值控制

MMH 正电胶钻井液的 pH 值一般应控制在 8 ~ 10,pH 值过高,会引起钻井液黏度与切力增高,造成流动困难。

5. 固相控制

使用好固控设备,搞好净化是保持正电胶钻井液良好性能的关键。由于 MMH 正电胶钻井液动切力较高,岩屑不易在地面循环系统中自然沉降,因而必须使用好固控设备。钻造浆性强的地层时,必须使用离心机,清除细小的钻屑。此外,由于 MMH 正电胶钻井液在地面流动性不好,因而钻井过程必须保持循环罐中的搅拌设备正常运转,促进钻井液的流动。

另一类是以有机正电胶为主剂配制的强抑制性钻井液体系,称为有机正电胶钻井液。目前开发的产品有两种类型:白色有机正电胶和黑色有机正电胶。室内和现场试验表明,相对于 MMH 正电胶,有机正电胶则具有更强的正电性,能被水润湿,且具有油溶性,易与其他处理剂配伍,其高密度的正电荷使有机正电胶与水分子的亲和力更强,可充分抑制黏土的水化膨胀,有利于井壁稳定。

7.6 抗高温深井水基钻井液

按国际上钻井行业比较一致的划分标准,井深在 4 572 m(15 000 ft)以上的井称为深井,6 096 m(20 000 ft)以上的井称为超深井。井越深,技术难度越大,国际上通常将钻探深度及深井钻速作为衡量钻井技术水平的重要标志。

我国第一口深井是 1996 年钻成的大庆松基 6 井,完钻井深 4 718 m;第一口超过 6 000 m的井是 1976 年钻成的女基井,完钻井深 6 011 m;第一口井深超过 7 000 m 的是 1977 年钻成的关基井,完钻井深 7 175 m;目前我国最深的井是塔深 1 井,于 2006 年 7 月钻成,完钻井深 8 408 m。

由于井深增加，井底处于高温和高压条件下，钻进井段长而且有大段裸眼，还要钻穿许多复杂地层，作业条件比一般井要苛刻得多，对钻井液的性能也提出了更高的要求。在高温条件下，钻井液中的各种组分均会发生降解、发酵、增稠及失效等变化，从而使钻井液的性能发生剧变，并且不易调整和控制，严重时会导致钻井作业无法正常进行；而伴随着高的地层压力，钻井液必须具有很高的密度（常在 2.08 g/cm^3），从而造成钻井液中固相含量很高，发生压差卡钻、井漏、井喷等井下复杂情况的可能性增大，欲保持钻井液良好的流变性和较低的滤失量也更加困难。钻井实践表明，钻井液的性能对于确保深井和超深井的安全，快速钻进起着十分关键的作用。常用的深井钻井液有水基和油基钻井液两大类，目前国内主要使用水基钻井液钻深井和超深井。

7.6.1　高温对深井水基钻井液性能的影响

7 000 m 以上的深井，井温可高达 200 ℃以上，压力可达 150～200 MPa。由于水的可压缩性相对较小，故压力对水基钻井液的密度及其他性能，如流变性、滤失造壁性等均无明显的影响。但是，温度的影响却十分显著，深井水基钻井液的主要问题是抗高温。

1. 高温对钻井液中黏土的影响

（1）高温分散。

高温使黏土颗粒的热运动加剧，增强了水分子渗入黏土晶层内部的能力，高温使黏土表面的阳离子扩散能力增强，ζ 电位提高。在高温作用下，钻井液中黏土颗粒的进一步分散，对钻井液的流变性有很大的影响。虽然钻井液液相黏度随温度升高而降低，但高温分散作用使钻井液中黏土颗粒浓度增加，从而造成钻井液的黏度和切力升高。通常，高温下钻井液的黏度高于常温下钻井液的黏度，如果升温后再逐渐降低温度，黏度随温度降低的幅度比温度升高时黏度增加的幅度小，说明高温分散作用是一种不可逆的变化，黏土含量越高，高温分散作用越强，这种不可逆变化越明显。

影响高温分散的因素主要包括黏土的种类，在常温下越容易水化的黏土，高温分散作用也越强；温度越高，作用时间越长，高温分散也就越显著；由于 OH^- 的存在有利于黏土的水化，因此，高温分散作用随 pH 值升高而增强；Ca^{2+}、Mg^{2+}、Al^{3+}、Cr^{3+}、Fe^{3+}等高价无机阳离子的存在，不利于黏土水化，对黏土高温分散具有抑制作用。

（2）高温胶凝。

高温分散引起的钻井液高温增稠与钻井液中黏土含量密切相关。当黏土含量大到某一数值时，钻井液在高温下会丧失流动性而形成凝胶，丧失其热稳定性，性能受到破坏。在现场常表现为井口钻井液性能不稳定，黏度和切力上升很快，处理频繁，且处理剂用量大。预防高温胶凝的方法：一是使用抗高温处理剂抑制高温分散；二是将钻井液中的黏土（特别是膨润土）含量控制在其容量限以下。实验表明，只有当黏土含量超过了容量限，才有可能发生高温胶凝，低于此容量限时，钻井液只发生高温增稠。因此，对于高温深井水基钻井液，在使用中必须将黏土的实际含量严格控制在其容量限制以内。

2. 高温对钻井液处理剂的影响

井高温会使某些处理剂降解或交联，影响钻井液的性能。

（1）高温降解。

高聚物受高温作用而导致其主链断裂或官能团与主链连接键断裂。前一种情况会降低处理剂的相对分子质量,失去高聚物的特性;后一种情况则会降低处理剂的亲水性,使其抗污染能力和效能减弱。

任何高聚物在高温下均会发生降解,影响高温降解的主要因素是处理剂的分子结构。如果处理剂分子中含有易被氧化的键,则容易发生高温降解。例如,在高温下含醚键的化合物就比以碳-碳、碳-硫和碳-氮连接的化合物更容易降解。此外,高温降解还与钻井液的 pH 值以及剪切作用等因素有关,高 pH 值往往会促进降解的发生,强烈的剪切作用也会加剧分子链的断裂。

高温降解是导致处理剂失效的一个主要原因。通常是用处理剂在水溶液中发生明显降解时的温度来表示其抗温能力。一些常用钻井液处理剂的抗温能力见表 7.16。降解温度与 pH 值、矿化度、剪切作用、含氧量以及细菌的种类与含量等多种外界条件有关,表中数据是相对的、有条件的,各文献、资料中所列数据也不尽相同。

表 7.16　一些常用钻井液处理剂的抗温能力

处理剂名称	抗温能力/℃	处理剂名称	抗温能力/℃
单宁酸钠	130	栲胶碱液	80 ~ 100
铁铬盐	130 ~ 180	CMC	140 ~ 180
腐殖酸衍生物	180 ~ 200	磺甲基单宁	180 ~ 200
磺甲基褐煤	200 ~ 220	磺甲基酚醛树脂	200
水解聚丙烯腈	220 ~ 230	淀粉及其衍生物	115 ~ 130

处理剂的抗温能力与其处理的钻井液的抗温能力是紧密相关而又不相同的两个概念。处理剂抗温能力是就单剂而言,而钻井液一般是由配浆土、多种处理剂、钻屑和水组成的复杂体系,其抗温能力是指该体系失去热稳定性时的最低温度。显然,除与各种处理剂的抗温能力有关外,还取决于各种组分之间的相互作用。

高温降解会给钻井液性能造成很大影响。稀释剂降解会使钻井液增稠、胶凝甚至固化,增稠剂降解会使钻井液减稠,降滤失剂降解会使钻井液滤失量增大。因此,处理剂热降解对钻井液性能的影响涉及所有方面。

(2)高温交联。

在高温作用下,处理剂分子中存在的各种不饱和键和活性基团会使分子之间发生反应,彼此相互连接,从而使相对分子质量增大。例如,腐殖酸及其衍生物、栲胶类和合成材脂类等处理剂的分子中含有可供发生交联反应的官能团和活性基团,改性及合成产品中还往往残存着一些交联剂(如甲醛等),在高温作用下都会导致高温交联。

高温交联可以看作高温降解的相反作用,适当交联,适度增大处理剂的相对分子质量,可抵消高温降解的破坏作用,甚至可能使处理剂进一步改性增效。比如,在高温下磺化褐煤与磺化酚醛树脂复配使用时,其降滤失效果要比单独使用时的效果好得多,表明交联作用有利于改善钻井液性能。但是,如果交联过度,形成网状结构,则会导致处理剂水溶性变差,甚至失去水溶性而使处理剂完全失效。在这种情况下,必然破坏钻井液的性能,严重时整个体系变成凝胶,丧失流动性。

3. 高温对处理剂与黏土相互作用的影响

(1)高温解吸附作用。

在高温条件下,处理剂在黏土表面的吸附作用会明显减弱,其原因主要是分子热运动加剧所造成的。高温解吸附会直接影响处理剂的护胶能力,从而使黏土颗粒更加分散。严重影响钻井液的热稳定性和其他各种性能,常常表现出高温滤失量剧增,流变性失去控制。

处理剂在黏土表面的吸附与解吸附是一个可逆过程。一旦温度降低,处理剂又会被黏土颗粒吸附,钻井液性能也会相应地得以恢复。

(2)高温去水化作用。

在高温条件下,黏土颗粒表面和处理剂分子中亲水基团的水化能力会有所降低,使水化膜变薄,从而导致处理剂的护胶能力减弱。其强弱程度除与温度有关外,还取决于亲水基团的类型。凡通过极性键或氢键水化的基团,高温去水化作用一般较强;而由离子基水化形成的水化膜,高温去水化作用相对较弱。

高温去水化使处理剂的护胶能力减弱,常导致滤失量增大,严重时会促使高温胶凝和高温固化等现象的发生。

4. 高温引起的钻井液性能变化

高温所引起的钻井液性能变化可归纳为不可逆的性能变化和可逆的性能变化。

(1)不可逆的性能变化。

由黏土颗粒高温分散和处理剂高温降解、高温交联而引起的高温增稠、高温胶凝、高温固化、高温减稠以及滤失量上升、泥饼增厚等均属于不可逆的性能变化。

一般来讲,高温增稠是高温分散所导致的结果,其程度与黏土性质和含量有密切的关系;如果黏土含量超过容量限,在高温分散和高温去水化作用下,相距很近的片状黏土颗粒会彼此连接起来,形成布满整个容积的连续网架结构,即形成凝胶;在发生高温胶凝的同时,如果在黏土颗粒相结合的部位生成水化硅酸钙,则会进一步固结成型,发生高温固化,如高 pH 值的石灰钻井液发生固化的最低温度为 130 ℃。

当钻井液中黏土的土质较差且含量又较低时,会出现高温减稠现象。此时,尽管仍有黏土高温分散等导致钻井液增稠的因素,但高温所引起的钻井液滤液黏度降低以及固相颗粒热运动加剧使颗粒间内摩擦作用减弱,也会造成钻井液表观黏度降低。

在高温下某种钻井液的性能究竟会出现什么变化,主要取决于黏土类型、黏土含量、高价金属离子及其浓度、pH 值、处理剂抗温能力以及温度的高低与作用时间等。搞好固相控制,尽可能降低固相含量,防止膨润土超量使用,对于维持深井水基钻井液性能十分重要。

(2)可逆的性能变化。

由高温解吸附、高温去水化以及正常的高温降黏作用而引起的钻井液滤失量增大、黏度降低等均属于可逆的性能变化。

一般来讲,不可逆的性能变化关系到钻井液的热稳定性;可逆的性能变化则反映钻井液从井口到井底,然后再返回到井口这个循环过程中的性能变化。对于抗高温水基钻井液,必须同时考虑这两个方面的问题。研究钻井液不可逆的性能变化,需要模拟井下温度，用滚子加热炉对钻井液进行滚动老化，然后冷却至室温，评价高温后的性能；研究钻井液可逆的性能化，则需要使用专门仪器测定其在高温高压下的流变性和滤失量，评价其高温条件件下的性能。

7.6.2 抗高温钻井液处理剂的作用原理

1. 对处理剂的一般要求

高温稳定性好，在高温条件下不易降解；对黏土颗粒有较强的吸附能力，受温度影响小；有较强的水化基团，使处理剂在高温下有良好的亲水特性；能有效地抑制黏土的高温分散作用；在有效加量范围内，抗高温降滤失剂不得使钻井液严重增稠；在 pH 值较低时（pH 值为 7～10）也能充分发挥其功效，有利于控制高温分散，防止高温胶凝和高温固化现象的发生。

2. 处理剂的分子结构特征

（1）为了提高热稳定性，处理剂分子主链以及主链与亲水基团的连接键应为 C—C、C—N、C—S 等，应尽量避免分子中有易氧化的醚键和易水解的酯键。

（2）为了使处理剂在高温下对黏土表面有较强的吸附能力，常在处理剂分子中引入 Cr^{3+}、Fe^{3+} 等高价金属阳离子，使之与有机处理剂形成络合物，如铬-腐殖酸钠等。其目的是用这些高价金属阳离子作为吸附基，它们在带负电荷的黏土表面上可发生牢固而受温度影响较小的静电吸附。与此同时，高价金属阳离子的引入对抑制黏土颗粒的高温分散也会起相当大的作用。

（3）为了尽量减轻高温去水化作用，处理剂分子中的主要水化基团应选用亲水性强的离子基，如磺酸基（$—SO_3^-$）、磺甲基（$—CH_2SO_3^-$）和羧基（$—COO^-$）等，以保证处理剂吸附在黏土颗粒表面后能形成较厚的水化膜，使钻井液具有较强的热稳定性。这也是单宁、褐煤和酚醛树脂分子上引入磺甲基其抗温能力提高的原因。

（4）为了使处理剂在较低 pH 值情况下也能充分发挥其效力，则要求其亲水基团的亲水性尽量不受 pH 值的影响。相比之下，带有磺酸基的处理剂可以较好地满足这一要求。

3. 常用的处理剂

（1）抗高温降黏剂

抗高温降黏剂与一般降黏剂的不同之处，主要表现在不仅能有效地拆散钻井液中黏土晶片以端-面和端-端连接而形成的网架结构，而且能通过高价阳离子的络合作用，有效地抑制黏土的高温分散。

①磺甲基单宁（SMT），简称磺化单宁，适于在各种水基钻井液中作降黏剂，在盐水和饱和盐水钻井液中仍能保持一定的降黏能力，抗钙可达 1 000 mg/L，抗温可达 180～200 ℃。其加量一般在 1% 以下，使用的 pH 值范围为 9～11。

②磺甲基栲胶（SMK），简称磺化栲胶，抗温可达 180 ℃。其降黏性能与 SMT 相似，可任选一种使用。

③磺化苯乙烯马来酸酐共聚物（SSMA）是一种抗温可达 230 ℃的稀释剂。该产品在美国应用比较广泛，国内也有应用，但成本较高。

(2)抗高温降滤失剂

①磺甲基褐煤(SMC),简称磺化褐煤,既是抗高温降黏剂,同时又是抗高温降滤失剂;具有一定的抗盐、抗钙能力,抗温可达200~220 ℃,一般质量分数为3%~5%。

②磺甲基酚醛树脂,简称磺化酚醛树脂,分1型(SMP-1)和2型产品(SMP-2)。在200~220 ℃,甚至在更高的温度下,不会发生明显降解,并且抗盐析能力强。SMP-1必须与SMC等处理剂配合使用,才能有效地降低钻井液的滤失量,其中与SMC复配使用的效果尤为明显。SMP-2主要用于抗180~200 ℃的饱和盐水钻井液和Cl^-质量浓度大于11×10^4mg/L的高矿化度盐水钻井液。

国内常用的抗高温降滤失剂还有磺化木质素磺甲基酚醛树脂(SLSP)、水解聚丙烯腈Na-HPAN)、酚醛树脂与腐殖酸的缩合物(SPNH)以及丙烯酸与丙烯酰胺共聚物(PAC系列)等。

国外抗高温钻井液处理剂,如美国早期研制的SSMA(磺化苯乙烯马来酸酐共聚物)是一种相对分子质量为1 000~5 000、抗温可达229 ℃的稀释剂;Resinex是一种磺化褐煤树脂,可抗温220 ℃的降滤失剂。近年来,美国研制的CDP或TSD聚丙烯酸钠和乙烯磺酸盐共聚物)是一种相对分子质量为1 000~5 000、抗Ca^{2+}能力达1 800 mg/L、抗温可达260 ℃的解絮凝剂。德国研制的Polyydrill或HT-Polymer是一种相对分子质量为20万的磺化聚合物,抗Ca^{2+}能力达4.5×10^4 mg/L,抗Mg^{2+}能力达10×10^4 mg/L,抗温可达260 ℃;德国研制的相对分子质量为75万~150万的COP-1(2-丙烯酰胺基2-甲基丙烯磺酸盐和丙烯酰胺共聚物)和COP-2(2-丙烯酰胺基2-甲基丙烯磺酸盐和*n*-烷基丙烯酰胺共聚物)配合使用,不仅抗温可达260 ℃,而且抗盐、抗钙能力极强。这些处理剂在分子组成上有一个共同点,即在碳链上都含有磺酸根(—SO_3^-)。

7.6.3　常用抗高温钻井液体系及其应用

深井水基钻井液体系必须具有抗高温的能力,在进行配方设计时,要优选能够抗高温的处理剂,高温条件下对黏土的水化分散具有较强的抑制能力,具有良好的润滑性和高温流变性。在高温条件下能否保证钻井液具有很好的流动性和携带、悬浮岩屑的能力至关重要。对于深井加重钻井液,尤其应加强固控,并控制膨润土含量以避免高温增稠。当钻井液密度在2.08 g/cm^3以上时,膨润土含量更应严格控制。必要时可通过加入生物聚合物等改进流型,提高携岩能力以及加入抗高温的稀释剂控制静切力。当固相含量很高时,防止卡钻尤为重要,要加入抗高温的液体或固体润滑剂以及混油等措施来降低摩阻。

1.磺化钻井液

磺化钻井液是以SMC、SMP-1、SMT和SMK等处理剂中的一种或多种为基础配制而成的钻井液。由于以上磺化处理剂均为分散剂,因此磺化钻井液是典型的分散钻井液体系。20世纪70年代后期,四川女基井和关基并分别用此类钻井液钻至6 011 m和7 175 m。其主要特点是热稳定性好,在高温高压下可保持良好的流变性和较低的滤失量,抗盐能力强,泥饼致密且可压缩性好,并具有良好的防塌、防卡性能。

(1)SMC钻井液。

SMC钻井液体系主要利用SMC既是抗温稀释剂,又是抗温降滤失剂的特点,通过室内试验确定其适宜加量之后，用膨润土直接配制或用井浆转化为抗高温深井钻井液。一般需加入适量的表面活性剂以进一步提高其热稳定性。该类体系可抗 180～220 ℃的高温，但抗盐、抗钙的能力较弱，仅适用于深井淡水钻井液。

其典型配方（以下均为质量分数）为：（4%～7%）膨润土+（3%～7%）SMC+（0.3%～1%）表面活性剂，并加入烧碱将 pH 值控制在 9～10，必要时混入 5%～10% 原油或柴油以增强其润滑性。

在用膨润土配浆时，必须充分预水化，否则所配出钻井液的黏度、切力过低。但需注意膨润土切勿过量，若一旦出现膨润土过度分散或含量过高时，可加入适量 CaO 降低其分散度，然后再加入 SMC 调整钻井液性能。在现场维护方面，可以使用与井浆含量相同的 SMC 胶液（一般为 5%～7%）控制井浆黏度，并保持膨润土质量浓度为 100～130 g/L。若因膨润土含量过低造成黏度达不到要求，则可补充预水化膨润土浆，并相应加入适量 SMC。四川女基井曾使用该类钻井液顺利钻至 6 011 m。

（2）三磺钻井液。

三磺钻井液体系所用的主处理剂为 SMP-1（或 SMP-2）、SMC 和 SMT（或 SMK）。其中 SMP-1 与 SMC 复配，使钻井液的 HTHP 滤失量得到有效地控制；SMT 或 SMK 用于调整高温下的流变性能，从而大大地提高了钻井液的防塌、防卡、抗温以及抗盐侵、钙侵的能力。试验表明，抗盐可至饱和，抗 Ca^{2+} 能力可达 4 000 mg/L，钻井液密度可提至 2.25 g/cm^3；若加入适量 $Na_2Cr_2O_7$，抗温可达 200～220 ℃。

该体系中膨润土的允许含量视钻井液密度而定（表 7.17），所选用处理剂的品种和加量则与钻井液含盐量有关。三磺钻井液的推荐配方及性能见表 7.18。

表 7.17 三磺钻井液的密度与膨润土允许含量的关系

钻井液的密度/（g·cm^{-3}）	<1.4	1.6	1.8	2.0
膨润土的允许质量浓度/（g·L^{-3}）	45～80	47～70	40～60	30～50

表 7.18 三磺钻井液的推荐配方及性能

基本配方		可达到的性能	
材料名称	加量/（kg·cm^{-3}）	项目	指标
膨润土	80～150	密度/（g·cm^{-3}）	1.15～2.00
纯碱	5～8	漏斗黏度/s	30～50
磺化褐煤	30～50	API 滤失量/mL	≤5
磺化栲胶	5～15	HTHP 滤失量/mL	约 15
磺化酚醛树脂	30～50	泥饼/mm	0.5～1
SLSP	40～60	塑性黏度/（mPa·s）	10～15
红矾钾（或钠）	2～4	动切力/Pa	3～8
CMC（低黏）	10～15	静切力（初/终）/Pa	0～5 或 2～15
Span-80	3～5	pH 值	≥10
润滑剂	5～15	含砂量	0.5～1
烧碱	约 3		
重晶石	视需要而定		
各类无机盐	视需要而定		

配制三磺钻井液时，可先配成预水化膨润土浆，再加入各种处理剂，也可直接用井浆转化。维护时，通常加入按所需含量比配成的处理剂混合液。若黏度、切力过高，则可加入低含量混合液或SMT(或SMK)；若滤失量过高，则可同时补充SMC和SMP-1。四川关基井最后使用此类钻井液钻至7 175 m。当钻井液密度增至2.16~2.25 g/cm^3时，钻井液在高温下性能稳定，HTHP滤失量为12.8~13.6 mL，泥饼的摩擦系数为0.16~0.19。

三磺钻井液的研制成功，是我国在深井钻井液技术上的一大进步，其主要标志是有效地降低了HTHP滤失量，改善了泥饼质量，减少了深井常出现的坍塌、卡钻等井下复杂情况，在很大程度上提高了深井钻探的成功率。

2.聚磺钻井液

聚磺钻井液是将聚合物钻井液和磺化钻井液结合在一起而形成的一类抗高温钻井液体系。尽管聚合物钻井液在提高钻速、抑制地层造浆和提高井壁稳定性等方面确有十分突出的优点，但总体来看，其热稳定性和所形成泥饼的质量还不适应在井温较高的深井中使用，特别是对硬脆性页岩地层，常常需加入一些磺化类处理剂来改善泥饼质量，以降低钻井液的HTHP滤失量。聚磺钻井液既保留了聚合物钻井液的优点，又对其在高温高压下的泥饼质量和流变性进行了改进，从而有利于深井钻速的提高和井壁的稳定。该类钻井液的抗温能力可达200~250 ℃，抗盐可至饱和。从20世纪80年代起，这种体系已广泛应用于各油田深井钻井作业中。

聚磺钻井液的配方和性能应根据井温、所要求的矿化度和所钻地层的特点，在室内实验基础上加以确定。一般情况下膨润土质量浓度为40~80 g/L，随井温升高和含盐量、钻井液密度增加，其含量应有所降低。

聚磺钻井液所使用的主要处理剂可大致分成两大类：一类是抑制剂类，包括各种聚合物处理剂及KCl等无机盐，其作用主要是抑制地层造浆，从而有利于地层的稳定；另一类是分散剂，包括各种磺化类、褐煤类处理剂以及纤维素、淀粉类处理剂等，其作用主要是降滤失和改善流变性，从而有利于钻井液性能的稳定。

相对分子质量较高的聚丙烯酸盐，如80A51、FA367、PAC141和KPAM等，通常在体系中用作包被剂，其加量应随钻井液含盐量增加而增大，随温度升高而减少，一般加量范围为0.1%~1.0%。

相对分子质量中等的聚合物处理剂，如水解聚丙烯腈的盐类，常在体系中起降滤失和适当增黏的作用，其加量为0.3%~1.0%。

相对分子质量较低的聚合物，如XY-27等，在体系中主要起降黏、降切力的作用，其一般加量为0.1%~0.5%。

磺化酚醛树脂类产品，如SMP-1、SPNH和SLSP等，常与SMC复配用于改善泥饼质量和降低钻井液的HTHP滤失量。前者的加量一般为1%~3%，后者为0~2%。此外，常用1%~3%的磺化沥青封堵泥页岩的层理裂隙，增强井壁稳定性和进一步改善泥饼质量。必要时还须加入0.1%~3%的$Na_2Cr_2O_7$或$K_2Cr_2O_7$，以提高钻井液的热稳定性。

聚磺钻井液大多由上部地层所使用的聚合物钻井液在井内转化而成。转化最好在技术套管中进行，可以先将聚合物和磺化类处理剂分别配制成溶液，然后按配方要求与一定数量的井浆混合，或者先用清水将井浆稀释，使其中膨润土含量达到一个适宜范围，然后再加入适量的磺化类处理剂和聚合物。如果在裸眼中进行转化,则最好按配方将各种处理剂配成混合液,在钻进过程中逐渐加入井浆内,直至性能达到要求。

适宜的膨润土含量是聚磺钻井液保持良好性能的关键,必须严加控制。如果泥饼质量变差,HTHP 滤失量增大,应及时增大 SMP-1、SMC 和磺化沥青的加量;若流变性能不符合要求,则可调整不同相对分子质量聚合物所占的比例以及膨润土的含量;若抑制性较差,则可适当增大高分子聚合物包被剂的加量或加入适量 KCl。

在深井的不同井段,由于井温和地层特点各异,对两类处理剂的使用情况应有所区别。上部地层应以增强抑制性和提高钻速为主,而下部地层应以抗高温降滤失为主。深井上部地层以聚合物体系为主("多聚少磺"或"只聚不磺"),下部地层以磺化体系为主("多磺少聚"或"只磺不聚")的实施原则,其分界点大致在井深 2 500 ~ 3 000 m。

7.7 水包油乳化钻井液

水包油乳化钻井液是将一定量的油分散在淡水或不同矿化度的盐水中,形成以水为连续相,油为分散相的水包油乳状液,由水相、油相、乳化剂、增黏剂和其他处理剂组成,水相是外相,油相为内相。水相可以是淡水、盐水或海水;油相以高闪点、高燃点和高苯胺点的矿物油,如柴油、原油、白油和气制油为主。体系密度一般通过改变油水比调节,也可以通过加入碳酸钙粉加重或加入不同类型的可溶性无机盐,使其成为无固相低密度钻井液。

7.7.1 水包油乳化钻井液的优点和难点

水包油乳化钻井液经过多年的发展和应用已经成为一项成熟的钻井液技术。在地层压力系数降低、缝洞发育易井漏、漏失严重且地层稳定的老油田开发、欠平衡钻井方面应用取得了很好的效果。

1. 优点

(1)体系性能稳定,热稳定性好,流动性好,滤失量低,抑制性好,稳定井壁能力较强。

(2)密度可以控制在 0.89 ~ 1.00 g/cm^3(无固相不加重时),近平衡钻进时对储层损害小,有利于解放油气层,提高油气井的产能。

(3)能有效防止井漏和提高机械钻速,不影响电测和核磁测井。

(4)与泡沫和充气钻井液体系比较而言,不需配备特种设备,且性能易调控。

(5)润滑性好,可降低摩阻。

(6)比纯油基钻井液成本低,对橡胶件损害小,重要的是不会造成储层润湿反转,有利于储层保护。

2. 难点

与常规钻井液相比,水包油乳化钻井液也存在一些难点。

(1)水包油乳化钻井液的关键在于乳化剂的选择,选择乳化剂时,其 HLB 值是主要指标,水包油乳化钻井液的 HLB 值一般选择在 8 ~ 18。

(2)低固相条件下的携砂能力。水包油钻井液中无固相、无膨润土,在井温大于 120 ℃后处理剂高温稳定性变差,提高黏切比较困难。

(3)体系高温乳化稳定性。水包油钻井液属于热力学不稳定体系,井底高温高压下易发生破乳、反向乳化等。

(4)近平衡条件下钻井液体系安全性。由于是在近平衡条件下施工,井内流体易窜出,必须配合近平衡设备及流体分离设备和流程,作业难度较大。

7.7.2　水包油乳化钻井液典型配方

典型配方(以下均指质量分数)1:(30% ~70%)柴油+(70% ~30%)水+(1.5% ~2.0%)主乳化剂+(0.5% ~1.0%)辅助乳化剂+(0.5% ~0.8%)高温增黏剂+(2.0% ~3.0%)高温稳定剂+(2.0% ~3.0%)高温降滤失剂。该体系性能见表7.21中序号1。

典型配方2:80%海水+20%气制油+0.2% NaOH+(0.5% ~0.6%)聚合物增黏剂+3%主乳化剂+1%辅助乳化剂+(1.0% ~1.5%)降滤失剂+石灰石粉。该体系性能见表7.19序号2。

表7.19　水包油乳化钻井液性能

序号	密度/(g·cm^{-3})	漏斗黏度/s	塑性黏度/(mPa·s)	动切力/Pa	静切力(初/终)/Pa	API滤失量/mL	pH值
1	0.91 ~0.95	40 ~80	12 ~28	5 ~18	1.5 ~4.5/2.5 ~9.0	5.0 ~8.0	9 ~11
2	0.9 ~1.05	42 ~51	10 ~14	11 ~16	4 ~5/3 ~7	3.2 ~5	

7.7.3　水包油乳化钻井液现场维护

配制水包油乳化钻井液前,要先彻底清理泥浆罐底以及泥浆槽内的沉积物。分别在不同的泥浆罐中配制胶液和乳化油,配制时搅拌要充分,使聚合物充分溶解,然后用配浆泵将配好的胶液和乳化油充分混匀,搅拌约2 h后测其性能。

用油包水钻井液替换原用钻井液时,要先替入清水隔离液30 m^3,再替入水包油钻井液,水包油钻井液返出时替换完毕。要有一定的储备量,在钻井过程中根据钻井液的消耗,按配方比例随时补充水包油乳状液。正常维护处理时,处理剂均配成稀释胶液加入,避免直接加入干粉。每天检测水包油钻井液油水比,注意水包油钻井液油水比的变化,及时补充水分,避免因井深温度高、水蒸气蒸发造成体系反向逆转。定期补充烧碱水,维持pH值。

加入高温增黏剂、柴油、乳化剂、高温降滤失剂、高温防塌剂均能增加钻井液黏度和切力。加水或降低分散相比例可降低钻井液黏度和切力;需要增加密度时,加入清水和高温降滤失剂或石灰石粉。需要降低密度时,加入柴油和乳化剂,同时注意油水比例变化。如果膨润土及固相含量过高,利用除砂器和离心机清除固相,同时注意黏度和切力的变化;密切注意水包油乳状液稳定性的变化,如果高温出现油水分层,说明有破乳现象,应及时增加乳化剂和增黏剂的加量,同时开启混合漏斗、泥浆枪、搅拌器,提高机械剪切速率,使分散相液滴进一步细化。

7.8 新水基钻井液体系简介

7.8.1 甲酸盐钻井液

甲酸盐钻井液是国外20世纪90年代研制并使用的一种新型钻井液。将甲酸与氢氧化钠或氢氧化钾在高温高压下反应制成碱性金属盐，如甲酸钠、甲酸钾、甲酸铯配制成甲酸盐类水基钻井液。甲酸盐盐水钻井液体系是在盐水钻井液和完井液基础上发展起来的，因而除具有盐水钻井液的特点外，还具有其独特的优点。

1. 甲酸盐钻井液的优点

(1)甲酸盐为强电解质，因此甲酸盐钻井液对泥页岩水化膨胀、分散有很强的抑制作用，与储层岩石和流体的配伍性好，有利于减少钻井液对油气层的损害，同时抗盐、抗钙、抗固相污染的能力也明显高于淡水钻井液。

(2)甲酸盐的毒性极低，并易生物降解，不会造成对环境的污染。

(3)甲酸盐水溶液对金属的腐蚀性很弱，对钻具和井下设备、材料基本不会造成损害，从而避免了过去使用 NaCl、KCl、CaCl、$CaBr_2$ 和 $ZnBr_2$ 等卤化物配制清洁盐水钻井液时带来的腐蚀问题。

(4)不需要加重材料就可以配制高密度钻井液，甲酸钠和甲酸钾盐类的水溶液密度分别为1.34 g/cm^{3}和1.60 g/cm^3，具有较宽的密度范围，如需更高的密度，还可以使用甲酸铯(HCOOCs)钻井液，其水溶液密度可高达2.3 g/cm^3。由于不需另添加膨润土，有时甚至可以不加固体加重材料，因此非常适用于配制成无固相或低固相钻井液。

(5)这种钻井液体系的低黏度、水力特性优良，环空压耗小、高瞬时滤失量有利于提高机械钻速。

(6)甲酸盐与常用的聚合物处理剂具有良好的配伍性，并能减缓多种黏度控制剂和降滤失剂在高温高压条件下的降解速度。因此，甲酸盐钻井液可抗高温，并且性能稳定。

2. 甲酸盐钻井液配方举例

根据对降滤失和黏度控制的需要，XC生物聚合物、淀粉以及其他聚合物处理剂常与甲酸盐配合使用，可以根据需要选用稀释剂、pH缓冲剂、H_2S 或二价金属离子清除剂以及暂堵剂等处理剂。从成本考虑，当所要求密度超过1.60 g/cm^{3}时，可用 $CaCO_3$、$FeCO_3$、Fe_2O_3 等酸溶性加重材料。其中使用 Fe_2O_3 时，钻井液密度可达2.3 g/cm^3。这些酸溶性加重材料可在油井酸化时被清除，因此不会对储层造成严重的损害。

配方1(国外)：1 262 kg/m^{3}KCOOH+140.0 kg/m^{3}水+26.6 kg/m^{3}粒度优选的盐+1.6 kg/m^{3}XC+5.4 kg/m^{3}PAC-LV(低黏聚阴离子纤维素)+2.7 kg/m^{3}合成聚合物降滤失剂+271.4 kg/m^3Mn_3O_4(加重)，密度为1.70 g/cm^3。

配方2(国内)：质量分数为23.2% HCOONa水溶液+0.15% XC+0.5% JS-3(多糖类聚合物降滤失剂)+5%超细 $CaCO_3$。

甲酸盐钻井液不仅能用于常规钻井，而且已在小井眼钻井、侧钻水平井钻井和连续管钻井等新技术中得到应用，并取得了非常显著的效果。只是由于目前甲酸盐价格较高，货

源不足,因此在很大程度上限制了这种新型钻井液的广泛应用。随着甲酸盐生产工艺的不断改善和甲酸盐钻井液回收技术的发展,预计其配制成本会不断下降,甲酸盐钻井液具有良好的应用前景。

7.8.2 硅酸盐钻井液

早在20世纪30年代,在钻遇极不稳定的泥页岩地层时,就曾把溶液性硅酸盐作为钻井液处理剂并取得了一定的成功。但是,当时由于其流变性难以用常规降黏剂来控制,多年来一直未能推广应用。到了80年代后期,美国杜邦公司在Dexas油田应用硅酸盐聚合物钻井液钻了一批井,较好地解决了该油田裂缝性地层钻井液漏失问题,而且储层保护效果良好。90年代,随着对环保要求越来越严格,曾一度被否定的硅酸盐钻井液体系又受到重视。该体系由性能较稳定的稀硅酸盐(硅酸钠或硅酸钾)配以XC-生物聚合物、PAC(聚阴离子纤维素)、改性淀粉等作为稳定剂组成。我国于1997年开始研究稀硅酸盐钻井液。

1.硅酸盐钻井液典型配方

国内外研制开发和应用的硅酸盐钻井液体系主要有:硅酸盐-聚合物钻井液体系、硅酸盐-硼凝胶钻井液体系、混合金属硅酸盐钻井液体系、植物胶-硅酸盐钻井液体系。

硅酸盐钻井液典型配方见表7.20,其热稳定性见表7.21。

表7.20 硅酸盐钻井液典型配方

添加剂/($lb \cdot bbl^{-1}$)	XC	PAC R	PAC LV	淀粉	烧碱	纯碱	KCl	硅酸钠
KCl-聚合物-硅酸盐体系	1	1.5	1.0	4.0	0.5	0.25	5~25	5%(体积分数)
饱和盐水-硅酸盐体系	2	—	1.0	4.0	0~0.2	—	5~25	5%(体积分数)

注:1lb=0.453 6 kg,1 bbl=159 L

表7.21 硅酸盐钻井液热稳定性

性能	KCl-聚合物-硅酸盐体系			饱和盐水-硅酸盐体系		
	热滚前	93 ℃热滚后	121 ℃热滚后	热滚前	93 ℃热滚后	121 ℃热滚后
塑性黏度/(mPa·s)	21	16	8	20	17	24
动切力/Pa	21	12	3	20	9.5	17.5
静切力(初/终)/Pa	5/11	3/4	0.5/1	5/10	2/4	5/8.5
API滤失/mL	—	7.6	7.9	—	5.8	7.3
HTHP滤失/mL	11.06	10.05	9.13	12.75	12.65	12.55

现场应用结果表明:稀硅酸盐钻井液与纤维素类、淀粉类、XC-生物聚合物、褐煤类等配成的防塌钻井液,稳定井壁、保护井下安全性能好;硅酸盐无毒、无荧光、成本低,是一种经济且满足环境要求、有发展潜力的水基钻井液体系;该钻井液能稳定裂缝性地层。硅酸盐钻井液尽管有较好的稳定井壁作用,但当膨润土含量高时或钻遇造浆性强的泥页岩地

层时，其流变性能不易稳定。

2. 硅酸盐钻井液稳定井壁机理研究

国外对硅酸盐化学、硅酸盐钻井液稳定井壁机理等方面进行了大量的研究，综合其研究结果可以得出以下结论：

(1)硅酸盐在钻井液中可以形成不同尺寸的胶体和纳米级颗粒。这些颗粒通过吸附、扩散或在压差作用下进入井壁的微小孔隙中；其硅酸根离子与岩石表面或地层水中的钙离子、镁离子发生反应，生成的硅酸钙沉淀覆盖在岩石表面起封堵作用。

(2)含有硅酸盐的钻井液滤液进入地层并与低 pH 值的地层水相遇后，会产生胶凝现象，变成凝胶封堵地层孔喉和裂缝，阻止滤液的进一步浸入地层，达到稳定井壁的目的。

(3)当温度超过 80 ℃(在 105 ℃以上更明显)时，硅酸盐的硅醇基与黏土矿物的铝醇基发生缩合反应，产生胶结性物质，将黏土等矿物颗粒结合成牢固的整体，从而封固井壁，减少钻井液向地层内的浸入量。

(4)硅酸盐体系中的高聚物(如 XC-生物聚合物、PAC 等)不仅可以调节整个体系的流变性，同时还可增加钻井液滤液的黏度，减少滤液的浸入量。另外，通过在硅酸盐钻井液中使用适量的 KCl、NaCl 等无机盐以降低钻井液中水的活度，可诱发孔隙流体向钻井液中渗透，从而达到页岩去水化和改善页岩稳定性的目的。

(5)硅酸盐稳定含盐膏地层，主要是硅酸根与地层中的钙离子、镁离子发生作用，形成沉淀，从而在含盐膏地层表面形成坚韧致密的封固壳来加固井壁。

3. 影响硅酸盐钻井液体系抑制能力和流变性的因素

(1)硅酸盐模数的影响。

随硅酸盐模数增加，体系的抑制能力呈上升趋势，而钻井液体系的表观黏度、塑性黏度及动切力均呈下降趋势。综合考虑，现用的硅酸盐模数为 2.4 ~ 3.2。

(2)硅酸盐加量的影响。

随硅酸盐加，量增大，防塌能力先迅速提高，加量超过一定值后，防塌能力提高的幅度有所减缓；钻井液的表观黏度、塑性黏度和动切力均随硅酸钠加量的增加而呈现出先降低后升高的趋势，加量超过一定值后上升的幅度加大，从而对钻井液的流变性能产生负面影响。通常应将体系中活性硅酸盐的质量分数控制在 5% 左右。

(3)pH 值的影响。

当 pH 值低于 11 时，钻井液中的硅酸盐以原硅酸或以低聚硅酸的形式从钻井液中析出。发生缩合作用生成较长的带支键的—Si—O—Si—链，这种长链进而形成网状结构，包住钻井液中的自由水及固相，使硅酸盐钻井液黏度增大，同时失去防塌作用；当 pH 值高于 11 时，钻井液中的硅酸盐以硅酸根离子或者以聚合硅醇离子的形式存在，钻井液中的硅酸根或硅络合醇吸附沉积在钻屑表面，与钻屑发生相互作用，提高泥页岩的膜效率，从而起到抑制钻屑分散膨胀的作用。

(4)温度的影响。

随着温度升高，硅酸盐在黏土表面的吸附量增加，对黏土的作用加强。当温度超过 80 ℃(在 105 ℃以上更明显)时，硅酸盐的硅醇基与黏土矿物的铝醇基发生缩合反应，产生胶结性物质，将黏土等矿物颗粒结合成牢固的整体，从而封固井壁，减少钻井液向地层内的渗入量,达到稳定井壁的目的;另外,在较高的地层温度下,硅酸盐与黏土接触一定时间后会反应生成一种类似沸石(分子式为 $NaAlSi_2O_6 \cdot H_2O$)的矿物,从而有利于抑制黏土矿物分散膨胀,稳定泥页岩地层。但是,在高温条件下,钻井液中的 K^+、Na^+可与膨润土、泥岩钻屑中的 H^+发生离子交换,降低钻井液体系的碱性,使钻井液的黏度、切力上升,进而导致钻井液流变性不能满足要求,体系中的硅酸根、硅酸根聚合体以原硅酸、聚合硅酸的形式析出,降低硅酸盐钻井液的防塌能力。

7.8.3 聚合醇钻井液技术

聚合醇(又称多元醇)钻井液,是20世纪90年代研制成功的一种新型防塌钻井液。此类钻井液是在原有水基钻井液的基础上,再加入一定数量的聚合醇配制而成的。聚合醇是一种非离子型的相对分子质量较低的聚合物。它既具有一般聚合物的特性,又具有非离子表面活性剂的某些特性。其结构通式为$(HOCH_2CH_2OH)_n$,主要产品有聚乙烯乙二醇、聚丙烯乙二醇和聚甘油等。通常将适量聚合醇类处理剂(如 JLX)与聚合物配合使用,形成一类新型的聚合醇钻井液。

1.聚合醇钻井液的典型配方

典型配方1:质量分数为(3%~3.5%)膨润土浆+(0.1%~0.4%)聚合物包被剂+(2%~5%)JLX+0.5%~1%改性淀粉(或 NH_4-HPAN)。

典型配方2:膨润土海水浆+质量分数为0.25%PAC-LV+0.2PAC-HV+0.2%80A51+0.9%NH_4-HPAN+3%JLX+2%WLD(具有类硅酸盐结构的高温防塌剂)。

我国各油田成功地在多种类型的井中应用聚合醇钻井液体系,较好地解决了井壁稳定、润滑防卡及环境等问题,对安全快速钻井、减少井下复杂情况、保护环境、保护油气层发挥了积极作用,取得了良好的效果。

2.聚合醇钻井液的特点

聚合醇类处理剂的一个显著特征是:尽管它们在常温下易溶于水,但当升至一定温度时,会出现相分离现象而形成乳状液。通常将聚合醇水溶液受热而变浑浊或冷却后又变澄清时的温度叫作浊点。影响聚合醇浊点的因素很多,一般随其自身质量分数增加而降低。此外,当钻井液中无机盐和其他有机处理剂质量分数增加时,浊点也有所下降。例如,5%的 NaCl 会使聚合醇的浊点降低5~10 ℃。当聚合醇钻井液在井下的温度超过浊点时,所形成乳状液的乳滴容易吸附在井壁上,或包被在钻屑表面,形成一种类似于油的憎水膜,从而可提高钻井液的抑制、防塌和润滑性能。当钻井液返回地面时,又因温度降至浊点以下,聚合醇重新恢复其水溶性。

研究表明,聚合醇对水基钻井液性能有很好的改善,能增强钻井液的抗温性,如 JLX能将聚合物钻井液的抗温能力提高20 ℃以上;能明显增强钻井液的抑制性和润滑性;与常用聚合物钻井液具有良好的配伍性,并且在聚合物钻井液中,聚合醇具有一定的稀释和降滤失作用;有利于保护油气层,当聚合醇在其浊点以上时,对泥饼具有一定的堵孔作用,可防止钻井液固相颗粒和滤液的侵入,聚合醇能降低油水界面的张力,减轻水锁损害,因而能提高低渗岩样的渗透率恢复值;聚合醇毒性低,可生物降解,因而能满足环保要求;聚合醇的荧光度很低,有利于识别和发现油气层。

7.8.4 泡沫钻井流体

对于低压裂缝性油气层、稠油层、低压强水敏或易发生严重井漏的油气层，由于其压力系数低(往往低于0.8)，要减轻正压差造成的损害，需要选择密度低于1.0 g/cm³的钻井流体来实现近平衡或欠平衡压力钻井，气体类钻井流体可以实现这一目的。

气体类钻井流体按其组成可分为空气、雾、充气钻井液和泡沫4类。这4类流体的共同特点是密度小、钻速快，通常在负压条件下钻进，因而能有效地钻穿易漏失地层，减轻由于正压差过大而造成的油气层损害。其中后两类已在我国得到推广应用。

1. 泡沫钻井流体配方

泡沫钻井流体按其中水量的不同可分为干泡沫、湿泡沫和稳定泡沫。目前在钻开低压油气层时，通常使用的是稳定泡沫。它是在地面形成泡沫后再泵入井内的一种流体，又称预制稳定泡沫。其液相(分散介质)是发泡剂和水，气相是空气。

典型配方：质量分数为(25% ~ 2%)水+(75% ~ 98%)空气+1%发泡剂+(0.4% ~ 0.5%)稳定剂+0.5%增黏剂。

气液体积比对泡沫的稳定性和流变性有很大影响。试验表明，形成稳定泡沫的气液体积比范围为(75 ~ 98)：(25 ~ 2)，即含液量为2% ~ 25%。配制泡沫时，用一台柱塞泵将发泡剂等各种添加剂、水和一定比例的空气同时注入泡沫发生器内，经过剧烈搅拌，便形成由细小气泡组成的稳定泡沫，然后经由立管泵入井内。

2. 稳定泡沫钻井流体的特点

(1)密度范围一般为0.03 ~ 0.09 g/cm³，流体的静压力只有水的1/50 ~ 1/20，钻井时呈负压状态，再加上泡沫中液体含量少，因此可大大减少滤液和固相进入储层的机会。

(2)由于钻进时其环空流速高达30 ~ 100 m/min，泡沫自身具有较高的黏度，其携屑能力是水的10倍，是常规钻井液的4 ~ 5倍。这样可保证井内的岩屑颗粒能及时地携出井口，从而减少固相颗粒进入储层的机会。

(3)与储层有较好的配伍性，能有效地对付地层水，并且抗污染能力强。

(4)泡沫作为循环流体只能使用一次，因此所携出的岩屑颗粒不可能重新进入地层。

(5)机械钻速高，泡沫与储层的接触时间短。

上述特点使稳定泡沫成为比较理想的保护油气层的钻井流体，特别适于钻低压油气层，也是目前欠平衡钻井中常使用的一种钻井流体。这种体系的不足之处在于配制成本较高，作业时对气液比的要求十分严格，控制气液比有一定难度；废泡沫的排放问题必须加以考虑等。此外，还须配置一整套专用设备，以上诸方面在很大程度上限制了稳定泡沫钻井技术的广泛应用。

7.8.5 暂堵型钻井液技术

当油气层被钻开时，利用钻井液液柱压力与油气层压力之间形成的正压差，在极短时间(几分钟)内，迫使钻井液中起暂堵作用的各种类型和尺寸的固体颗粒进入油气层的孔喉。在井壁附近形成渗透率接近于零(完全堵死)的屏蔽暂堵带(或称为屏蔽环)，有效地阻止钻井液、水泥浆中的固相和滤液继续侵入油气层的钻井液技术称为暂堵型钻井液技术(又称屏蔽暂堵保护油气层钻井液技术)。所形成的屏蔽环厚度必须远远小于射孔弹射入深度,可以通过射孔来解堵。

暂堵型钻井液技术还可以有效地解决长裸眼井段中存在多套压力体系地层的矛盾。比如,上部井段存在高孔隙压力或处于强地应力作用下的易坍塌泥岩层或易发生塑性变形的盐膏层和含盐膏泥岩层,下部为低压油气层;多套低压油气层之间存在高孔隙压力的易坍塌泥岩互层;老油区因采油或注水而形成的过高压差而引起的油气层损害。因为同在一个裸眼井段中,为了顺利钻井,钻井液密度必须按裸眼井段中所存在最高孔隙压力来确定,否则就会发生井下复杂情况或钻井事故。暂堵型钻井液技术在低压层所形成的屏蔽环,能承受较高的压力,从而可较好地解决这一技术难题。

形成屏蔽环的条件,除需要有一定的正压差外,还与钻井液中所选用暂堵剂的类型、含量及其颗粒的尺寸密切相关。其技术要点如下:

(1)测出油气层孔喉分布曲线及孔喉的平均直径。

(2)按平均孔喉直径的1/2~2/3选择架桥颗粒(通常用超细$CaCO_3$、单向压力暂堵剂)的粒径,使这类颗粒在钻井液中的质量分数大于3%。

(3)按颗粒直径小于架桥颗粒(约为平均孔喉直径的1/4)选择充填颗粒,其加量应大于1.5%。

(4)加入1%~2%的可变形颗粒,如磺化沥青、氧化沥青、石蜡、树脂等物质,粒径应与充填颗粒相当,变形颗粒的软化点应与油气层温度相适应。

通过实施屏蔽暂堵保护油气层钻井液技术,可以较好地解决裸眼井段多套压力层系钻井、完井过程中对油层的保护问题,使初产产能提高10%~50%,甚至更高,油气井产量普遍得到提高。该项技术已在全国多个油田推广应用。

复习思考题

1. 比较常用各种类水基钻井液的特点、配制原理及现场应用要点。
2. 收集所在油田钻不同类型井使用的钻井液类型。
3. 不分散低固相钻井有哪些性能指标?
4. 分析深井、超深井的特殊作业条件及对钻井液引起的物理化学变化。
5. 高温对处理剂有哪些要求?举例说明抗高温处理剂的特点。
6. 新型水基钻井液有哪些?各有什么特点?

第8章 油基钻井液

油基钻井液是以油作为连续相,以亲油胶体或水作为分散相形成的分散体系。20 世纪 20 年代开始使用原油钻井,以避免和减少钻井过程中各种复杂情况的发生,逐渐发展为全油基钻井液和油包水乳化钻井液。与水基钻井液相比较,其优点是具有抗高温、抗盐钙侵、有利于井壁稳定、润滑性能好、对油气层损害小等;其缺点是初始配制成本比水基钻井液高得多,劳动条件较差,易损坏橡胶件,易着火,使用时往往会对井场附近的生态环境造成严重影响,机械钻速一般较低等。

纯油基钻井液主要由 0 号柴油、氧化沥青、有机土、油酸、CaO 粉和青石粉组成。含水相或含水量低于5%,常用于低渗、低孔、强水敏性的砂岩储层取心和完井。这种钻井液的典型配方:质量分数为(95% ~100%)柴油+(0 ~5)% 水+(10% ~12%)氧化沥青+(2% ~3%)有机土+(2.5% ~3.5%)油酸+(8% ~10%)CaO+青石粉。全油基钻井液已经很少应用,目前现场应用的主要是油包水乳化钻井液、低胶质油包水乳化钻井液和低毒油包水乳化钻井液。

油基钻井液已成为钻高难度的高温深井、大斜度定向井、水平井和各种复杂地层的重要手段,并且还可广泛地用作解卡液、射孔完井液、修井液和取心液等。未来油基钻井液的主要发展方向是抗高温、提高钻速、降低成本及防止污染环境等方面。

8.1 油包水乳化钻井液的组成与性能

8.1.1 油包水乳化钻井液的组成

1. 基油

在油包水乳化钻井液中用作连续相的油称为基油。目前普遍使用的基油为柴油(我国常使用0 号柴油)和各种低毒矿物油。为确保安全,基油闪点和燃点应分别在 82 ℃和 93 ℃以上。

由于柴油中所含的芳烃对钻井设备的橡胶部件有较强的腐蚀作用,因此芳烃含量不宜过高,一般要求柴油的苯胺点在 60 ℃以上。苯胺点是指等体积的油和苯胺相互溶解时的最低温度。苯胺点越高,表明油中烷烃含量越高,芳烃含量越低。为了有利于对流变性的控制和调整，其黏度不宜过高。

2. 水相

淡水、盐水或海水均可用作油基钻井液的水相。但通常使用含一定量 $CaCl_2$ 或 NaCl 的盐水，其主要目的在于控制水相的活度，以防止或减弱泥页岩地层的水化膨胀，保证井壁稳定。

油包水乳化钻井液的水相含量通常用油水比来表示。一般情况下，水相的质量分数为15%～40%，最高可达60%，但不低于10%。

在一定的含水量范围内，随着水所占比例的增加，油基钻井液的黏度、切力逐渐增大。因此，人们常用它作为调控油基钻井液流变参数的一种方法，同时增大含水量可减少基油用量，降低配制成本。但是，随着含水量增大，维持油基钻井液乳化稳定性的难度也随之增加，必须添加更多的乳化剂才能使其保持稳定。对于高密度油基钻井液，水相含量应尽可能小些。在实际钻井过程中，一部分地层水会不可避免地进入钻井液，即油水比呈自然下降趋势，为了保持钻井液性能稳定，必要时应适当补充基油。

3. 乳化剂

为了形成稳定的油包水乳化钻井液，必须正确选择和使用乳化剂，常用的乳化剂有高级脂肪酸的二价金属皂，如硬脂酸钙、烷基磺酸钙、烷基苯磺酸钙、斯盘-80(Span-80)、环烷酸钙、石油磺酸铁、油酸、环烷酸酰胺和腐殖酸酰胺等。国外在该类钻井液中使用的乳化剂多用代号表示，如 Oilfaze、Vertoil、EZ-Mul、DFL 和 Invermul 等。

4. 润湿剂

大多数天然矿物是亲水的。当重晶石粉和钻屑等亲水的固体颗粒进入 W/O 型钻井液时，它们趋向于与水聚集，引起高黏度和沉降，从而破坏乳状液的稳定性。

为了避免以上情况的发生，有必要在油相中添加润湿剂，使重晶石和钻屑颗粒表面由亲水变为亲油，从而保证它们能很好地悬浮在油相中。

虽然用作乳化剂的表面活性剂也能够在一定程度上起润湿剂的作用，但其效果有限。较好的润湿剂有季铵盐(如十二烷基三甲基溴化铵)、卵磷脂和石油磺酸盐等。国外常用的润湿剂有 DV-33、DWA 和 EZ-Mul 等，其中 DWA 和 EZ-Mu1 可同时兼作乳化剂。

5. 亲油胶体

习惯上将有机土、氧化沥青以及亲油的褐煤粉、二氧化锰等分散在油包水乳化钻井液油相中的固体处理剂统称为亲油胶体，其主要作用是增黏和降滤失。其中使用最普遍的是有机土，其次是氧化沥青。有了这两种处理剂，使油基钻井液的性能可以像水基钻井液那样很方便地随时进行必要的调整。

有机土很容易分散在油中起提黏和悬浮重晶石的作用，通常在100 mL油包水乳化钻井液中加入3 g有机土便可悬浮200 g左右的重晶石粉。有机土还可在一定程度上增强油包水乳状液的稳定性，起固体乳化剂的作用。

氧化沥青是一种将普通石油沥青经加热吹气氧化处理后与一定比例的石灰混合而成的粉剂产品，常用作油包水乳化钻井液的悬浮剂、增黏剂和降滤失剂，也能抗高温和提高体系的稳定性。氧化沥青是最早使用的油基钻井液处理剂之一，对控制滤失效果很好，但对提高机械钻速不利。

6. 石灰

石灰是油基钻井液中的必要组分，其主要作用有以下3个方面：

(1)提供的Ca^{2+}有利于二元金属皂的生成，从而保证所添加的乳化剂可充分发挥效能。

(2)维持油基钻井液的pH值在8.5~10范围内，以利于防止钻具腐蚀。

(3)可有效地防止地层中CO_2和H_2S等酸性气体对钻井液的污染。

在油基钻井液中，未溶$Ca(OH)_2$的质量浓度一般应保持在0.43~0.72 kg/m^3范围内；或者将钻井液的甲基橙碱度控制在0.5~1.0 mL，当遇到CO_2或H_2S污染时应提至2.0 mL。

7. 加重材料

重晶石粉在水基和油基钻井液中，都是最重要的加重材料。对于油基钻井液，加重前应注意调整好各项性能，油水比不宜过低，并适当地多加入一些润湿剂和乳化剂，使重晶石加入后，能够较好地分散和悬浮在钻井液中。

对于密度小于1.68 g/cm^3的油基钻井液，可用碳酸钙作为加重材料。虽然其密度只有2.7 g/cm^3，但其优点是比重晶石更容易被油所润湿，而且具有酸溶性，可兼作保护油气层的暂堵剂。

8.1.2 推荐配方及其性能参数

国内外各钻井液公司都根据本地区的具体情况及存在的实际问题，在大量实验的基础上，研制出各种配方的油基钻井液。我国各油田使用该类钻井液主要是为解决深井复杂地层，如高温地层、厚的岩膏及泥盐混合层段而研制的。

我国《钻井手册(甲方)》中所推荐的油包水乳化钻井液的基本配方及性能参数见表8.1；各油田使用的配方及性能见表8.2。

表8.1 油包水乳化钻井液的基本配方及其性能参数

配方		性能	
材料名称	加量/($km\cdot m^{-3}$)	项目	指标
有机土	20~30	密度/($g\cdot cm^{-3}$)	0.90~2.00
主乳化剂:环烷酸钙	20左右	漏斗黏度/s	30~100
油酸	20左右	表观黏度/s	20~120
石油磺酸铁	100左右	塑性黏度/(mPa·s)	15~100
环烷酸酰胺	40左右	动切力/Pa	2~24
辅助乳化剂:Span-80	20~70	静切力(初/终)/Pa	(0.5~2)/(0.8~5)
ABS	20左右	破乳电压/V	500~1 000
烷基苯磺酸钙	70左右	API滤失量/mL	0~5
石灰	50~100	HTHP滤失量/mL	4~10

续表 8.1

配方		性能	
$CaCl_2$	70 ~ 150	pH 值	10 ~ 11.5
油水比	(85 ~ 70) : (15 ~ 30)	含砂量/%	<0.5
氧化沥青	视需要而定	泥饼摩阻系数	<0.15
加重剂	视需要而定	水滴细度(35 mm)/%	95 以上

表 8.2　油包水乳化钻井液典型配方及性能

序号	典型配方(质量分数)	性能
1	70% 柴油+10% 石油磺酸铁+7% SP-80+3% 腐殖酸酰胺+3% 有机土+3% 氧化沥青+9% CaO+30% 盐水(15% $CaCl_2$+16% NaCl+5% KCl)+加重剂	密度 2.00 ~ 2.18 g/cm^3,塑性黏度 80 ~ 100 mPa·s,动切力 2.5 ~ 4 Pa,APl 滤失量 0.2 mL,HTHP 滤失量(149 ℃,6.8 MPa,30 min)4 ~ 6 mL,破乳电压 500 ~ 600 V,抗湿 150 ℃
2	85% 柴油+8% 烷基苯磺酸钙+2% 环烷酸钙+3% 有机土+10% CaO+15% 盐水(20% $CaCl_2$+15% NaCl+5% KCl)	密度 1.6 g/cm^3,塑性黏度 60.5 mPa·s,动切力 17.5 Pa,APl 滤失量 3 ~ 5 mL 时,破乳电压 900 V
3	70% 柴油+12% 环烷酸铁+15% 氧化沥青+4% 有机土+0.6% 碳酸钠+10% CaO+30% 盐水+重晶石(取心用)	密度 1.08 g/cm^3,漏斗黏度 90 s,动切力 8.5 Pa,API 滤失量 0 mL 时,破乳电压 500 ~ 1000 V
4	83% 柴油+3% SP-80+2% ABS+0.2% 硬脂酸钙+2% 腐殖酸酰胺+70% CaO+17% 盐水+重晶石(取心用)	密度 1.15 g/cm^3,塑性黏度 38 mPa·s,动切力 9.5 Pa,API 滤失量 2 mL 时破乳电压 740V
5	75% 柴油+3% SP-80+2% 环烷酸酰胺+2% 油酸+5% 磺化沥青+1% OT+1% NaOH(50% 浓度)+3% 有机土+8% CaO+25% 盐水(50% $CaCl_2$)(水平井用)	密度 1.12 ~ 1.34 g/cm^3,漏斗黏度 48 ~ 99 s,塑性黏度 37 mPa·s,动切力 8 ~ 22 Pa,API 滤失量 0 mL,HTHP 滤失量 1 ~ 3.2 mL,破乳电压 420 ~ 2 000 V

8.1.3　油基钻井液的配制

在大多数情况下,油基钻井液是在现场配制。为了能够形成稳定的油包水乳状液,在配制时必须按照一定的步骤和顺序将各种组分混合在一起。实验表明,所采取的配制方法是否正确,直接影响钻井液的性能和质量。美国 M-I 钻井液公司推荐的配浆程序如下:

(1)洗净并准备好两个混合罐。

(2)用泵将配浆用基油打入 1 号罐内,按预先计算的量加入所需的主乳化剂、辅助乳化剂和润湿剂,然后进行充分搅拌 2 h,直至所有油溶性组分全部溶解。

(3)按所需的水量将水加入 2 号罐内,并让其溶解所需 $CaCl_2$ 量的 70%。

(4)在钻井液枪等专门设备搅拌下,将 $CaCl_2$ 盐水缓慢加入油相。最好是在 3.45 MPa 以上的泵压下,通过 1.27 cm 的钻井液枪喷嘴进行搅拌,盐水和基油混合后应充分搅拌并循环 2 h。若泵压达不到 3.45 MPa，则应选用更小喷嘴，并降低加水速度。

(5)在继续搅拌下加入适量的亲油胶体和石灰。当乳状液形成后，应全面测定其性能，如流变参数、pH 值、破乳电压和 HTHP 滤失量等。

(6)如性能合乎要求，可加入重晶石以达到所要求的钻井液密度。加重晶石的速度要适当(以每小时加入 200 ~ 300 袋为宜)，加完后再循环 2 h。若重晶石被水润湿，则会使钻井液中出现粒状固体，这时应减缓加入速度，并适当增加润湿剂的用量。

(7)当体系达到所需的密度后，加入剩余的粉状 $CaCl_2$，最后再进行充分搅拌。

8.1.4 油基钻井液的性能

1. 密度

(1)温度和压力对密度的影响。

油基钻井液作为一种多相流体，既具有热膨胀性，又具有可压缩性，因此其密度是温度和压力的函数。实验表明，在一般情况下随着井深的增加，钻井液密度趋于减小。对于井温不高的浅井，在计算井底静液压力时，忽略温度和压力对钻井液密度的影响，不会产生较大的误差；对于深井则不然，井越深，井底静液柱压力的实际值要比常温常压下明显减小，其误差会给井控带来严重问题。

(2)密度的调整方法。

通常使用的油基钻井液的密度范围为 0.84 ~ 2.64 g/cm^3。最常用的加重材料是重晶石和碳酸钙。重晶石能将油基钻井液的密度提至 2.64 g/cm^3，而碳酸钙只能提至 1.68 g/cm^3。不使用加重材料，采取调整油水比和改变水相密度的方法也能在一定程度上控制油基钻井液的密度。无机盐是用来增加水相密度的主要物质，其中最常用的盐为 $CaCl_2$ 和 NaCl。

为了对付低压地层，有时需要降低油基钻井液的密度。这种情况可采取如下措施：

①用基油稀释以提高油水比。这种方法可使钻井液中固相所占体积分数减少，黏度和切力降低。

②用固控设备清除部分加重材料。

③加入塑料微球。这种充氮塑料微球由酚醛树脂和脲醛树脂制成，其直径范围为 50 ~ 300 μm，密度范围为 0.1 ~ 0.25 g/cm^3。加入钻井液之后，还会使黏度和切力增加，滤失量降低。

2. 流变性

(1)油基钻井液中各组分对流变性的影响。

实验表明，随着有机土、重晶石、含水量和乳化剂的逐渐增加，钻井液的表观黏度依次增大。

(2)温度和压力对油基钻井液流变性的影响。

与水基钻井液相比较，油包水乳化钻井液的一个重要特点是其流变性受压力影响较大，在高温高压下仍能保持较高的黏度。在实际钻井过程中，井内钻井液所受的温度和压力同时随井深增加而增加，一方面，温度升高使油包水乳化钻井液表观黏度降低；另一方面，压力升高使其表观黏度增加。当钻至深部地层时，温度对表观黏度的影响超过了压力的影响。

(3)流变性的调整。

①提黏、提切可以适当减小油水比,同时补充乳化剂;增加有机土或氧化沥青等亲油胶体的用量。

②降黏、提切则应适当增大油水比,用好固控设备,尽量清除钻屑。

3. 滤失量

滤液主要为油和滤失量低是油基钻井液的重要特点,也是其适于钻强水敏性易坍塌复杂地层以及能够有效保护油气层的主要原因。通常情况下只要具有良好的乳化稳定性,油基钻井液的API滤失量可调整至接近于0,HTHP滤失量也不超过10 mL。低滤失主要是由于钻井液中的亲油胶体物质在井壁上的吸附和沉积可形成致密的滤饼,分散在油中的乳化水滴也有利于堵孔,水相的高含盐量(含$CaCl_2$和或NaCl)可有效地防止油基钻井液中水分向井壁岩石运移等作用。

如果油基钻井液的乳化稳定性受到破坏,滤失量会显著增加,滤液中还会油水并存,此时应及时补充足量的乳化剂和润湿剂以增强乳化稳定性,适当补充有机褐煤、氧化沥青等降滤失剂。在井底温度超过200 ℃的深井、超深井中,控制滤失量除适当增加氧化沥青的用量外,还应配合使用高温降滤失剂。

对于为提高钻速而采用的低胶质油基钻井液,滤失量可适当放宽。所谓低胶质,就是在保证油基钻井液具有良好的乳化和悬浮稳定性的前提下,将其中亲油胶体颗粒(指粒径小于1 μm的亚微米颗粒)的含量降至最低限度。虽然由此而引起油包水乳化钻井液的滤失量、特别是HTHP滤失量明显增加,但却使机械钻井速度显著提高,接近甚至超过在相同钻井条件下使用水基钻井液的钻速,从而使钻井总成本大幅度降低。这种油基钻井液通常只添加适量有机土以提高携岩和悬浮重晶石能力,一般不添加氧化沥青、有机褐煤等降滤失剂。

4. 乳化稳定性

衡量乳状液稳定性的定量指标主要是破乳电压。测量油基钻井液破乳电压的实验称为电稳定性(ES)实验。使乳状液破乳所需的最低电压称为破乳电压,其值越高则钻井液越稳定。按一般要求,油包水乳化钻井液的破乳电压不得低于400 V。实际上,许多性能良好的钻井液,其破乳电压都在2 000 V以上。

乳状液稳定性变差通常是由于钻井液中出现亲水物质而引起的。其原因:一是钻遇水层时引起大量地层水侵入,使钻井液中水量大幅度增加;二是当大量亲水钻屑进入钻井液后,乳化剂和润湿剂在钻屑表面的吸附导致其过量消耗而未能及时加以补充所致。如果钻井液缺少光泽,流动时旋涡减少,钻屑趋向于相互聚结并容易黏附在震动筛筛网上,以及用泥浆杯取样后固相下沉速度过快,均表明有亲水固体存在。一旦出现上述情况,应及时补充乳化剂和润湿剂,并注意调整好油水比,使原有的乳化稳定性尽快恢复。

5. 固相含量控制

由于大多数固相是亲水的,含量过高,既影响钻井液的乳化稳定性及其他性能,又影响机械钻速,使钻井成本增加。用于油基钻井液的主要固控设备是细目震动筛,应尽可能使用200目筛网。单独使用旋流器和离心机会使大量价格昂贵的液流废弃。对于加重油基钻井液,可使用钻井液清洁器。油基钻井液属于强抑制性的钻井液,钻屑的分散程度较低。因此,只要乳化稳定性保持良好,用震动筛清除钻屑的效果会优于一般的水基钻井液。只有当固相含量指标在使用细目震动筛和钻井液清洁器后也难以达到时,才考虑用稀释法降低固相含量。

8.2 活度平衡的油包水乳化钻井液

油包水乳化钻井液的活度平衡概念是20世纪70年代初由Chenecert等人首先提出的。活度平衡是指通过适当增加水相中无机盐(通常使用$CaCl_2$和NaCl)的含量,使钻井液和地层中水的活度保持相等,从而达到阻止体系中的水向地层运移的目的。采用该项技术可有效地避免在页岩地层钻进时出现的各种复杂问题,使井壁保持稳定。

8.2.1 渗透压和页岩吸附压

在油基钻井液中,乳化水滴与油相之间的界面膜相当于半透膜,当钻井液水相中的盐度高于地层水的盐度时,页岩中的水自发地移向钻井液,使页岩去水化;反之,如果地层水相比钻井液水相具有更高的盐度,钻井液中的水将移向地层,这种作用通常称为钻井液对页岩地层的渗透水化。水的这种自发运移趋势可用渗透压表示。渗透压是指为阻止水从低盐度溶液(高蒸气压)通过半透膜移向高盐度溶液(低蒸气压)所要施加的压力。

当页岩与淡水接触时,页岩吸水膨胀,此时页岩对水的吸附压相当于渗透压。当油基钻井液水相中$CaCl_2$的质量分数达到40%时,大约可产生111 MPa的渗透压,这将足以使富含蒙脱石的水敏性地层发生去水化。在大多数 况下,将$CaCl_2$质量分数控制在22%~31%范围内,产生34.5~69.0 MPa的渗透压已完全足够了。

8.2.2 活度

活度是用于钻井液的一个术语,常用钻井液或页岩水中水的化学势能(或化学位能)来衡量。控制油基钻井液的活度,使之与页岩钻屑的活度相等,称为活度平衡。活度平衡可以有效地减少钻进页岩地层时出现的各种复杂问题。现场使用一种电极湿度剂,可快速而准确地测定岩屑中和钻井液中水的活度,可以直接测定需要加入油基钻井液中使之与岩屑中活度相等的电解质数量。用增加钻井液中含盐量的方法可以防止水从油包水乳化钻井液转移到地层中去,可以防止在钻进极易坍塌的泥页岩地层时而发生井塌。

钻井实践表明,使用活度平衡的油包水乳化钻井液,是对付强水敏性复杂地层(包括软的和硬的页岩层)行之有效的方法。

8.3 低毒油包水乳化钻井液及合成基钻井液

自1980年以来,国内外许多海上油田都使用了一种低毒油包水乳化钻井液,它是以矿物油为基油的一种新型油包水乳化钻井液。与常规的油包水乳化钻井液相比,最大的区别在于它使用的是脂肪烃或脂环烃为主要成分的精炼油(俗称矿物油或白油)代替通常使用的柴油作为油包水乳化钻井液的连续相,从而大大减轻了钻屑排放时对环境,特别是对于海洋生物造成的危害。

8.3.1　低毒油包水乳化钻井液的组成

1. 基油

并非所有经过精制的矿物油均可作为低毒油包水乳化钻井液的连续相。除了芳烃含量必须首先考虑外,油的黏度、闪点、倾点和密度等也是被考虑的因素。

目前,最广泛的用作此类钻井液的基油有 Exxon 公司生产的 Mentor26、Mentor28 和 Escaid110 矿物油;Conoco 公司生产的 LVT 矿物油和 BP8313 公司生产的 BP8313 矿物油等。其物理性质见表 8.3。

表 8.3　各种基油的物理性质

性质	Mentor26	Mentor28	Escaid110	LVT	BP8313	2 号柴油
外观	无色液体	无色液体	无色液体	无色液体	无色液体	棕黄色液体
密度/($kg \cdot m^{-3}$)	838	845	790	800	785	840
闪点/℃	93	120	79	71	72	82
苯胺点/℃	71	79	76	66	78	59
倾点/℃	26	15	54	73	40	45
终沸点/℃	306	321	242	262	255	329
芳烃的质量分数/%	16.4	19.0	0.9	10 ~ 13	2.0	30 ~ 50
黏度(40 ℃)/($mPa \cdot s$)	2.7	4.2	1.6	1.8	1.7	2.7
LC50 值/($mg \cdot L^{-1}$)	>1 000 000	>1 000 000	>1 000 000	>1 000 000	>1 000 000	80 000

注:LC50 值是某毒性物质使受试生物死亡一半所需的浓度,API 认可的钻井液生物毒性测定用糠虾生物试验法

2. 添加剂

矿物油钻井液中常用的乳化剂和润湿剂有脂肪酸酰胺、妥尔油脂肪酸、钙的磺酸盐和改性咪唑啉等,这些物质对海洋生物的毒性都比较低。此外,有机土仍作为增黏剂和悬浮剂。石灰在钻井液中与乳化剂发生作用生成钙皂,有助于提高乳化性能。过量的石灰起控制钻井液碱度的作用,并用作 H_2S 和 CO_2 等酸性气体的清除剂。必要时,也使用氧化沥青和有机褐煤等作为高温稳定剂,以控制高温高压下的流变性和滤失性能。

3. 典型配方

美国 Exxon 公司的低毒油基钻井液($\rho = 1.92\ g/cm^3$)的组成及其性能见表 8.4。由表中数据可知,基油的黏度对钻井液的塑性黏度、动切力及凝胶强度有较大的影响。

表 8.4 Exxon 公司典型低毒油基钻井液的组成及其性能

钻井液的类型		Mentor28 矿物油钻井液	Mentor26 矿物油钻井液	Escaid110 矿物油钻井液
组成	油水比	90/10	90/10	90/10
	主乳化剂/(g·L^{-1})	10.0	10.0	10.0
	辅助乳化剂/(g·L^{-1})	24.2	24.2	24.2
	润湿剂/(g·L^{-1})	6.28	6.28	6.28
	30% $CaCl_2$溶液/L	11.1	11.1	11.1
	石灰/(g·L^{-1})	28.5	28.5	28.5
	有机土/(g·L^{-1})	20.0	20.0	20.0
	重晶石/(g·L^{-1})	1266.7	1266.7	1266.7
	滤失控制剂/(g·L^{-1})	28.5	28.5	28.5
性能	密度/(g·cm^{-3})	1.92	1.92	1.92
	塑性黏度/(mPa·s)	77	52	40
	动切力/Pa	12.9	10.5	7.2
	静切力(初/终)/Pa	10.1/14.4	7.7/11.5	4.8/8.6
	电稳定性/V	2 000	1 370	1 070
	HTHP 滤失量/mL	3.7	4.1	4.4

8.3.2 低毒性油包水乳化钻井液的现场应用

随着人类对环保的要求越来越高,低毒性油包水乳化钻井液已在国内外海洋油气钻探作业中得到广泛的推广应用,并可能在陆上钻井中逐渐取代柴油钻井液。通过大量的现场应用表明,矿物油钻井液可广泛地应用于以下情况:

(1)易出现问题的页岩中钻进及易发生压差卡钻的地层中钻进,在水基钻井液难以对付的含各种污染物的地层中钻进。

(2)在井底温度过高致使水基钻井液难以对付的地层中钻进,矿物油钻井液抗温可达 280 ℃。

(3)钻大斜度定向井和水平井。

(4)钻敏感的生产层,因为与其他类型钻井液相比,矿物油钻井液对储层的损害小。

此外,矿物油钻井液还可以用作解卡液、取心液、射孔液和封隔液。

8.3.3 现场维护和处理

(1)按规定测定低毒性油包水乳化钻井液流变参数、滤失量、油水体积比、破乳电压、抗温稳定性和水相化学活度等性能。根据测出的性能和设计值之间的偏差,进行室内实验,确定处理方案。

(2)在钻井过程中使固控设备正常运转,清除钻屑和低密度固体,回收重晶石。

(3)通过加入 $CaCl_2$ 盐水,调节油包水逆乳化钻井液的油水比。

(4)通过调控水相中的 $CaCl_2$ 浓度,调节油包水乳化钻井液的活度。

8.3.4　合成基钻井液

合成基钻井液是 20 世纪 90 年代国外研制成功的一类新型钻井液,是以人工合成的有机物为连续相、盐水为分散相,加上乳化剂、降滤失剂、流型改进剂等组成。研制合成基钻井液的主导思想是将柴油或矿物油换成既可以生物降解又无毒性的改性植物油类。所以,合成基钻井液既具有油基钻井液的优点,同时又不会对环境造成危害,可以在海上直接排放和生物降解。已开发并在现场应用见到效果的合成基有酸基、醚基、聚 α-烯烃、线性 α-烯烃和内烯烃、线性石蜡 5 类。合成基钻井液适合于海洋钻井、水平井及大位移井、特殊敏感井段及储集层。

复习思考题

1. 油基钻井液有哪些优点? 低毒性矿物油油包水乳化钻井液的特点是什么?
2. 目前国内外新型油基钻井液体系都有哪些? 各适用于哪些情况?
3. 油基钻井液的配制和性能调节与水基钻井液有何区别?
4. 油包水乳化钻井液的活度平衡是如何定义的? 试解释其基本原理和技术要点。

第9章 钻井液固相控制

钻井液固相控制(以下简称固控)是指在保存适量有用固相的前提下,尽可能地清除无用固相。固控是实现优化钻井的重要手段,正确、有效地进行固控可以降低钻井扭矩和摩阻,减小环空压力波动,减少压差卡钻的可能性,提高钻井速度,延长钻头寿命,减轻设备磨损,改善下套管条件,增强井壁稳定性,保护油气层,以及减低钻井液费用。钻井液固控是现场钻井液维护和管理工作中最重要的环节之一。

9.1 常用固控设备

9.1.1 震动筛

1. 结构及工作原理

震动筛是一种过滤性的机械分离设备,是钻井液固控的关键设备。震动筛由底座、筛架、筛网、激震器、减震器等部件组成,如图9.1所示。激震器使筛架在一定振击力下产生高频振动,当钻井液流到筛面上时,直径大于筛孔的固体从筛网上滚下,钻井液连同小于筛孔的固体通过筛孔流入钻井液槽和钻井液堆。震动筛具有最先、最快分离钻井液固相的特点,大量钻屑首先经由震动筛被清除,如果震动筛发生故障,其他固控设备(如除砂器、除泥器、离心机等)都会因超载而不能正常、连续地工作。

2. 技术性能

震动筛能够清除固相颗粒的大小,依赖于网孔的尺寸及形状。通用钻井液震动筛筛网规格见表9.1。由于基本尺寸相同的网孔可用各种不同直径的金属丝编成,所以表中筛分面积百分比有些差别。震动筛常用的筛网为12目、16目、20目,为了清除更细、更多的钻屑,应采用80~120目筛,最细可达200目。然而,细筛网的网孔面积小,处理量也小;所用的细钢丝强度较低,因而使用寿命降低;当高黏度钻井液通过细筛网时,网孔易被堵塞,甚至完全糊住,即出现所谓"桥糊"现象(图9.1)。为了提高筛网的寿命和抗堵塞能力,通常将两层或三层筛网重叠在一起,其中低层的粗筛网起支撑作用。或采用不同网孔尺寸的多层筛网组合,上层用粗筛网清除粗固相,减轻下层细筛网的负担,以便更有效地清除较细固相。其缺点是下层筛网的清洗、维护保养和更换较困难。

表9.1　石油钻井中通用的震动筛筛网规格

网孔尺寸/mm	金属丝直径/mm	筛分面积百分比/%	目数
2.00	0.500/0.450	64/67	10
1.60	0.500/0.450	58/61	12
1.00	0.315/0.280	58/61	20
0.560	0.280/0.250	44/48	30
0.425	0.224/0.200	43/46	40
0.300	0.200/0.180	36/39	50
0.250	0.160/0.140	37/41	60
0.200	0.125/0.112	38/41	80
0.160	0.110/0.090	38/41	100
0.140	0.090/0.071	37/41	120

震动筛的处理能力应能适应钻井过程中的最大排量。影响震动筛处理量的因素很多,其中包括振击力大小、振动频率和振幅、筛网上质点的运动轨迹、钻井液的类型和钻井液性能、筛网目数和筛孔形状、筛网面积等。

震动筛的选择,第一是主要根据钻井液中钻屑及固体的尺寸及各种尺寸的固体百分含量来选择合适目数的筛布,不能太粗或太细;第二是调整好钻井液的性能,使钻井液有较好的流动性,较低的黏度和切力。筛网越细,钻井液黏度越高,则处理量越小,一般黏度每增加10%,处理量降低2%左右。为了满足大排量的要求,有时需要2~3台震动筛并联使用。几种震动筛网的许可处理量与钻井液密度的关系如图9.2所示,可供选择筛网时参考。

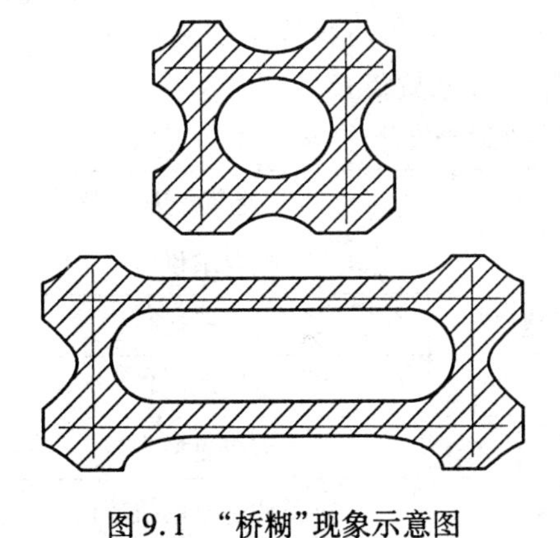

图9.1　“桥糊”现象示意图

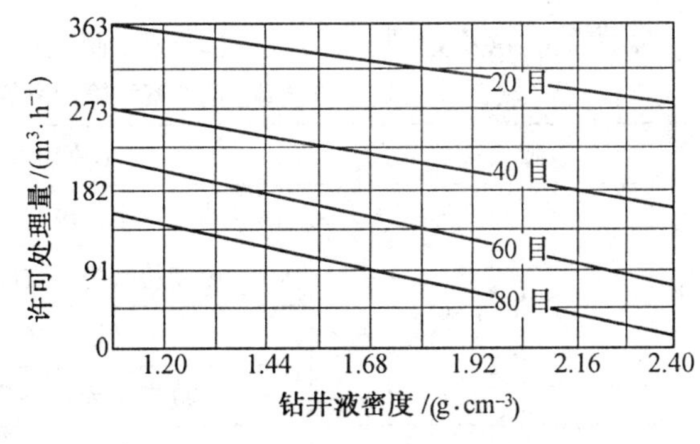

图9.2　震动筛筛网的许可处理量与钻井液密度的关系

3.震动筛的使用与维护保养

(1)安装。

①将设备固定在有足够刚度和强度的水平基础上,将进液管与进料箱入口法兰连接,检查橡胶浮子连接螺栓是否有松动,如有松动,则需紧固。

②按激震器说明书的要求,将规范电源接入震动筛的控制箱,卸下激震器轴承盖中心

位置上的堵塞,启动电动机,观察电动机转子旋向,两台振动电动机旋向应相反,旋向确定后,装上堵塞,电动机按标记接地。

③根据使用要求选择不同目数的筛布,并由中间向两边拧紧,固定筛网的一端,然后再固定另一端。筛网下面的橡胶垫条发生断裂或磨损,应及时予以更换,否则筛网过早损坏。网孔尺寸以钻井液覆盖筛网总长度的 75% ~80% 为宜。如发生钻屑堵塞筛孔的现象,应换用更细的筛布,而不是更换更粗的筛布,否则将不能起到清除钻屑的作用。

(2)震动筛的操作。

①将皮带护罩打开,顺时针拉动皮带,使激震器转动,转动应灵活,无阻卡,盖好护罩。

②合闸启动电动机。双激震器震动筛先开启 1 号电动机,待 1 号电动机运转正常后,开启 2 号电动机。待震动筛运转正常后,开启进液阀,让钻井液进入筛箱,并观察筛网表面钻屑走向与钻井液流动方向是否一致。调整筛面角度,使液面覆盖达到筛箱长度的2/3为宜,随着流量、黏度的变化,应对筛面的角度进行适时调整。

③停机时先关闭进液阀,让震动筛持续运转 3 min,将筛面上的残留物排出完,先停 2 号电动机,再停 1 号电动机,用清水冲洗筛网。

(3)检查与保养。

①每天润滑轴承,做到润滑良好,转动灵活。每周检查一次传动皮带的松紧程度及护罩是否固定。

②激震器的维护与保养。定期检查底脚螺栓是否有松动,定期检查激震器引入电缆悬挂是否有摩擦、挤压现象,拆装激震器时严禁使用铁器敲打,严禁自行调节激震器的激振力,激震器的润滑必须按电动机说明书执行,随时注意电动机的运转情况,设备停止不用时应清扫激震器外壳上的钻井液污物,严禁用水直接冲洗控制箱和分线盒。

③震动筛的维护与保养。定期检查所有连接螺栓是否松动,检查筛网下面的橡胶垫条是否发生断裂或磨损,检查进料箱是否聚积泥饼,长期搁置不用时或长途运输前,应清除震动筛上的钻井液污物。双层震动筛若只安装一层筛网时,应将筛网安装在下面一层。

④常见故障及处理。钻井液震动筛在使用过程中常见故障及处理方法见表 9.2。

表 9.2 钻井震动筛常见故障及处理方法

故障现象	产生原因	处理方法
不产生振动	未供电	按要求供电
	电缆接头松动或断裂	重新接线
	电动机损坏	更换电动机
	皮带松紧不一致	调节或更换皮带
不排砂	两台电动机旋向不对	重新调整电动机旋向
	只有一台电动机运转	启动两台电动机运转
	筛网太松	调节或更换筛网

续表 9.2

故障现象	产生原因	处理方法
振动不平稳	橡胶浮子损坏	更换橡胶浮子
	安装不平	重新调整水平位置
	电动机轴承损坏	更换电动机轴承
噪声大	螺栓松动	坚固螺栓
	电动机轴承磨损	更换电动机轴承
	设备未固定	固定设备
电动机轴承温度太高	润滑脂选用不当，或加注过多(过少)	加适量规定使用的润滑脂
	轴承磨损	更换轴承
进液流通不畅	进料箱内泥饼堵塞	清除泥饼

9.1.2　旋流分离器

1. 旋流分离器的结构与工作原理

用于钻井液固控的旋流分离器(简称旋流器)是一种带有圆柱部分的立式锥形容器，其结构如图 9.3 所示。锥体上部的圆柱部分为进浆室，其内径为旋流器的规格尺寸，侧部有一沿切向的进浆口，顶部中心有一涡流导管，构成溢流口，壳体下部呈圆锥形，锥角为 15°~20°，底部的开口称为底流口，分离出的钻屑由此排出，其口径大小可调。

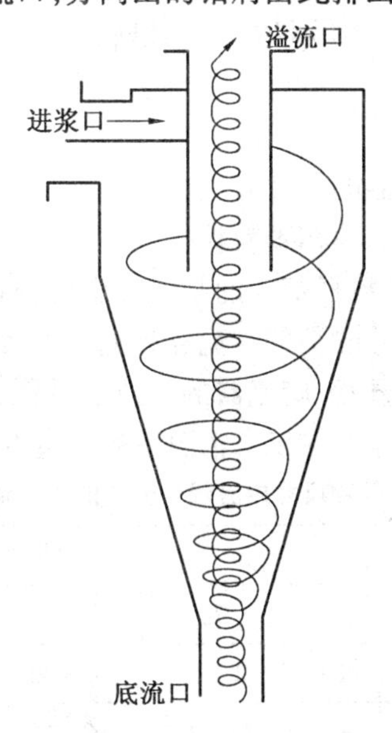

图 9.3　旋流分离器的结构

旋流分离器工作时，含有固体颗粒的钻井液由进浆口沿切线方向进入旋流器，沿器壁高速旋转，由于离心作用，较大较重的颗粒被甩向旋流器内壁，同时在中心部形成一个负压区。粗颗粒沿壳体螺旋下降，由底流口排出，而夹带细颗粒的旋流液在接近底部时容积越来越小，被迫改变方向进入负压区，形成内螺旋流向上运动，经溢流口排出。这样，在旋流器内向上和向下的两股螺旋液流在锥体内形成涡流，有些较大较重的颗粒也可能被钻井液带走从溢流口排出，而较小较轻的颗粒可能有一部分和粗颗粒一起从底流口排出。为了改善旋流器的工作性能和提高分散效率，可以调节底流口的直径。

2. 旋流器底流口直径调节

目前，用于钻井液固控的旋流器多为平衡式旋流器，其调节方法是先以纯液体通入旋流器，调节底流口，使底流口无液体流出，即达到平衡位置。而含有可分离固相的液体输入时，固体将会从底流口排出，每个排出的固体颗粒表面都黏附着一层液膜。此时的底流口大小称为该旋流器的平衡点。

如果底流口调节得比平衡点的开口小，则在底流开口内会形成脱水区，出现一个干的锥形砂层。当较细颗粒穿过砂层时会失去其表面的液膜而呈黏滞状，并造成底流口堵塞。这种情况常称为“干底”，由“干底”引起的故障又称为“干堵”。

如果底流口的开度大于平衡点所对应的尺寸，将有一部分液体从底流口排出，这种情况称为“湿底”。

处于理想工作状态的旋流器，底流口有两股流体相对流过，一股是空气的吸入，另一股则是含固相的稠浆呈“伞状”排出。当钻井液中固相含量过大，被分离的固相量超过旋流器的最大许可排量时，则底流呈“绳状”排出，底流口无空气吸入，很容易发生堵塞，许多在旋流器清除范围之内的固相颗粒，会折回溢流管并返回钻井液体系。

一般情况下，可以通过调节底流口的大小来排除“绳流”。但当固相颗粒输入严重超载时，旋流器出现“绳状”底流是不可避免的。此时只能通过改进震动筛的使用或增加旋流器数量等措施来加以防止。

3. 旋流器的类型

旋流器的分离能力与旋流器的尺寸有关，直径越小，分离的颗粒也越小。表 9.3 列出了各种尺寸的旋流器可以分离的固相颗粒粒径范围。

需要说明的是，处于可分离粒径范围的某尺寸颗粒，特别是较细的颗粒，并不可能全部从底流口排出。通常将某尺寸的颗粒在流经旋流器之后，有 50% 从底流口被清除的尺寸称为这种旋流器的分离点。显然，旋流器的分离点越低，表明其分离固相的效果越好。表 9.3 也列出了几种规格的旋流器在正常情况下的分离点。

表 9.3　各种尺寸旋流器可分离的固相颗粒范围

旋流器尺寸	固相颗粒范围					
旋流器直径/mm	50	75	100	150	200	300
可分离颗粒直径/μm	4 ~ 10	7 ~ 30	10 ~ 40	15 ~ 52	32 ~ 64	45 ~ 105
分离点/μm	—	11 ~ 13	16 ~ 18	30 ~ 34	—	65 ~ 70

现场使用表明，某尺寸的旋流器，其分离点并不是一个常数，旋流分离器的分离能力取决于液流所承受的离心力大小，在一定尺寸的旋流器中，要保持高的净化效率，钻井液应以足够的排量进入旋流器；旋流器的半径越小则离心力越大，分离出的颗粒越细小；钻

井液的黏度和固相含量越低,输入压力越高则分离点越低,分离效果越好。

旋流器按其直径不同,可分为旋流除泥器(图9.5(a))、旋流除砂器(图9.5(b))和微型旋流器3种类型。

(a) 旋流除泥器

b) 旋流除砂器

图9.4　钻井液旋流器

(1)旋流除砂器。通常将直径为150~300 mm的旋流器称为除砂器。在输入压力为0.2 MPa时,各种型号的除砂器处理钻井液的能力为20~130 m^3/h。处于正常工作状态时,它能够清除大约95%大于74 μm的钻屑和大约50%大于30 μm的钻屑。为了提高使用效果,在选择其型号时,许可处理量应该是钻井时最大排量的1.25倍。

(2)旋流除泥器。通常将直径为100~150 mm的旋流器称为除泥器。在输入压力为0.2 MPa时,处理能力不应低于10~15 m^3/h。正常工作状态下的除泥器可清除95%大于40 μm的钻屑和大约50%大于15 μm的钻屑,许可处理量应为钻井时最大排量的1.25~1.5倍。

(3)微型旋流器。通常将直径为50 mm的旋流器称为微型旋流器,在输入压力为0.2 MPa时,其处理能力不应低于5 m^3/h。分离粒度范围为7~25 μm。其主要用于处理某些非加重钻井液,以清除超细颗粒。

4. 旋流器使用注意事项

(1)应根据钻井液泵的排量确定使用旋流器的个数,旋流除砂器或旋流除泥器的处理量应为钻井液泵排量的1.5倍。

(2)钻井液进口压力应保持在规定范围,使处理前后钻井液密度差大于0.02 g/cm^3,底流密度大于1.70 g/cm^3。

(3)微型旋流器与旋流除砂器、旋流除泥器不同,用于分离钻井液中的膨润土,可将钻井液中的膨润土95%分离出来,以便回收重晶石,使用时将钻井液加水稀释。

(4)旋流除砂器要尽早使用、连续使用,不要等钻井液的密度、含砂量上升后才使用。

(5)因重晶石的颗粒尺寸在旋流除泥器可分离范围内,加重钻井液只能使用震动筛、旋流除砂器,而不能使用旋流除泥器。

5. 旋流器的操作

(1)在上级固控设备(震动筛)正常工作状态下,逆旋打开旋流器(除砂器)上水阀门,闭合电源开关,启动旋流器,用手检查底流口,应为伞状排砂,并有空气吸入感。

(2)停用时,先停旋流器,再停震动筛。

9.1.3 钻井液清洁器

钻井液清洁器是一组旋流器和一台细目震动筛的组合。上部为旋流器,下部为细目震动筛。钻井液清洁器工作时,旋流器将钻井液分离成低密度的溢流和高密度的底流。溢流返回钻井液循环系统,底流落在细目震动筛上,细目震动筛将高密度的底流再分离成两部分,一部分是重晶石和其他小于网孔的颗粒透过筛网回到循环系统,另一部分大于网孔的颗粒从筛网上被排出。所选筛网一般为100~325目,通常多使用150目。

钻井液清洁器主要用于从加重钻井液中除去比重晶石粒径大的钻屑。加重钻井液在经过震动筛的一级处理之后,仍含有不少低密度的固体颗粒。这时如果单独使用旋流器进行处理,重晶石则会大量流失。使用钻井液清洁器的优点在于既降低了低密度固体的含量,又避免了大量重晶石的损失。

9.1.4 离心机

1. 结构和工作原理

工业用离心机有多种类型,但用于钻井液固控的主要是倾注式离心机,其结构如图9.5所示。倾注式离心机又称为沉降式离心机,其核心部件有滚筒、螺旋输送器和变速器。

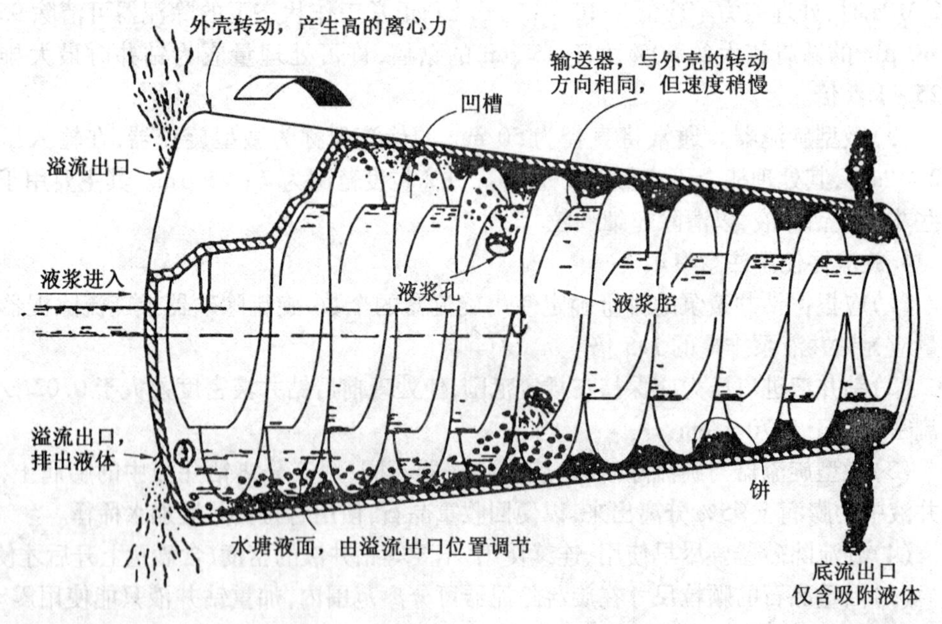

图9.5 倾注式离心机结构简图

离心机工作时,电动机通过大、小端带轮分别带动转鼓、差速器旋转,高速旋转的转鼓内有同心安装的具有螺旋叶片的输送器,转鼓由轴承座支撑。转鼓通过左轴承座处的空心轴与差速器的外壳相连接,差速器的输出轴带动螺旋输送器与转鼓同向转动,但转速不同,其转差率为转鼓转速的0.2%~3%。钻井液从进料管经轴筒上进浆孔流入滚筒内,在离心力的作用下，转鼓内形成一环形液池，重固体颗粒离心沉降到转鼓内表面上而形成沉渣，由于螺旋叶片与转鼓的相对运动，沉渣被螺旋叶片推送到转鼓的小端，沉渣从小端排渣孔排出。在转鼓的大端盖上开设有若干个溢流孔，处理后的钻井液从此处排出。

滚筒内液层的厚度靠调节离心机端面上的溢流孔来控制，当输送器将沉渣推至干湿区过渡带时，由于离心力和挤压力的作用，大多数自由水被挤掉，而留在颗粒表面的主要是吸附水。因此，离心机是唯一能够从分离的固相颗粒上清除自由水的钻井液固控装置，它可将液相损失降低到最低程度。

离心机下要清除钻井液中大小为 2 ~ 70 μm 的颗粒，提高其离心分离作用，可以从钻井液中分离 2 ~ 5 μm 以上的颗粒，也可以把非加重钻井液中小于 2 μm 而大于 5 μm 的非膨润土颗粒排出，或从加重钻井液中把重晶石和 5 μm 以上的颗粒与 5 μm 以下的膨润土质胶体颗粒分离开来。

2. 离心机的技术性能和使用

离心机一般用于从加重钻井液中回收重晶石，它的处理量较小，只有 1.5 ~ 2.0 L/s，为了有效操作，不应超过离心机最大处理量；钻井液进入离心机的同时加适量水进行稀释，可提高离心机的分离效率。

使用离心机时要将加重钻井液加水稀释至密度为 1.30 ~ 1.40 g/cm^{3}后再送进离心机处理，稀释水的加入速度为 0.38 ~ 0.5 L/s 为宜，钻井液的漏斗黏度降至 34 ~ 38 s 范围内为宜。

回收重晶石时，离心机的外壳转速以 1 800 ~ 2 000 r/min 为宜，转速太高会使分离粒径变细。低转速时可回收重晶石，高转速时可分离膨润土和黏土，用来回收重晶石时可回收 2 ~ 5 μm 以上重晶石 95% 以上。若钻井液黏度太高，应该降低转速以便清除更多的淤泥。

在处理井场正在使用的钻井液时，应视钻井液性能适时向钻井液中补充 1 ~ 2 袋膨润土粉，因为离心机在排除有害固体时，会排除一些有益的膨润土颗粒，为了维持钻井液性能，需要补充膨润土。通常，离心机不像旋流除砂器那样连续使用，只允许每天处理 1 ~ 2 个循环。

需要注意的是，钻井液清洁器和离心机都可用于从加重钻井液中清除钻屑，并回收大部分重晶石。但是，这两种设备清除颗粒的粒度范围有所不同。

9.2 钻井液固控工艺

9.2.1 常用的固控方法

钻井液固控除采用机械方法外，常用的还有稀释法和化学絮凝法。机械法固控处理时间短、效果好，并且成本较低。

1. 稀释法

稀释法既可用清水或其他较稀的流体直接稀释循环系统中的钻井液，也可用清水或性能符合要求的新浆替换出一定体积的高固相含量的钻井液，使总的固相含量降低。如果用机械方法清除有害固相仍达不到要求、机械固控设备缺乏或出现故障的情况下,可采用稀释法降低固相含量。稀释法虽然操作简便、见效快,但在加水的同时必须补充足够的处理剂,加重钻井液还需补充大量的重晶石等加重材料,因而会使钻井液成本显著增加。为了尽可能降低成本,一般应遵循以下原则:

(1)稀释后的钻井液总体积不宜过大。

(2)部分旧浆的排放应在加水稀释前进行,不要边稀释边排放。

(3)一次性多量稀释比多次少量稀释的费用要少。

2. 化学絮凝法

化学絮凝法是在钻井液中加入适量的絮凝剂,使某些细小的固体颗粒通过絮凝作用聚结成较大颗粒,然后用机械方法排除或在沉砂池中沉除。这种方法是机械固控方法的补充,两者相辅相成。目前,广泛使用的不分散钻井液体系正是依据这种方法,使其总固相含量保持在所要求的4%以下。化学絮凝方法还可用于清除钻井液中过量的膨润土(膨润土颗粒在5 μm以下,离心机无法清除)。化学絮凝总是安排在钻井液通过所有固控设备之后进行。

9.2.2 非加重钻井液的固相控制

1. 钻屑体积的估算

非加重钻井液一般用于上部井段,由于井径较大,地层较松软,机械钻速高,进入钻井液的钻屑量大,所以只有不断清除这些钻屑,才能使钻井液保持所要求的性能,保证正常钻进。

在钻进过程中,每小时进入钻井液的钻屑体积为

$$V_s=\frac{\pi(1-\varphi)d^2}{4}\frac{\mathrm{d}D}{\mathrm{d}t}$$

式中 V_s——每小时进入钻井液的钻屑体积,$\mathrm{m^3}$;

φ——地层的平均孔隙度;

d——钻头直径,m;

$\frac{\mathrm{d}D}{\mathrm{d}t}$——机械钻速,m/h。

2. 非加重钻井液的固控流程

非加重钻井液的固控流程,如图9.6所示,固控设备的顺序依次为震动筛、旋流除砂器、旋流除泥器和离心机,以保证固相颗粒从大到小依次被清除。各种固控设备(离心机除外)的许可处理量,一般不得小于钻井液泵最大排量的1.25倍。固控设备型号的选择,应依据钻井液的密度、固相类型与含量、流变性以及固控设备的许可处理量而定。在钻井液进入除砂器之前,应适当加水稀释以提高分离效率。通过固控设备处理后,适量补充化学处理剂、膨润土和水,对钻井液性能进行调整。

非加重钻井液能否达到固控要求,在很大程度上取决于对各种旋流器的合理使用。快速钻进时,旋流除砂器、旋流除泥器均应连续启动,中途除泥或间歇式除泥都会导致钻井液密度随井深而明显增加,只有连续除泥才能使钻井液密度保持相对稳定。

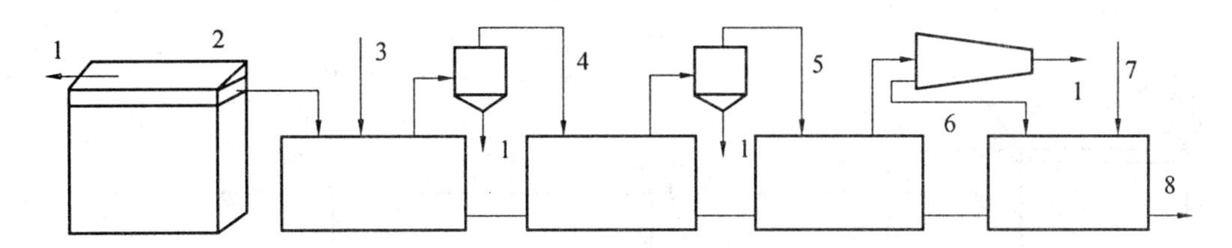

图9.6　非加重钻井液的固控流程

1—废弃物;2—震动筛;3—稀释水;4—旋流除砂器溢流;5—旋流除泥器溢流;
6—离心机溢流;7—补充处理剂、膨润土和水;8—泵吸入口

9.2.3　加重钻井液的固相控制

1. 加重钻井液固控的特点

加重钻井液中同时含有高密度的加重材料和低密度的膨润土及钻屑。加重材料在钻井液中的含量很高,其费用在钻井液成本构成中所占比例较大。大量加重材料的加入必然会降低钻井液对来自地层的岩屑的容纳量,并对膨润土的加量有更为苛刻的要求。加重钻井液中,钻屑与膨润土的体积分数比一般不应超过2∶1,而非加重钻井液中该比值可适当放宽。因此,对于加重钻井液来说,清除钻屑的任务比非加重钻井液更为重要,并且其难度也比非加重钻井液要大得多,既要避免加重材料的损失,又要尽量减少体系中钻屑的含量。加水稀释会造成加重钻井液性能恶性循环,不仅钻井液成本大幅度增加,而且常导致压差卡钻等复杂情况发生,加重钻井液固控不能采用单纯加水稀释的办法。

2. 加重钻井液的固控流程

加重钻井液的固控流程如图9.7所示。该系统为震动筛、清洁器和离心机三级固控,震动筛和清洁器用于清除粒径大于重晶石的钻屑。对于密度低于1.8 g/cm^3的加重钻井液,使用清洁器的效果十分显著,如果对通过筛网的回收重晶石和细粒低密度固相适当稀释并添加适量降黏剂,可基本上达到固控的要求,此时可以省去使用离心机。但是,当密度超过1.8 g/cm^3时,清洁器的使用效果会逐渐变差。在这种情况下,常使用离心机将粒径在重晶石范围内的颗粒从液体中分离出来。从图9.7可以看出,含大量回收重晶石的高密度液流(密度约为1.8 g/cm^3)从离心机底流口返回在用的钻井液体系,而将从离心机溢流口流出的低密度液流(密度约为1.15 g/cm^3)废弃。离心机主要用于清除粒径小于重晶石粉的钻屑颗粒。

在实际应用中,目前国内油田有时仍单独使用旋流除砂器处理加重钻井液,但是必须使用分离粒度大于74 μm的大尺寸除砂器。由于重晶石与钻屑颗粒的沉降直径比约为1∶1.5,因此能清除74 μm以上钻屑颗粒的旋流除砂器,也会除掉49 μm以上的重晶石粉,重晶石中这部分颗粒占10%～15%。经旋流除砂器进行过处理的加重钻井液再进入钻井液清洁器,便可大大减轻钻井液清洁器的负担。其缺点是损失部分粒度较大的重晶石。

将离心机用于加重钻井液固控,一方面可回收重晶石,另一方面可有效地清除微细的钻屑颗粒,降低低密度固相的含量,从而使加重钻井液的黏度、切力得以控制。但是,钻井液中有大约3/4的膨润土和处理剂,以及一部分粒径很小的重晶石粉会随钻屑细颗粒一

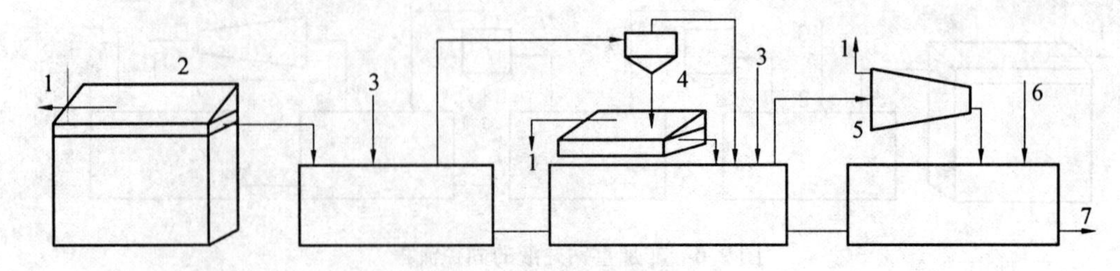

图9.7　加重钻井液的固控流程

1—废弃物;2—震动筛;3—稀释水;4—清洁器;

5—离心机;6—补充处理剂、膨润土和水;7—泵吸入口

起从离心机溢流口被丢弃,还有相当一部分水也不可避免地被排掉。因此,为了维持正常钻进,必须不断地补充一些新浆。

统计分析结果表明,钻进时,每口井的钻井液维护费用中约有90%花费在固相控制或与此有关的问题上。在加重钻井液中,重晶石的费用约占钻井液总材料费用的75%。因此,正确选择和使用固控设备及系统,可以通过大量清除钻屑,减少钻井液及其配浆材料、处理剂的消耗,而取得显著的经济效益。相反,如果固控设备选配不当,使用和保养不善,则不仅不能取得好的固控效果,还会在经济上造成损失。

9.2.4　钻井液固控系统

钻井液固控系统是将各种常用固控设备及相应辅助设备按固控流程组装在一起的综合固控装置,是钻井液循环系统的主要组成部分。非加重钻井液固控系统和加重钻井液固控系统如图9.9和图9.10所示。

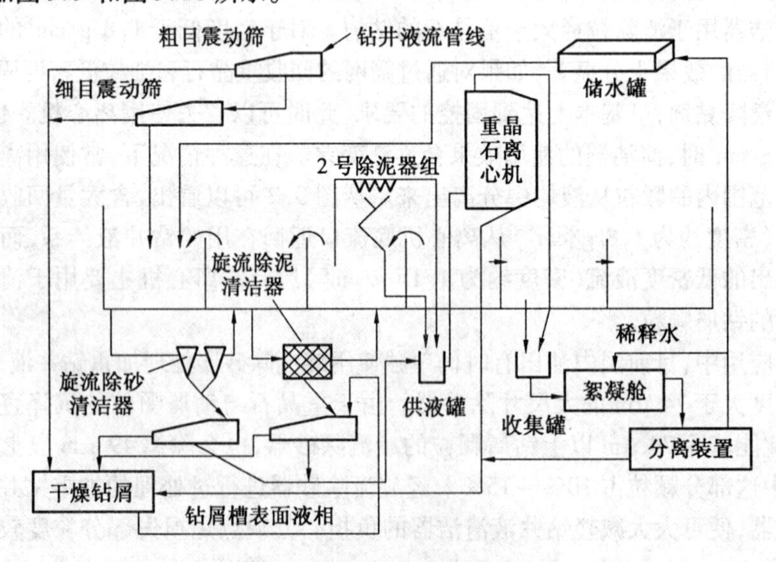

图9.8　非加重钻井液固控系统

固控系统循环及净化采用震动筛、真空除气器、旋流除砂器、旋流除泥器、离心机五级净化设备,主要由泥浆罐、震动筛、除气器、旋流除砂清洁器、旋流除泥清洁器、搅拌器、离

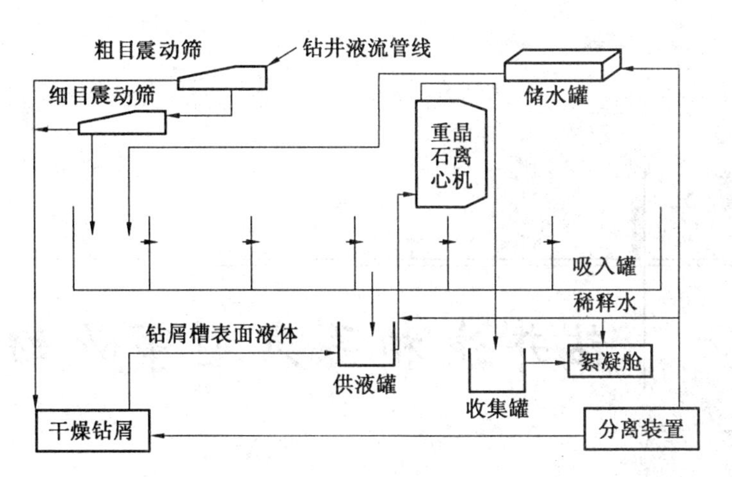

图9.9　加重钻井液固控系统

心机、钻井液枪、混合加重漏斗、砂泵、灌注泵、加重泵、剪切泵等设备组成。钻井液固控系统具有结构紧凑、净化效率高、流程规范、连接配套方便、工作可靠、操作便捷的特点,能满足钻井液固控、循环、灌注、配制、加重、药品剪切及特殊情况下的事故处理和储备等工作。

国外成功研制一种"综合自控钻井液系统",此系统包括固控设备自控监视器、钻井液处理剂自动加料器、主要钻井液指标连续监视器3项主要部位,并由中心监视和综合控制系统进行调整监控操作。其功能是自动控制各类固控设备的开启运转,自动分析固相含量的组分;自动添加钻井液处理剂,自动控制加药速度(如在一个循环周内加入定量的药品、加重剂),并能自动连续测量显示主要钻井液性能的指标;可随时提供压井钻井液,节省了为压井而准备的储罐及钻井液。经在海上试用,效果良好,大大提高了海上作业的安全性并降低了成本,其实用性和可靠性已得到海上作业者的认可。

复习思考题

1. 常用的钻井液固控方法有哪几种?

2. 常用的机械固控设备有哪些?每种设备能够清除无用固相的一般范围各是多少?

3. 什么叫旋流器的50%分离点?常规旋流除砂器和旋流除泥器的50%分离点各为多少?

4. 比较非加重钻井液固控和加重钻井液固控的主要区别。在加重钻井液固控中,使用钻井液清洁器的目的是什么?

5. 阐述钻井液固控对完成钻井作业的重要意义。

*第10章

钻井液相关典型事故的处理

10.1 防漏与堵漏钻井液

10.1.1 井漏

井漏是指在钻井、固井、测试等各种井下作业中,各种工作液(包括钻井液、水泥浆、完井液及其他流体等)在压差作用下漏入地层的现象。

10.1.2 井漏发生后的现象

(1)在正常循环情况下,钻井液由井口返出的数量减少,严重时井口不返钻井液。泥浆池的液面逐渐下降甚至很快抽干而中断循环。

(2)有时会发生钻速突然变快或钻具突然放空。

(3)泵压明显下降。漏失越严重,泵压降低越显著。

10.1.3 井漏发生的条件

(1)压差。井筒内的工作液的压力大于地层孔隙压力。

(2)漏失通道和容纳空间。地层中存在着漏失通道和较大的足够容纳液体的空间。

(3)通道的开口尺寸大于外来工作液中固相的粒径。通道可以是裂缝,也可以是孔隙和溶洞。

10.1.4 造成漏失的原因

(1)地层存在天然漏失通道,当井筒内钻井液作用于井壁的动压力大于地层的漏失压力时,发生漏失。

(2)由于钻井液的密度或黏切太高、环空不通畅造成环空压耗太大而压(憋)漏地层。

10.1.5 漏失的分类

1. 渗透性漏失

发生在渗透性良好的砂岩、砂砾岩,一般漏失量较小,漏速慢。

2. 裂缝性漏失

(1)天然裂缝。如碳酸岩、白云岩、裂缝性砂岩等。

(2)人为裂缝。井内压力过大使结合力较弱的层面产生裂缝,其漏失速度视裂缝大小而定。

3. 溶洞漏失

溶洞漏失发生在石灰岩、白云岩，漏速快，常有进无出。

另外，还存在人为裂缝性漏失，漏失的类型如图 10.1 所示。漏失通道的基本形态如图 10.2 所示。

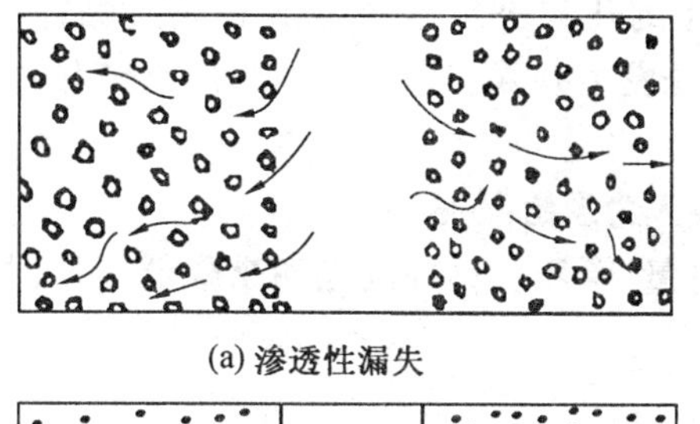

(a) 渗透性漏失　　(c) 人为裂缝性漏失

(b) 天然裂缝性漏失　　(d) 溶洞漏失

图 10.1　漏失的类型

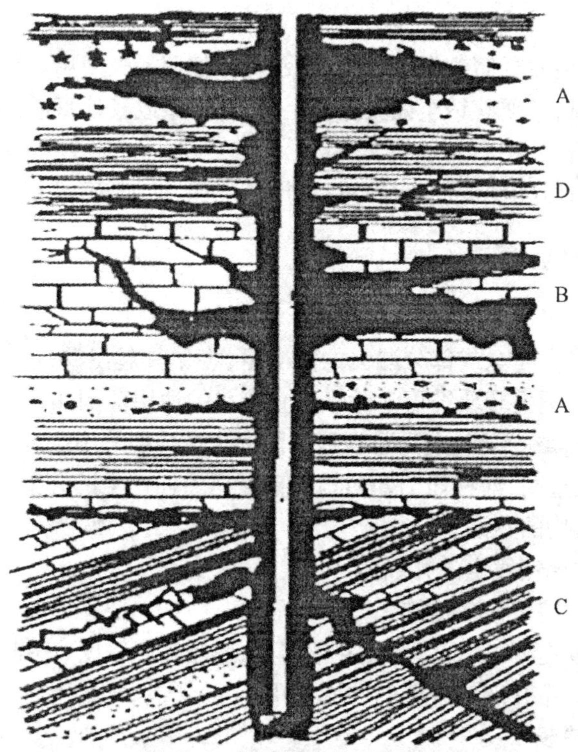

图 10.2　漏失通道的基本形态

A—渗透性很强的非胶结孔隙型地层；B—孔洞和洞穴地层；

C—断层和天然的裂缝性地层；D—诱导裂缝

10.1.6　井漏的预防

1. 设计合理的井深结构

如果同一裸眼井段中地层存在多压力层系，并且一组地层的孔隙压力高于另一组地层的漏失压力或破裂压力，这时为了平衡高压层的孔隙压力，必须使用高密度钻井液钻进。但这样会在低漏失压力或低破裂压力地层处发生井漏。为此，必须设计合理的井深结构，用套管封隔高压层或漏失层。

2. 降低井筒内钻井液的激动压力，避免造成人为裂缝漏失

选择合理的钻井液密度，并且通过降低泵排量、泵压及钻井液黏切来降低压差，并严禁因各种原因憋漏地层。

3. 提高地层的承压能力

在钻上部低压发育性好的地层时，加入沥青、石蜡类堵塞剂，在井壁上形成致密的泥饼，提高其承压能力，以便在钻下部高压层时，使其能适应地层所需的高密度，防止井漏的发生。

4. 保持较小的钻井液上返速度

大多数情况下保持在0.6 m/s的回返速度，回返速度过大会引起大的环空压降，促使井漏发生；下钻循环钻井液时，应尽量避开漏失层，以防本来不漏的地层因冲刷而造成漏失。

5. 备足钻井液

钻穿漏失层前，地面要储备足够的钻井液，以备处理漏失使用。如果钻井液储备不足而又不能及时供应时，必须起钻至漏失层以上，以防卡钻或其他事故的发生。

6. 注意加重方法

钻井液需要加重时，应慢慢加入加重剂，严禁乱加、猛加，确保不憋漏、压漏地层。

10.1.7　堵漏的方法

1. 静止堵漏

静止堵漏是在发生完全或部分漏失的情况下，将钻具起出漏失井段或起至技术套管内，静止一段时间后，漏失现象即可消除。静止堵漏的适用范围如下。

(1)钻进过程因操作不当，人为憋裂地层而发生诱导裂缝引起的井漏。

(2)钻井液密度过高，液柱压力超过地层破裂压力而产生的井漏。

(3)深井井段发生的井漏。

(4)钻进过程中突然发生的井漏。

2. 调整钻井液性能与钻井措施

在保证不喷的前提下，采用降低钻井液密度、适当提高黏度、小排量循环等，以减少井筒内液柱压力和降低钻井液对井壁的冲刷作用。

3. 泵入堵漏钻井液

用钻井泵将高滤失堵漏剂和钻井液配成的浆液泵入井内。在压差作用下，浆液迅速滤失，形成具有一定强度的滤饼，封堵漏失通道。此方法适用于渗透性漏失、部分漏失及某些完全漏失的情况。

4. 桥接材料堵漏法

将不同形状(颗粒状、片状、纤维状)和不同尺寸(粗、中、细)的惰性材料,以不同的配方混合于钻井液中,直接注入漏层。

5. 暂堵法

在钻井阶段用暂堵材料对油气层进行封堵,油气井投产后再用解堵剂进行解堵。

6. 挤水泥

挤水泥主要采取平衡法、加压法、卡喉法等。

10.2　防卡与解卡钻井液

10.2.1　卡钻

在钻井过程中,钻具在井下既不能转动又不能上下活动而被卡死的现象,称为卡钻。

10.2.2　卡钻的类型

钻井过程中常见的卡钻现象有泥饼卡钻(压差卡钻)、沉砂卡钻、砂桥卡钻、井塌卡钻、泥包卡钻、缩径卡钻等,如图10.3所示。

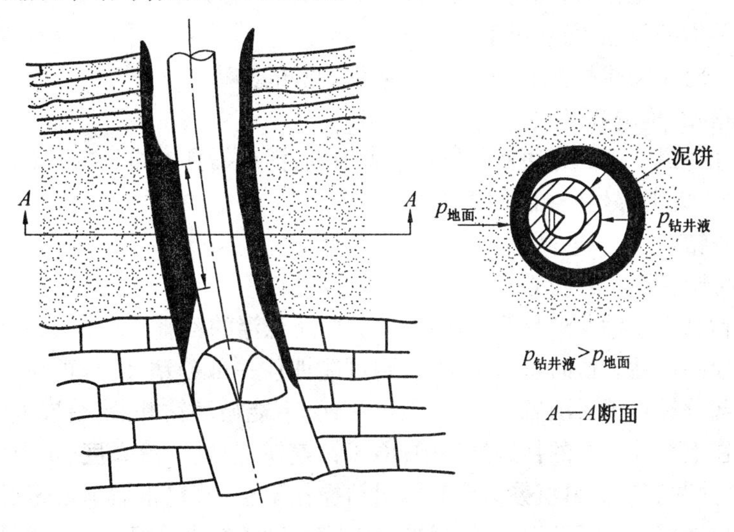

图10.3　泥饼卡钻(压差卡钻)

1. 压差卡钻

(1)压差卡钻发生的原因。

压差卡钻也称黏卡,它是由于钻井液静液柱压力与地层孔隙压力间的差,使钻具紧贴在井壁泥饼上而导致卡钻。

当钻柱旋转时,它被一层钻井液薄膜所润滑,钻柱各边的压力相等。当钻具静止时,钻具的一部分重量压在泥饼上,迫使泥饼中的孔隙水流入地层,造成泥饼的孔隙压力降低,而泥饼内的有效应力则随其孔隙压力降低而增加。当钻具较长时间停靠在井壁,泥饼内的孔隙压力逐渐降低至与地层的孔隙压力相等,此时在钻柱两侧则会产生一个压差,此压差等于钻井液在井眼内的液柱压力与地层孔隙压力之间的差。这种压力差的产生必然会增加上提钻具的阻力,如果该阻力超过了钻机的提升能力(或钻具的抗拉强度)时,就会发生卡钻。

(2)防止压差卡钻的措施。

①采用合理的钻井液密度,减少压差。

②减少钻具与井壁的接触面积。

a. 钻井液方面:使泥饼具有薄、坚韧、致密、渗透率低、压缩性好等特点。

b. 井眼轨迹:直井打直,定向井尽量降低井眼的全角变化率。

c. 钻具结构:尽量简化钻具结构,采用螺旋钻铤、加重钻杆、水平井倒装钻具等。

③降低泥饼的摩擦系数。采用好的钻井液体系、加入润滑剂、降低有害固相等都是降低泥饼摩擦系数的好方法。

④减少钻具的静止时间。

⑤及时刮拉井壁。

(3)解卡方法。

①泡油或解卡剂。

②过胶液。用聚合物胶液过一遍井眼,其目的是最大限度地降低压差。但该方法有把钻具埋在井内的可能,必须慎重。

③泡酸。对于碳酸盐类地层,可采用泡稀盐酸的方法。

④爆炸松扣,震击解卡。

现场中往往最常用的方法就是先泡上解卡剂,活动钻具。如不能解卡,再通过用仪器测卡点,在卡点以上爆炸松扣,下震击器。

2. 沉砂卡钻

(1)沉砂卡钻发生的原因。

沉砂卡钻是由于钻井液悬浮性能不好,其中所悬浮的钻屑或重晶石沉淀,埋住井底一段井眼而造成的卡钻。这时若正在钻进,则可能埋住一部分钻具;若正在下钻,则有可能使钻头和一部分钻具压入沉砂中,使水眼被堵死,不能循环钻井液,造成卡钻。沉砂卡钻也可能发生在上部软地层的钻进过程中,由于钻速快,且钻井液黏度、切力低及环空返速低等原因,导致井底有大量沉砂。这时如司钻操作不当,接单根后下放速度过快,就可能使钻头和部分钻铤压入沉砂而导致卡钻。另外,当设备发生故障而突然停泵时,钻屑和重晶石在钻井液悬浮能力较差的情况下迅速沉入井底而导致沉砂卡钻。

(2)防止沉砂卡钻的措施。

①使钻井液保持合适的黏度和切力,以便能有效地携带与悬浮钻屑和重晶石。

②在钻极软的地层时应注意控制钻速,防止环空中的钻屑数量分散过高。

③设计合理的环空返速,较好地清洗井眼与井底。

④严格执行操作规范,特别是在钻软地层时更要注意。

一旦发生沉砂卡钻,应尽一切可能憋通钻头水眼,恢复循环(注意开泵时的排量要小),并提高钻井液的黏度和切力,边循环边活动钻具,以便达到逐步清除沉砂和解卡的目的。切勿大排量、猛开泵,或盲目地猛提、硬压、强转钻具,致使沉砂挤压得更紧,卡得更死,甚至造成井漏或井塌等更为复杂的井下情况。若仍然无法恢复循环,只有采取倒扣套铣。

3. 井塌卡钻

井塌卡钻是指在钻进过程中突然发生井塌而造成的卡钻。

(1)井塌卡钻发生的原因。

①钻至破碎性地层,钻井液无法抑制坍塌。

②井壁已经发生坍塌,为处理井塌,在划眼过程中又出现井塌,塌块将钻具卡死。

③钻井过程中发生井漏,液柱压力下降,突然引起上部地层坍塌而造成卡钻。

④钻井过程中发生井喷,井眼中液柱压力下降,引起上部地层坍塌。

⑤上提或下放钻具时速度太快,而抽吸、挤压或钻具对井壁的撞击等原因,突然造成井塌而导致卡钻。

(2)处理井塌卡钻的方法。

处理井塌卡钻时,钻头水眼若未被堵死,可采用小排量开泵,建立循环,并同时缓慢活动钻具逐渐增大排量,逐渐带出坍塌物而解卡。若钻头水眼已被堵死,只有采取倒扣套铣。

防止井塌卡钻的根本方法是弄清地层特性,采取有效措施保持井壁稳定,防止突发性井塌的发生。

4. 砂桥卡钻

(1)砂桥卡钻发生的原因。

砂桥卡钻是由于井壁不稳定或洗井效果不好,使井径不规则而造成的卡钻。松散的易坍塌或易剥落地层与胶结牢固、井径规则的地层交互,形成井径忽小忽大的所谓“糖葫芦”式井眼。在钻井过程中,岩屑在井眼扩大部分上返速度慢,不能有效地被向上携带,逐渐沉积在大小井径交错的台阶处形成砂桥。有时突然停泵,砂桥迅速下落挤住钻具,或下钻时下放过猛,速度过快,将钻头插入砂桥而导致砂桥卡钻。

(2)砂桥卡钻的预防和处理方法。

砂桥卡钻的预防和处理方法与井塌卡钻相似。

5. 掉块卡钻

井内掉入较大的岩块,不能顺利地通过环形空间而在较小井眼处卡住所造成的卡钻,称为掉块卡钻。有时即使掉块不大,但因所采用的是满眼钻具,也会发生卡钻。大多数情况下,掉块是井壁上坍塌的岩石,但也可能是钻头掉牙轮或地面操作不慎而掉落的物体。防止掉块卡钻的措施有:

(1)钻井过程中采取有效措施,保持井壁稳定。

(2)准确判断钻头使用周期和正确使用钻头,防止掉牙轮。

(3)地面操作按照规程,防止落物。

10.3 防塌钻井液

10.3.1 井塌的现象

井壁岩石碎块掉入井内的现象称为井塌。

(1)钻井液的密度、黏度、切力和含砂量都有所增加。泵压忽高忽低,有时会突然憋泵。

(2)井口返出的岩屑尺寸增大,数量增多并混杂。

(3)扭矩增大,憋钻严重,停转盘打倒车。

(4)上提钻具遇卡,下放钻具遇阻,接单根、下钻下不到井底,遇阻划眼,严重时会发生卡钻或无法划至井底。

(5)井径扩大,出现糖葫芦井眼,测井遇阻卡。

10.3.2 井塌发生的原因

1. 地质原因

由于地壳运动所产生的构造应力的关系,如地层倾角大、褶皱严重、断层多等,本身地层岩石不稳定,若钻井液液柱压力小于地层坍塌压力,就会发生井塌。井壁失稳的类型如图 10.4 所示。

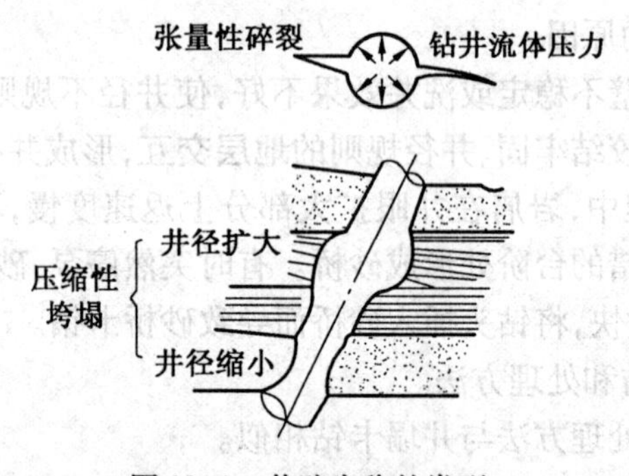

图 10.4 井壁失稳的类型

2. 物理-化学方面的原因

由于泥页岩的水化作用,产生水化膨胀压力,使泥页岩强度降低,孔隙压力增大。

3. 钻井工艺上的原因

(1)钻井液对井壁的冲蚀。

(2)井内液柱压力激动过大,使井内瞬时的液柱压力过小,造成井壁岩石受力不平衡。

(3)钻柱对井壁的机械碰撞。

(4)严重井漏、井喷等导致井塌。

10.3.3　防塌措施

(1)提高钻井液密度,使井内液柱压力高于岩层的坍塌压力。

(2)使用防塌钻井液体系,抑制页岩水化、增强封堵。常用的防塌钻井液体系如下:

①低失水、高矿化度的水基钻井液。

②强抑制性的水基钻井液:钾基钻井液、MMH 钻井液、甲酸盐钻井液、硅酸盐钻井液及聚合醇钻井液。

③油包水乳化钻井液。

④合成基钻井液等。

⑤泡沫钻井液(微泡沫钻井液)。

⑥气体钻井液。

⑦仿油基钻井液。

10.4　防喷钻井液

10.4.1　井喷发生的征兆

井喷指地层流体失去控制,喷到地面或是窜到其他地层里的现象。

1. 钻进过程中发生的征兆

(1)在油、气、水层钻进时,机械钻速突然升高或出现放空现象,钻井液中出现油气显示,钻屑中发现油砂或水砂,气测值增大或氯离子含量增大。

(2)钻井液性能变化较大,钻遇油气层时,密度降低,黏度和切力升高,温度升高;钻遇盐水层时,密度下降,黏度和切力开始时增高而随后又下降,滤失量增大,pH 值下降,氯离子含量增大;钻遇淡水层时,密度下降,黏度和切力也下降等。

(3)泵压下降,从环空返出的钻井液量不正常,钻井液液面增加;停泵后,仍有钻井液返出。

2. 起钻过程中发生的征兆

灌钻井液不正常,甚至不能灌入。

3. 下钻过程中发生的征兆

返出的钻井液量不正常,泥浆池液面增加。

4. 下钻后循环过程中发生的征兆

在钻井液返出量很大,停泵时继续外溢。

10.4.2　井喷发生的原因

在钻井过程中,井内的液柱压力不是一个固定不变的恒定值,而是随钻井作业条件改变而不断发生变化。作用于井底的压力可以表示为

$$p = p_{静} + p_{环损} \pm p_{激动} \tag{10.1}$$

式中　p——井底压力;

$p_{静}$——钻井液静液柱压力；

$p_{环损}$——钻井液循环时环空压力损失；

$p_{激动}$——起下钻或开泵压力激动值。

发生井喷的基本条件是井内液柱压力小于地层压力。井喷发生的原因主要有以下几个方面：

(1)钻井液密度低。

(2)井筒中钻井液液柱下降。

(3)地层流体侵入造成钻井液密度下降。

(4)下钻具时抽吸压力或激动压力过高。

(5)钻遇特高压油、气、水层。

10.4.3 井喷的过程

1. 钻井过程中的井喷

钻井液受气侵，因液柱压力逐渐减小，以至于小于油、气层压力所致。

2. 起钻过程中的井喷

起钻时无循环压力，因“抽吸作用”未及时向井内灌钻井液所致。

3. 下钻过程中的井喷

下入钻具时引起过大压力激动造成井漏，使井内液面下降所致。

另外，起钻时，因“抽吸作用”使地层油、气进入钻井液和井筒内；下钻至油、气层顶部循环钻井液，此时钻井液中的气体膨胀，当其压力大于它上面的液柱压力时，钻井液被顶溢出。随后，井内剩下的钻井液若液柱压力小于油、气层压力，油、气大量侵入以至井喷。

油气上窜引起井喷示意图如图 10.5 所示。

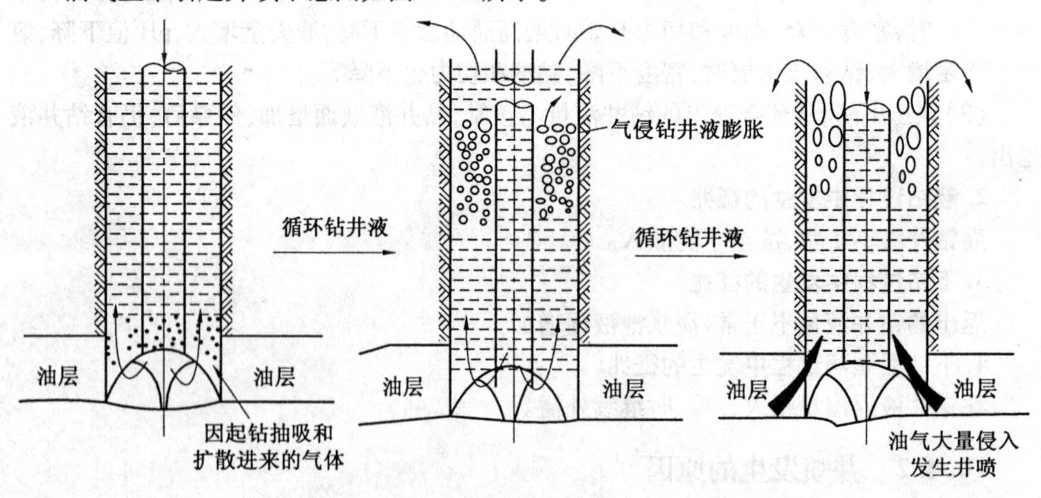

图 10.5 油气上窜引起井喷示意图

10.4.4 预防井喷,对钻井液的选择

1. 选用合理的钻井液密度

选用合理的钻井液密度,使其所形成的液柱压力大于裸眼井段最高地层孔隙压力,低于地层漏失压力和裸眼井段最低的地层破裂压力。对于油层或水层,钻井液密度一般应附加 0.05 ~0.10 g/m^3,对于气层则应附加 0.07 ~0.15 g/m^3。对于探井应依据随钻地层压力监测的结果,及时调整钻井液密度,始终保持井筒中液柱压力高于裸眼井段最高地层孔隙压力。

2. 进入油、气、水层前,调整好钻井液性能

除调整钻井液密度,使其达到设计要求以外,在保证钻屑正常携带的前提下,应尽可能采用较低的钻井液黏度与切力,特别是终切力随时间变化幅度不宜过大,以降低起下钻过程中的抽吸压力或激动压力。

3. 严防井漏

在钻进过程中需要加重时,应控制加重速度,防止因加重速度过快而压漏地层。应注意控制开泵泵压,防止憋漏地层。此外,对于裸眼井段存在不同压力系统的地层,当下部存在高压油、气、水层的压力系数超过上部裸眼井段地层的漏失压力系数或破裂压力系数时,应在进入高压层之前进行堵漏,提高上部地层的承压能力,防止钻至高压油、气、水层时因井漏而诱发井喷。

4. 及时排除气侵气体

钻遇到高压油气层时,钻井液往往不可避免地会受到气侵而造成密度下降。因此,应注意监测钻井液密度。一旦发现气侵,应立即开动除气器,并使用消泡剂除气,及时恢复钻井液密度。

5. 注意观测钻井液的体积

钻开油、气、水层后,应随时观测泥浆池中钻井液的总体积。起钻时应灌满钻井液,并监测灌入钻井液的体积总量;下钻时,应观测泥浆池液面和从井筒中所返出钻井液的体积总量。

6. 储备一定数量的加重钻井液

凡钻遇高压油、气、水层的井,应储备高于井筒内钻井液密度的加重钻井液,其数量应接近井筒中钻井液的量。

7. 分段循环钻井液

油气活跃的井,下钻时应分段循环钻井液,以避免大量气体因上返时膨胀而形成井涌。循环时要计算油气上窜速度,用以判断油气活跃程度和钻井液密度是否适当。

10.4.5 处理井喷过程中对压井钻井液的要求

溢流往往是井喷征兆的第一信号。因而一旦发现溢流,必须立即关闭防喷器,用一定密度的加重钻井液进行压井,以迅速恢复液柱压力,重新建立压力平衡,制止溢流。

1. 压井钻井液密度的确定

压井钻井液的密度表示为

$$\rho_{m1}=\rho_m+\Delta\rho \tag{10.2}$$

$$\Delta\rho=100(p_d/H)+\rho_e \tag{10.3}$$

式中 ρ_m——原钻井液密度，g/cm^3；

ρ_{m1}——压井钻井液密度，g/cm^3；

$\Delta\rho$——压井所需钻井液密度增量，g/cm^3；

p_d——发生溢流关井时的立管压力，MPa；

H——垂直井深，m；

p_e——安全密度附加值，g/cm^3，油、水层为 0.05 ~ 0.10 g/cm^3，气层为 0.07 ~ 0.15 g/cm^3。

2. 压井钻井液的类型、配方及性能

压井钻井液的类型和配方应与发生溢流前的井浆相同。对其性能的要求也应与原井浆相似，即必须使压井钻井液具有较低的黏度，适当的切力；尽可能低的滤失量、泥饼摩擦系数和含砂量；24 h 的稳定性小于0.05 g/cm^3，以防止重晶石沉淀和压井过程中发生压差卡钻。

3. 压井用加重钻井液的量及配制要求

用于压井的加重钻井液，其体积通常为井筒体积加上地面循环系统中钻井液体积总和的1.5 ~2 倍。配置加重钻井液时，必须预先调整好基浆性能，膨润土含量不宜过高，然后再加重。往钻井液中加入重晶石一定要均匀。

复习思考题

1. 影响井壁稳定的因素主要有哪些？
2. 井漏的危害是什么？简述井漏的原因和防漏措施。
3. 预防井喷的钻井液技术措施有哪些？
4. 解除压差卡钻的方法主要有哪些？

附　录　钻井液相关计算

一、常用容积的计算

1. 四棱台形钻井液池

(1)经验公式。

$$V=\frac{A_1+A_2}{2}\cdot\frac{A_3+A_4}{2}\cdot h$$

式中　V——体积,m^3;

A_1——上底长,m;

A_2——下底长,m;

A_3——上底宽,m;

A_4——下底宽,m;

h——高度,m。

(2)理论公式。

$$V=\frac{1}{3}h(A_1A_2+A_3A_4+\sqrt{A_1A_2A_3A_4})$$

例1　某井四棱台形钻井液池,深为2 m,上底长为5 m,上底宽为4 m,下底长为4 m,下底宽3 m,求钻井液池容积是多少?

解:用两种公式分别计算。

(1)
$$V/m^3=\frac{A_1+A_2}{2}\cdot\frac{A_3+A_4}{2}\cdot h=\frac{5+4}{2}\times\frac{4+3}{2}\times2=31.5$$

(2)
$$V/m^3=\frac{1}{3}h(A_1A_2+A_3A_4+\sqrt{A_1A_2A_3A_4})=$$
$$\frac{1}{3}\times2\times(5\times4+4\times3+\sqrt{5\times4\times4\times3})\approx31.66$$

答:钻井液池容积为31.5 m^3(或31.66 m^3)。

2. 井眼容积的计算

井眼容积的理论公式为

$$V=\frac{\pi}{4}D^2H$$

式中　D——井径,m;

H——井深,m。

例2　井深2 000 m,使用$9^3/_4$ in钻头,计算井眼容积是多少?

解:根据题意及1 in=25.4 mm,由公式得

$$V/m^3=\frac{\pi}{4}D^2H=\frac{\pi}{4}\left(\frac{9.75\times25.4}{1\,000}\right)^2\times2\,000\approx96.3$$

答:井眼容积为96.3 m^3。

3.管柱内容积的计算

管柱内容积与管柱体积的计算公式分别为

$$V_{容}=\frac{\pi d^2 L}{40\,000}$$

$$V_{体}=\frac{\pi(D^2-d^2)L}{40\,000}$$

式中 $V_{容}$——管柱内容积,m^3;

$V_{体}$——管柱体积,m^3;

D——管柱外径,cm;

d——管柱内径,cm;

L——管柱长度,m。

例3 某井深3 000 m,钻具结构为:钻铤8 in×100 m+钻铤7 in×100 m+钻杆5 in×2 800 m,计算钻具内容积和钻具体积各是多少?(已知1 in=2.54 cm;8 in钻铤内径为7.144 cm;7 in钻铤内径为7.144 cm;5 in钻杆内径为11.8 cm)

解:解根据题意知:

8 in钻铤内容积为

$$V_1/m^3=\frac{3.14\times7.144^2\times100}{40\,000}\approx0.4$$

7 in钻铤内容积为

$$V_2/m^3=\frac{3.14\times1.144^2\times100}{40\,000}\approx0.4$$

5 in钻杆内容积为

$$V_3/m^3=\frac{3.14\times11.8^2\times2\,800}{40\,000}\approx30.6$$

钻具内总容积

$$V_{容}/m^3=V_1+V_2+V_3=0.4+0.4+30.6\approx31.4$$

8 in钻铤体积为

$$V_4/m^3=\frac{3.14\times(20.32^2-7.144^2)\times100}{40\,000}\approx2.84$$

7 in钻铤体积为

$$V_5/m^3=\frac{3.14\times(17.78^2-7.144^2)\times100}{40\,000}\approx2.08$$

5 in钻杆体积

$$V_6/m^3=\frac{3.14\times(12.7^2-11.8^2)\times2\,800}{40\,000}\approx4.85$$

钻具内体积 $V_{体}/m^3=V_4+V_5+V_6=2.84+8.08+4.85=9.77$

答:钻具内总容积为 31.4 m^3,钻具总体积为 9.77 m^3。

4. 钻柱外环形容积的计算

钻柱外环形容积计算公式为

$$V_{环}=\frac{\pi(D^2-d^2)L}{40\ 000}$$

式中 $V_{环}$——环形容积,m^3;

D——井眼直径,cm;

d——管柱外径,cm;

L——井深,m。

例 4 某井探 1 800 m,井眼直径 24.4 cm($9^5/_8$ in),钻具结构为:钻铤 7 in×80 m+钻杆 5 in×1 720 m,计算环空容积是多少?

解:7 in 钻铤外环空容积为

$$V_1/m^3=\frac{3.14\times(24.4^2-17.78^2)\times80}{40\ 000}\approx1.75$$

5 in 钻杆外环空容积为

$$V_2/m^3=\frac{3.14\times(24.4^2-12.7^2)\times1\ 720}{40\ 000}\approx58.6$$

环空总容积为

$$V_{环}/m^3=V_1+V_2=1.75+58.6=60.35$$

答:环空容积为 60.35 m^3。

二、钻井液流速的计算

钻井液流速的计算公式为

$$v_{内}=12.74\times\frac{Q}{d_{内}^2}$$

$$v_{外}=12.74\times\frac{Q}{D^2-d_{外}^2}$$

式中 $v_{内}$,$v_{外}$——钻井液在钻具内、外的流速,m/s;

$d_{内}$,$d_{外}$——钻具的内、外直径,cm;

D——井眼直径,cm;

Q——泵排量,L/s。

例 5 某井用直径为 24.4 cm 的钻头和直径为 12.7 cm 的钻杆进行钻井,泵排量为 25 L/s,求钻井液在环空中的上返速度是多少?

解:根据题意知

$$v_{外}/(m\cdot s^{-1})=\frac{25}{24.4^2-12.7^2}\approx0.73$$

答:钻井液在环空中的上返速度是 0.73 m/s。

三、钻井液配制的计算

钻井液配制的计算公式为

$$W_{土}=\frac{V_{泥}\rho_{土}(\rho_{泥}-\rho_{水})}{\rho_{土}-\rho_{水}}$$

$$V_{水}=V_{泥}-\frac{W_{土}}{\rho_{土}}$$

式中 $W_{土}$——配浆用黏土质量,t;

$V_{水}$——配浆用水体积,m^3;

$\rho_{土}$——配浆土密度,g/cm^3;

$\rho_{水}$——配浆水密度,g/cm^3;

$\rho_{泥}$——欲配制钻井液密度,g/cm^3;

$V_{泥}$——欲配制钻井液体积,m^3。

例 6 欲配制密度为 1.06 g/cm^3 的钻井液 200 m^3,需密度为 2.0 g/cm^3 的膨润土多少吨？淡水多少立方米？

解:

$$W_{土}/t=\frac{200\times2.0(1.06-1.0)}{2.0-1.0}=24$$

$$V_{水}/m^3=200-\frac{24}{2.0}=188$$

答:需膨润土 24 t,淡水 188 m^3;

四、循环周的计算

循环周的计算公式为

$$T=\frac{V}{60Q}$$

$$V=V_{井}+V_{地}-V_{柱}$$

式中 T——钻井液循环一周需要的时间,min;

Q——泵排量,L/s;

$V_{地}$——地面循环钻井液体积,L;

$V_{井}$——井眼容积,L;

$V_{柱}$——钻柱体积,L。

例 7 某井井深 2 000 m,使用 ϕ216 mm 钻头,壁厚为 11 mm 的中 ϕ141 mm 钻杆 1 850 m,API 钻杆 ϕ178 mm 钻铤 150 m,钻井泵排量为 21.4 L/s,地面循环钻井液 50 m^3,求钻井液循环一周的时间是多少?

解:由已知数据查出每米井眼、钻杆、钻铤体积分别为 36.310 L、4.503 L、20.835 L,所以有

$$V_{井}/L=36.310\times2\ 000=72\ 620$$

$$V_{柱}/L=V_{杆}+V_{铤}=4.503\times1\ 850+20.835\times150=11\ 455.8$$

$$T/min=\frac{72\ 620+50\times1\ 000-11\ 455.8}{60\times21.4}\approx86.58$$

答:钻井液循环一周的时间为 86.58 min。

五、加重剂用量的计算

加重剂用量的计算公式为

$$V_{加}=\frac{V_{原}\rho_{加}(\rho_{重}-\rho_{原})}{\rho_{加}-\rho_{重}}$$

式中　$W_{加}$——加重剂用量，t；

$V_{原}$——原钻井液体积，m^3；

$\rho_{加}$——加重剂密度，g/cm^3；

$\rho_{重}$——加重后钻井液的密度，g/cm^3；

$\rho_{原}$——原钻井液密度，g/cm^3。

例8　某井有密度1.18 g/cm^3的钻井液150 m^3，欲将其密度提高到1.25 g/cm^3，需密度为4.2 g/cm^3的重晶石多少吨？

解：
$$W_{加}/t=\frac{150\times4.2(1.25-1.18)}{4.2-1.25}=14.95$$

答：需要密度为4.2 g/cm^3 的重晶石14.95 t。

六、降低密度计算

降低密度的计算公式为

$$X=\frac{V_{原}(\rho_{原}-\rho_{稀})}{\rho_{稀}-\rho_{水}}$$

式中　X——所需水量，m^3；

$\rho_{原}$——原钻井液的密度，g/cm^3；

$\rho_{稀}$——稀释后钻井液的密度，g/cm^3；

$\rho_{水}$——水的密度，g/cm^3；

$V_{原}$——原钻井液体积，m^3。

例9　某井内有密度1.20 g/cm^3的钻井液150 m^3，欲将其密度降为1.15 g/cm^3，需加水多少立方米？

解：
$$X/m^3=\frac{150\times(1.20-1.15)}{1.15-1.00}=50$$

答：需加水50 m^3。

七、混浆计算

混浆密度的计算公式为

$$\rho=\frac{\rho_1V_1+\rho_2V_2}{V_1+V_2}$$

混浆用量的计算公式为

$$V_2=\frac{V_1(\rho-\rho_1)}{\rho_2-\rho}$$

式中 ρ_1——井内钻井液的密度，g/cm³；

ρ_2——混入钻井液的密度，g/cm³；

ρ——混合后的钻井液密度，g/cm³；

V_1——井内钻井液体积，m³；

V_2——混入钻井液的体积，m³。

例10 某井中有密度为1.35 g/cm³的钻井液150 m³，均匀混入密度为1.50 g/cm³的钻井液40 m³后，混合后的钻井液密度是多少？

解：
$$\rho/(g\cdot cm^{-3})=\frac{1.35\times150+1.50\times40}{150+40}=1.38$$

答：混合后的钻井液密度是1.38 g/cm³。

例11 某井中有密度为1.35 g/cm³的钻井液150 m³，储备钻井液的密度为1.75 g/cm³，欲将井内钻井液密度提高到1.45 g/cm³，问需要混入多少储备钻井液？

解：
$$V_2/m^3=\frac{150\times(1.45-1.35)}{1.75-1.45}=50$$

答：需要混入50 m³储备钻井液。

实例1：某井在钻至井深3 000 m时，黏切较高，滤失量大，且密度较低，井下发生掉块现象。经小型实验确定处理配方为：m(SMC)：n(SMP)：n(FT103)：n(NPAN)：n(NaOH)=1：1：1.5：0.5：0.5。总加量为0.5%（质量与体积比），另外，需要将钻井液密度由1.30提高到1.33。现场需要两个循环周进行处理。其中处理剂用质量分数为5%的胶液加入，而重晶石粉用混合漏斗加入。当时的钻井泵排量为30 L/s，地面循环量为120 m³。请制定现场的具体施工方法（配制胶液种类、配制多少，重晶石粉的加入速度）。（井径扩大率按4%计算）

解：(1)确定全井的钻井液量及循环周。

全井钻井液量为

$$V_{井眼}+V_{地面}/m^3=3\times40+120=240$$

泵排量为

$$\frac{30\times60}{1\ 000}=1.8\ (m^3/min)$$

循环周时间为

$$\frac{240}{1.8}=134(min)$$

约为1小时15分钟。

(2)确定处理剂加量。

总加量为

$$240\times0.5\%=1.2(t)$$

各种处理剂加量计算

$$1+1+1.5+0.5+0.5=4.5$$

$$\text{SMC 加量/t}=\text{SMP 加量}=\frac{1}{4.5}\times1.2=0.27$$

各加入 275 kg(11 袋)。

$$\text{FT103 加量/t}=\frac{1.5}{4.5}\times1.2=0.4$$

加入 400 kg(12 袋)。

$$\text{NPAN 加量/t}=\text{NaOH 加量}=\frac{0.5}{4.5}\times1.2=0.13$$

各加入 125 kg(5 袋)。

各种材料合计

$$275+275+400+125+125=1.2(\text{t})$$

配制质量分数为 5% 的胶液为

$$\frac{1.2}{0.05}=24\ \text{m}^3$$

(3)处理剂配制方法。

在处理剂罐中加入 24 m^3 清水,再按上述计算得知的数量边搅拌边加入各种处理剂。

实例 2:某定向井完钻井深 3 458 m,造斜点为 2 135 m。下完井套管前进行通井作业,循环处理钻井液,以确保下套管施工的顺利。根据现场情况,决定在起钻前用 1% 的固体润滑剂塑料小球对全部斜井段进行封闭,防止卡套管事故。另外,在起钻前,还要在 5 in 钻杆内打入 10 m^3 重浆,防止起钻时因钻杆内喷钻井液灌不满环空,并影响起钻速度。已知循环时钻井泵的排量为 30 L/s,裸眼标准井径为 ϕ215.9 mm,并由电测得知该井斜井段的井径扩大率为 4%,请确定实施该技术措施的施工方法。

解:(1)斜井段环空的体积为:$27\times(3.458-2.135)=35.72\approx36(\text{m}^3)$。

(2)钻杆内钻井液体积为:$9.26\times3.548=32.58\approx33(\text{m}^3)$。

(3)配塑料小球的加量为:$36\times1\%=0.36(\text{t})=360(\text{kg})\approx375(\text{kg})$(15 袋)。

(4)泵排量为:$\frac{30\times60}{1000}=1.8(\text{m}^3)$。

(5)打塑料小球的时间为:$\frac{36}{1.8}=20(\text{min})$。

(6)替井浆的时间为:$\frac{33-10}{1.8}\approx12.78(\text{min})$。

(7)打重浆的时间为:$\frac{10}{1.8}\approx5.56(\text{min})$。

(8)施工总时间:①$\frac{36+33}{1.8}\approx38.33(\text{min})\approx38(\text{min})$。

②$20+12.78+5.56=38.34(\text{min})\approx38(\text{min})$。

(9)施工方法。

先在 36 m^3 井浆中加入塑料小球 15 袋,开泵 20 min 将其泵入井中,再替入井浆 23 m^3 (12.78 min),泵入重浆 10 m^3(5.56 min)后停泵。用高转速转动转盘 3 ~5 min,将环空内的塑料小球尽量甩在井壁上后,卸方钻杆起钻。

参考文献

[1] 鄢捷年. 钻井液工艺学[M]. 北京:中国石油大学出版社,2006.
[2] 周金葵. 钻井液工艺技术[M]. 北京:石油工业出版社,2009.
[3] 孙焕引,刘亚元. 钻井液[M]. 北京:石油工业出版社,2008.
[4] 孙玉学,龙安厚,代奎等. 钻井液完井液分析技术[M]. 成都:成都科技大学出版社,1996.
[5] 徐同台,赵忠举. 21 世纪初国外钻井液和完井液技术[M]. 北京:石油工业出版社,2004.

读者反馈表

尊敬的读者：

您好！感谢您多年来对哈尔滨工业大学出版社的支持与厚爱！为了更好地满足您的需要，提供更好的服务，希望您对本书提出宝贵意见，将下表填好后，寄回我社或登录我社网站（http://hitpress.hit.edu.cn）进行填写。谢谢！您可享有的权益：

☆ 免费获得我社的最新图书书目　　☆ 可参加不定期的促销活动

☆ 解答阅读中遇到的问题　　☆ 购买此系列图书可优惠

读者信息

姓名＿＿＿＿＿＿　□先生　□女士　　年龄＿＿＿＿　学历＿＿＿＿

工作单位＿＿＿＿＿＿＿＿＿＿＿＿＿＿＿　职务＿＿＿＿＿＿

E-mail ＿＿＿＿＿＿＿＿＿＿＿＿＿＿＿　邮编＿＿＿＿＿＿

通讯地址＿＿＿＿＿＿＿＿＿＿＿＿＿＿＿＿＿＿＿

购书名称＿＿＿＿＿＿＿＿＿＿＿＿＿　购书地点＿＿＿＿＿＿＿＿＿＿＿＿＿

1. 您对本书的评价

内容质量　□很好　□较好　□一般　□较差

封面设计　□很好　□一般　□较差

编排　□利于阅读　□一般　□较差

本书定价　□偏高　□合适　□偏低

2. 在您获取专业知识和专业信息的主要渠道中，排在前三位的是：

①＿＿＿＿＿＿　②＿＿＿＿＿＿　③＿＿＿＿＿＿

A. 网络 B. 期刊 C. 图书 D. 报纸 E. 电视 F. 会议 G. 内部交流 H. 其他：＿＿＿＿

3. 您认为编写最好的专业图书（国内外）

书名	著作者	出版社	出版日期	定价

4. 您是否愿意与我们合作，参与编写、编译、翻译图书？

＿＿＿＿＿＿＿＿＿＿＿＿＿＿＿＿＿＿＿＿＿＿＿＿＿＿＿＿＿＿

5. 您还需要阅读哪些图书？

＿＿＿＿＿＿＿＿＿＿＿＿＿＿＿＿＿＿＿＿＿＿＿＿＿＿＿＿＿＿

网址：http://hitpress.hit.edu.cn

技术支持与课件下载：网站课件下载区

服务邮箱 wenbinzh@hit.edu.cn　duyanwell@163.com

邮购电话 0451-86281013　0451-86418760

组稿编辑及联系方式　赵文斌（0451-86281226）　杜燕（0451-86281408）

回寄地址：黑龙江省哈尔滨市南岗区复华四道街10号　哈尔滨工业大学出版社

邮编：150006　传真 0451-86414049